动物外科与产科

◎朱 倩 主编

中国农业科学技术出版社

图书在版编目（CIP）数据

动物外科与产科 / 朱倩主编. -- 北京：中国农业科学技术出版社，2024. 9. -- ISBN 978-7-5116-7063-2

Ⅰ. S857.1；S857.2

中国国家版本馆 CIP 数据核字第 2024GF0246 号

责任编辑 张诗瑶
责任校对 李向荣
责任印制 姜义伟 王思文

出 版 者 中国农业科学技术出版社
北京市中关村南大街 12 号 邮编：100081
电　　话 （010）82106625（编辑室） （010）82106624（发行部）
（010）82109709（读者服务部）
网　　址 https: // castp.caas.cn
经 销 者 各地新华书店
印 刷 者 中煤（北京）印务有限公司
开　　本 185 mm × 260 mm 1/16
印　　张 13.5
字　　数 326 千字
版　　次 2024 年 9 月第 1 版 2024 年 9 月第 1 次印刷
定　　价 38.00 元

编写人员

主　　编　朱　倩（青海农牧科技职业学院）

参　　编　向　铮（青海农牧科技职业学院）

张丽芳（青海农牧科技职业学院）

牛玉丰（青海农牧科技职业学院）

张雅丽（青海农牧科技职业学院）

陶赛青花（青海农牧科技职业学院）

郭志明（甘肃畜牧工程职业技术学院）

景建武（青海省牦牛繁育推广服务中心）

前言
PREFACE

近年来，我国高等职业教育的发展已由规模扩充阶段进入内涵建设阶段，课程建设是高等职业教育内涵建设的突破口和抓手，而教材建设则是课程建设的基础。教育部公布了《高等职业学校专业目录》和《高等职业学校专业教学标准（试行）》，重新分析专业要素，重构专业培养计划和课程体系，改革传统的授课方法，进行项目化情境设计，项目化课程实施成为教改的突破点。根据党的二十大精神，为培养更多具有工匠精神和服务“三农”的技术技能人才，紧密结合兽医相应岗位需求，以能力培养为目标，以项目过程需求为要点，将“教、学、做”融为一体，编写成以“项目为导向”的教材。

《动物外科与产科》是根据临床执业兽医师在动物外科与产科临床实践经验而编写的。本教材紧跟现代职业教育步伐，以生产实践为主线，凝聚了兽医临床上最前沿的动物外科与产科操作技术、疾病诊断与治疗新技术，取材丰富，资料新颖，注重实践能力培养，手术方法详简结合、先进实用。教材中选用了大量兽医临床实践操作示意图以方便学生学习。本教材以任务为载体，通过知识的梳理向学生展示任务所需知识内容；通过任务后总结和任务评价对学生学习成果进行检测；最后通过任务检测让学生巩固知识。本教材内容深入浅出，删繁就简，力求文字简练、层次清晰、重点突出、上下贯通，以便学生掌握。

本教材可供高等职业院校畜牧兽医、动物防疫与检疫等专业使用。突出实践性和实用性是本教材的最大特点。本教材内容紧紧围绕兽医临床工作实际，引导学生在学习基本技能的基础上，能够进行兽医临床常见外科疾病和产科疾病的诊断与治疗。本教材的主要内容包括知识和技能两个方面。

知识方面：动物外科手术的基本原理，包括无菌术、手术的组织、手术的基本操作等；动物外科疾病、产科疾病的基本知识，常见产科疾病的病因和治疗原则等。

技能方面：动物常见病手术操作方法；各类动物外科和产科疾病的处理原则和治疗方法。

本教材的编写得到了行业内专家的热情帮助和大力支持，在此表示衷心的感谢。由于篇幅和编者水平所限，书中不妥与疏漏之处，恳请广大师生、同行批评指正。

编　者

2024 年 5 月

目录

CONTENTS

项目一
外科手术基本操作技术

项目摘要

本项目共设置了7个任务，介绍了术前准备及术后护理、无菌术、常见外科手术器械识别使用与灭菌、麻醉、打结与缝合、组织分离与止血、绷带包扎的相关技能。要求学生能够掌握术前准备及术后护理的方法，熟练识别使用常用外科手术器械，掌握麻醉技能等，为进一步学习动物外科手术打下基础。

知识目标

1. 掌握手术组织和手术计划的书写方法。
2. 掌握术前准备和术后护理的方法。
3. 掌握无菌操作技术的基本内容。
4. 掌握麻醉的概念及药物使用方法。
5. 掌握包扎的基本操作方式。

技能目标

1. 能识别常用手术器械，并可以正确、熟练使用。
2. 能做好动物术前的相应准备工作。
3. 能对动物进行全身麻醉和局部麻醉。
4. 能熟练地对手术动物进行组织分离与止血。
5. 能正确、熟练地对手术创口进行组织缝合与拆线。
6. 能对手术动物进行合理包扎。
7. 能进行手术，组织和制订手术计划。

素养目标

培养团队协作精神，巩固局部与整体协调统一的思想，养成良好的职业素养。

任务一 术前准备及术后护理

任务导入

术前准备常包括手术计划的拟订、施术人员组织及术部的准备等一系列具体工作。手术计划的拟订是术前必备工作，应当根据检查结果，制订出手术方案。手术计划是一名外科医生判断力的综合体现，也是检查判断力的依据。外科手术是一项集体活动，手术顺利完成，是集体智慧和劳动的结果，并不是一个人能完成的。为了手术能够顺利进行，要求参加手术的成员要有科学分工。术后护理是手术的重要组成部分，也是兽医人员必备的基本技能。请学生制订出一份手术计划，并完成任务报告。

任务准备

知识准备

一、术前准备

（一）拟订手术计划

手术计划的拟订是术前准备的必备工作，应根据全身检查的结果，制订出合适的手术方案。手术计划是一名外科医生综合判断的体现，也是检查判断力的依据。在手术进行时，能够有计划、有根据地工作，可以减少手术失误，即使出现一些意外，也能够应对，不至于出现惊慌、遗漏等问题，对初学者十分重要。手术计划可以根据每个人的习惯制订，但一般应包括如下内容。

（1）手术的名称、目的、日期。

（2）手术团队的人员分工。

（3）保定方法和麻醉种类的选择（包括麻醉前给药）。

（4）手术前必须采取的防治措施，如禁食、禁水和胃肠减压等。

（5）手术过程中需要用到的手术器械、敷料和药品等。

（6）手术方法及术中的注意事项。

（7）手术过程中可能会出现的并发症及急救措施。

（8）术后护理及饲养管理要求。

（二）手术人员的分工

手术是一项团队工作，在术前应当有良好的分工，以便在手术过程中能够做到互相配合，各司其职，有条不紊地进行。团队人员要充分了解自己在手术中的工作内容，术前切实做好准备工作。

1. 术者

术者是手术的主导者，是手术执刀的人，是手术的核心。负责手术前对患病动物的确诊，提出手术方案并组织人员进行讨论，确定术前准备工作及手术分工。术者是手术的主持者，术前应当将手术计划详细告知动物主人，并得到动物主人支持。同时，要承担主要责任，术后负责撰写手术病历、制订术后治疗方案及术后护理措施。

2. 助手

助手是协助术者进行手术的人，可根据需要安排 1 ～ 3 人。第一助手主要负责术前的准备工作，手术操作及术后护理等各项操作。助手必须注意，给术者创造操作条件及配合术者完成操作。当术者因故不能完成手术时，第一助手要顶替术者将手术完成。第二、三助手的职责，主要是弥补第一助手的不足，如牵拉创钩、协助显露深部组织、清理创口、协助器械助手准备缝针及缝线、传递器械等工作。

3. 麻醉助手

麻醉助手在手术中负责麻醉前用药及麻醉，在手术过程中要正确掌握麻醉进程。麻醉助手要完全掌握动物的全身情况，针对不同的动物有针对性地进行麻醉，并且保证在手术中给予动物合适的麻醉深度，配合术者完成手术。在手术过程中如发现异常要尽快找到原因并纠正，使动物能够在相对正常的生理范围内进行手术。

4. 器械助手

器械助手在术前负责器械的准备与敷料的制备，在手术中负责器械及敷料的供应及传递。器械助手应当掌握手术的进程及手术操作，在手术过程中能敏捷地配合手术需要，传递器械。同时，要及时清理剩余线头、血迹等，保持手术台清洁。在闭合胸、腹之前，要清点手术器械及敷料的数量。术后负责清洗和整理器械。

5. 保定助手

保定助手负责在手术过程中的保定工作，根据手术性质和麻醉方法确定人数。

6. 巡回助手

巡回助手是手术中十分重要的一种岗位。除特殊情况外，不得擅自离开手术室，随时注意保持室内整洁，适当调整灯光与室温，给术者擦汗；及时增添手术所需的物品，并记录备查。手术进行时，言语动作要轻，禁止闲谈及喧哗。

手术人员的分工不是一成不变的，要根据手术大小及手术性质来决定手术人员的数量及工作。要做到既不浪费人力，又有利于手术进行。

手术时工作人员的位置如图 1–1–1 所示。

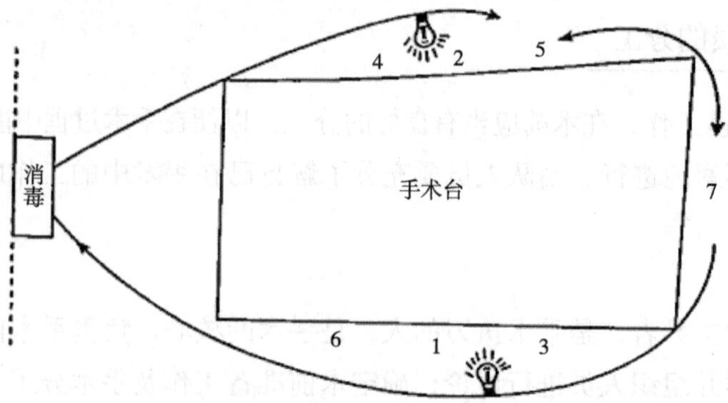

1—术者；2—第一助手；3—第二助手；4—第三助手；5—保定助手；6—巡回助手；7—器械助手。

图 1–1–1　手术时工作人员的位置

（三）手术记录

一份完整的手术记录可以作为总结手术经验的依据，同时，可以提高手术人员的技术水平。因此，术者或助手要在手术过程中及手术后要详细填写手术记录（表 1–1–1）。

表 1–1–1　手术记录

手术号：				日期：			
动物主人姓名		住址				电话	
动物类别		性别		年龄		体重	
初诊日期				术前诊断			
病史摘要							
术前检查							
手术名称			手术时间			术后诊断	
术者		助手					
保定方法							
麻醉方法及效果							
手术过程							
术后处理							
医嘱							

（四）动物的准备

患病动物的准备是外科手术中重要组成部分。患病动物准备工作的任务是尽可能使动物的生理指标接近于正常，尽可能让动物处于正常生理状态，从而提高动物对手术的耐受力。术前准备是决定手术效果和并发症发生率的关键。

通常患病动物要做如下术前准备。

1. 禁食

许多手术在术前都要进行禁食，饱腹会增加麻醉后呕吐的概率。在开腹术中，充满腹腔的肠管会形成机械障碍，影响手术过程。禁食时间不是固定不变的，需要根据动物患病性质和动物状态而决定，多数动物以禁食 24 h 为宜，禁水不超过 12 h 即可。小动物的消化道较短，易将肠道内容物排空，因此禁食不超过 12 h，反刍动物瘤胃内有大量内容物，禁食有时要超过 24 h。

2. 营养

动物在手术之前，由于慢性病或禁食时间过长、大创伤、大出血等造成营养低下或水、电解质失衡，从而增加手术风险和手术并发症的概率。蛋白质是动物生长不可或缺的营养物质，同时，也要注意碳水化合物和维生素的补充。

3. 保持安静

为了使患病动物能够平稳地进入麻醉状态，术前要减少动物的紧张和恐惧心理。麻醉前最好有动物主人伴随，或者麻醉人员要与动物多接触，以消除紧张情绪。

4. 特殊准备

对不同器官的功能不全，术前应作出预测和准备，如肺部疾病，要做特殊的肺部检查；肝功能不全的动物应做肝脏检查，评估其对手术的耐受力等。

二、术后护理

术后护理也是手术过程中重要的一环，不可或缺。俗话说“三分治疗，七分护理”，表明术后护理的重要性。对于这一点，医护人员及饲养人员都应明确认识及正确理解，否则，一时一事的疏忽可能会造成严重的后果和不应有的损失。

（一）一般护理

1. 麻醉苏醒

全身麻醉的动物，术后应尽快苏醒，过久地拖延时间，可能会导致某些并发症的发生，特别是大动物，由于体位变化，会影响呼吸和循环等，要尤其注意。在麻醉未苏醒之前，需要设置专人看管，苏醒后辅助站立，避免磕碰及摔伤。在吞咽功能还未恢复之前，禁止饮水、饲喂，防止误咽。

2. 保温

全身麻醉后的动物体温低，应注意保暖，披上毯子或棉被，防止感冒。

3. 监护

术后 24 h应严密监护动物的体温、呼吸和脉搏，若发现异常，应尽快找到原因。对较大的手术要注意评估动物的电解质是否平衡，若失调，及时纠正。

4. 关注术后并发症

手术后应注意早期休克、出血、窒息等并发症，有针对性地进行处理。

5. 安静和活动

术后应保持安静。对能够活动的患病动物，2 ～ 3 d后就可以进行户外活动，活动时间逐渐加长，有利于改善血液循环，促进功能恢复，并促进代谢，改善食欲。虚弱的患病动物不宜过早活动，避免术后出血等，影响愈合。重症的动物应多加垫草，要勤帮动物翻身，每天 2 ～ 4 次，防止形成褥疮。对于四肢骨折、腱和韧带手术后的动物，前期应限制活动，后期应根据情况适当增加练习。四肢骨折内固定手术后，应当做外固定，以确保制动。

（二）预防和控制感染

手术创的感染取决于手术的无菌以及动物对感染的抵抗力。术后护理不当是继发感染的主要因素，因此，要保证房间干燥、勤换垫料、清除粪便，保证环境整洁，减少感染发生率。对大面积创伤要预防破伤风感染。防止动物自伤、舔、啃、咬、摩擦等行为，要采用颈圈、颈环等保定法进行保护。

对预防和控制术后感染，提高手术治愈率，抗生素和磺胺类药物有良好的效果。在大多数“清洁”手术中，污染多发生于手术中，因此，术后全身使用抗生素已不能产生预防作用。若在术前使用，术中动物血液中含有足够量的抗生素，能够保持一段时间。用抗生素治疗，首先要了解病原菌，在没有做药敏试验的情况下应当使用广谱抗生素。抗生素决不可滥用。严格执行无菌手术，不一定要使用抗生素。这不仅是为了减少浪费，还可以避免环境中耐药性菌群的增加。

（三）患病动物术后饲养管理

术后要给动物增加营养，在术前和术后都要注意观察动物食物的摄取情况。在动物患病时，食物的摄取量往往很少。当损伤、应激、感染、疼痛时，动物对营养的需求就会增加，严重的感染和大的外伤时动物对营养的需要程度就会更高。

动物维持生命所需要的营养物质包括水、糖、脂肪、蛋白质、维生素和矿物质等。无论是健康动物还是患病动物，都要求每天提供适量的营养，才能使营养保持平衡。

对于犬、猫等伴侣动物，术后有适合动物的食品可供选择，食疗是小动物临床上经常使用的方法之一。

大动物的消化道手术，术后 1 ～ 3 d禁止饲喂草料，应静脉输葡萄糖。也可根据具体情况，给予流质或半流质食物。犬、猫消化道手术，禁食 24 ～ 48 h后，给予半流质食物，再转为正常饲喂。牛瘤胃手术不需要禁食，但应酌情减量。

对非消化道手术，若患病动物食欲好，则一般不限制饮食，但一定要防止暴饮暴食，应当根据病情逐步恢复到日常用量。

材料准备

手术计划书、实验动物。

用具准备

监护仪、保温毯、抗生素类药物。

任务筹划

任务流程如图 1–1–2 所示。

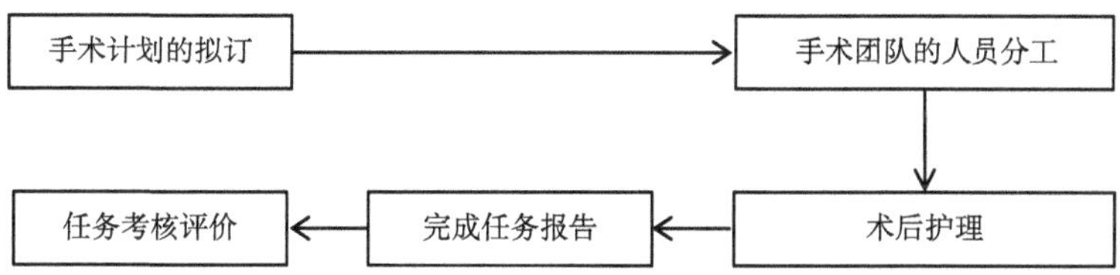

图 1–1–2　任务流程

任务实施

一、手术计划的拟订

撰写手术计划时，要包含以下内容。

（1）团队的手术人员分工。

（2）保定方法和麻醉方法。

（3）手术通路及手术进程。

（4）术前准备的事项。

（5）手术中的注意事项。

（6）在手术中可能会发生的并发症或意外情况及急救措施。

（7）手术中所需器械及药品。

（8）术后护理具体操作流程。

二、术后护理

（1）术后一般护理。

(2)麻醉苏醒的照看。

(3)保温。

(4)监护。

(5)伤口处理及消炎。

(6)安静与活动。

> 知识拓展：术前准备及术后护理(二维码 1-1-1。)
>
> 二维码 1-1-1 知识拓展：术前准备及术后护理

任务报告

对本任务相关知识进行学习，根据任务实施流程及操作步骤认真完成任务报告(表 1-1-2)。

表 1-1-2　术前准备与术后护理

<table>
<tr><td>姓名：</td><td>班级：</td><td>学号：</td></tr>
<tr><td colspan="3">1. 填写拟订好的手术计划，并指出拟订手术计划时的注意事项。</td></tr>
<tr><td colspan="3">2. 描写术后护理的过程，并指出术后护理的注意事项。</td></tr>
</table>

任务评价

根据学生对手术计划撰写的规范程度、术后护理的熟练程度及任务报告的完成情况进行考核评价(表 1-1-3)。

表 1-1-3　术前准备及术后护理考核评价细则

<table>
<tr><td colspan="2">姓名：</td><td colspan="2">班级：</td><td colspan="2">学号：</td><td rowspan="2">教师签字：</td></tr>
<tr><td colspan="2">自评：
□合格　□不合格
日期：</td><td colspan="2">互评：
□合格　□不合格
日期：</td><td colspan="2">师评：
□合格　□不合格
日期：</td></tr>
<tr><td>序号</td><td>考核项目</td><td>考核标准</td><td>考核方式</td><td>分值</td><td>评分要求</td><td>得分</td></tr>
<tr><td>1</td><td>拟订手术计划</td><td>1. 手术团队工作人员分工正确
2. 明确术前操作流程
3. 准确描写手术过程</td><td rowspan="2">现场识别考核、问答考核</td><td>10 分</td><td>未完成 1 项扣 3 分，3 项均未完成扣 10 分</td><td></td></tr>
<tr><td>2</td><td>术后护理</td><td>1. 准确进行保温操作
2. 准确进行消炎操作</td><td>10 分</td><td>未完成 1 项扣 5 分</td><td></td></tr>
</table>

续表

序号	考核项目	考核标准	考核方式	分值	评分要求	得分
3	任务报告	1. 完成认真，内容正确 2. 拟订的手术计划可实施 3. 术后护理操作规范	评阅考核	15 分	根据情况酌情扣分	
4	学习态度	1. 具有团队协作精神 2. 具备科学严谨的态度 3. 观察认真，发言积极 4. 遵纪守时，爱护公物	自评、互评和师评相结合	10 分	根据情况酌情扣分	

任务检测

请扫描二维码 1-1-2 进入在线测试，可反复多次答题，直到获得满意的结果。

二维码 1-1-2
项目一任务一检测

任务二 无菌术

任务导入

无菌术包括手术动物的准备与消毒、手术人员的消毒和手术场地的消毒三个方面。

手术动物的准备包括术前检查与准备、保定和术部常规处理三个方面。动物术前检查与准备是对手术动物进行评估，提高手术成功率，减少手术并发症发生的重要环节。保定就是根据手术具体情况对动物进行身体控制，以方便手术的进行，同时，可以确保人和动物的安全。术部常规处理包括术部除毛、术部消毒和术部隔离三个方面，主要目的是防止动物被毛上的灰尘或皮屑落入手术创口造成感染。

手术人员是进行动物手术的关键因素，是否充分准备可直接影响手术过程及手术质量。手术人员的准备主要包括，体能、更衣、手臂皮肤的消毒以及穿戴无菌手术衣和手套。

手术室是否无菌对预防手术创的感染十分重要，良好的手术室环境有利于手术人员完成手术任务。要因地制宜，尽可能创造一个比较完善的手术环境。请学生完成无菌操作，并完成任务报告。

任务准备

知识准备

一、术部的准备和消毒

（一）术部除毛

动物浓密的被毛，容易沾染脏污，藏有大量微生物。因此，在手术前必须先用温肥皂水反复擦洗，去除油脂，后用剪毛剪逆毛方向依次剪除术部的被毛，并用剃刀顺毛方向剃毛。术部剃毛的范围应超出切口 20 ～ 25 cm。剃完毛后，用肥皂水反复擦刷并用清水冲净，最后用灭菌纱布拭干。为了减少对术部皮肤的刺激，术部除毛最好在手术前进行。

（二）术部消毒

术部除毛并清洗干净后，通常由助手在手、臂消毒后尚未穿戴手术衣和手套前执行。助手用镊子夹取纱布球或棉球蘸化学消毒溶液涂擦手术区，消毒的范围要相当于剃毛区。一般的无菌手术，应先由手术区中心部向四周涂擦；如是已感染的创口，则应由较清洁处向患处涂擦（图 1-2-1）。术部的皮肤消毒，最常用的药物是 5% 碘酊和 70% 的酒精。

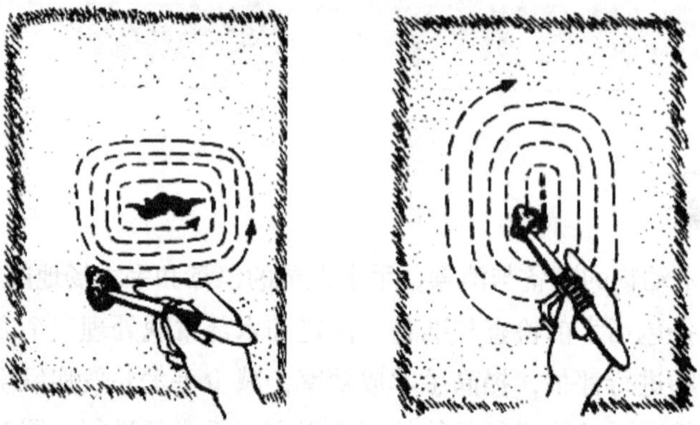

（a）感染创口的皮肤消毒　　（b）清洁手术的皮肤消毒

图 1-2-1　术部皮肤消毒

（三）术部隔离

术部虽然已经消毒，但手术区域周围有未经严格消毒的被毛，对手术创口容易造成污染，另外，动物在手术时（尤其是局部麻醉的手术）容易出现挣扎、躁动，容易让尘土、毛屑等落入手术创口中。因此，手术创的周围必须隔离。

一般采用大块有孔手术巾覆盖于手术区，仅在中央露出切口部位（图 1-2-2），将周围与术部完全隔离。也可用4块小手术巾依次围在切口周围，只露出切口部位的方法隔离术部。手术巾一般用巾钳固定在动物皮肤上，也可用缝合代替巾钳。手术巾要有足够的大小遮蔽非手术区。在铺手术巾前，应先确认手术部位，手术巾一旦铺上，原则上只能自手术区内向外移动，不能向手术区内移动。第1层铺设结束，助手应将双臂浸入消毒液中再泡2～3 min，然后穿上手术衣及戴手套，再铺盖第2层手术巾。

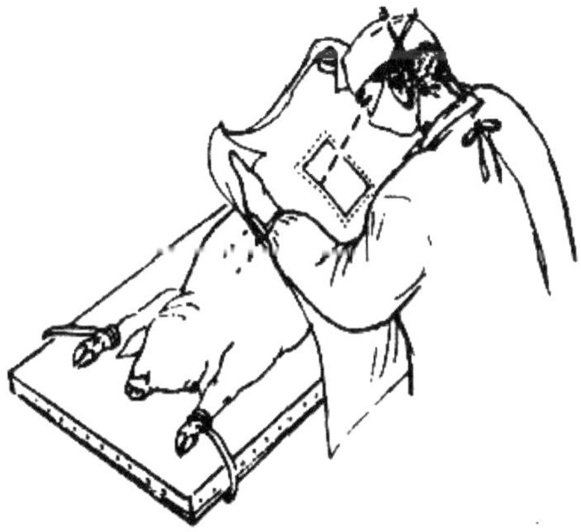

图1-2-2　手术巾的铺设

【注意事项】

（1）除紧急手术外，动物的术部除毛要在手术前1 d进行。

（2）术前首先应对手术动物进行全面的检查，在确定实施手术之后，则需采取进一步的术前措施。非紧急手术时，应根据患病动物的具体病情，给予术前的治疗，如抗休克、纠正水盐代谢的失调和酸碱平衡的紊乱以及抗菌治疗等，以使病情缓和稳定，给手术创造一个较好的基础条件。

（3）手术前要对动物进行清洁、擦拭或洗刷，以减少手术创口感染的机会。四肢末端或蹄部手术时，应充分冲洗局部，必要时可进行局部药浴。

（4）术部消毒后，应尽快进行手术，不宜暴露时间过长。如果暴露时间过长，术前需再次消毒。

（5）患病动物准备是外科手术的重要组成部分。患病动物术前准备工作的任务，是尽可能使手术动物处于正常生理状态，各项生理指标接近于正常，从而提高动物对手术的耐受力。因此，术前准备得如何，直接或间接影响手术效果和并发症的发生率。

二、手术人员的消毒

（一）更衣

手术人员在术前应穿上手术专用的裤和鞋。上衣最好是短袖并充分裸露手臂，没有清洁鞋，应穿上一次性鞋套，戴好手术帽与口罩，目前，多用一次性手术帽和口罩。手术帽应把头发全部遮住，帽的下缘要到达眉毛之上和耳根顶端。手术口罩必须完全遮住口鼻，防止在手术中发生飞沫感染和滴入感染。最后进行手臂皮肤的按步骤消毒。

（二）手臂皮肤的消毒

手术人员的手和皮肤，存在许多皮脂腺、汗腺和毛囊等，平时就藏有大量的微生物。手上有许多手纹、缝隙、甲缘和倒刺等，极易藏匿微生物。此外，皮脂腺和汗腺在分泌皮脂和汗液的同时，也会将深在的微生物不断排到皮肤表面，可能成为创伤感染的威胁。皮脂虽然对皮肤有保护作用，但可黏附微生物，不使其脱落，以及隔断消毒药与皮肤的直接接触等，故皮脂也可起到保护微生物的作用。这些因素都构成对皮肤消毒的不利因素。加之，皮肤的消毒（不同于其他手术器材的灭菌）仅能采用皮肤所能经受得起的各种消毒方法，这些方法通常仅能减少微生物的数量，不可能做到绝对的无菌。因此，我们对术前手和手臂的消毒就必须给予足够的重视。经验证明，只要手术人员严格地执行抗菌和无菌准备，完全可以达到手术所需要的无菌要求。

手臂的洗刷是用肥皂反复擦刷及用流水充分冲洗。这个步骤应当严格仔细执行，可去除皮肤表面95%以上的细菌，而且油污除去后，可使下一步的化学药品浸泡发挥更好的作用。

未刷洗前，应用肥皂和温水洗净双手和前臂。然后用软硬适度的消毒毛刷（指刷），蘸10% ～ 20%肥皂水（最好用低碱或中性肥皂）刷洗，对甲缝、手指端进行细致的洗刷，而后按手指、指尖、手掌、手背、手腕、前臂、手肘及以上的顺序刷洗。刷洗完毕后，用流动清水将肥皂冲洗干净。如此反复刷洗 2 ～ 3 遍，通常用时 5 ～ 10 min。刷洗完毕，双手朝上，滴干水分，取无菌巾从手开始向上顺序将肘关节以下范围的皮肤擦干后，进行化学药品浸泡消毒。

手臂清洗好后还应经过化学药物的浸泡消毒。将双手及前臂置于新洁尔灭或酒精等化学药品消毒溶液中浸泡，范围超过肘关节，保证化学药品均匀且有足够的时间作用于手臂的各部分。专用的泡手桶可节省药液和保证浸泡的高度。如果用普通脸盆浸泡则必须不时地用纱布块浸蘸消毒液，轻轻擦洗，使整个手臂都保持湿润。

（三）穿手术衣和戴手套

穿手术衣时，要远离其他人员和器具、物品。由助手打开手术衣包，术者提起衣领的两侧，轻轻抖开手术衣，在将手术衣轻轻向上抛的同时，顺势将两手臂迅速伸进衣袖中，并向前上方伸展，让助手协助穿上并系紧背后的腰带。为了防止手术衣前面的前胸部分被污染，必要时可以加穿已消毒的橡胶或塑料围裙（图 1-2-3）。

在过去，兽医外科临床并不严格要求戴无菌手套，但是，鉴于任何一种消毒方式都不能使手部达到完全的无菌状态，为了防止手术人员被感染和减轻对组织的损伤，应戴上无菌手套是必要的。手术人员应根据手的大小，选择尺寸合适的手套。戴手套有干戴和湿戴两种方法。干戴（市售一次性灭菌手套）手套时，先穿好手术衣，后按（图 1-2-4）所示戴上手套。戴好后，用灭菌生理盐水将手套外面的滑石粉冲洗干净。操作时，注意未戴手套的手不可触及手套外面，只能提手套翻折部分的内面；已戴手套的手不可触及手套的内面。湿戴（常用 0.1% 新洁尔灭浸泡 30 min）手套时，要先戴手套，后穿手术衣。手套内灌入适量无菌水，并将双手沾湿，按图 1-2-5 所示戴好手套，抬起手腕使手套内的积水顺腕部流出。最后，将手术衣袖口套入手套袖口内。

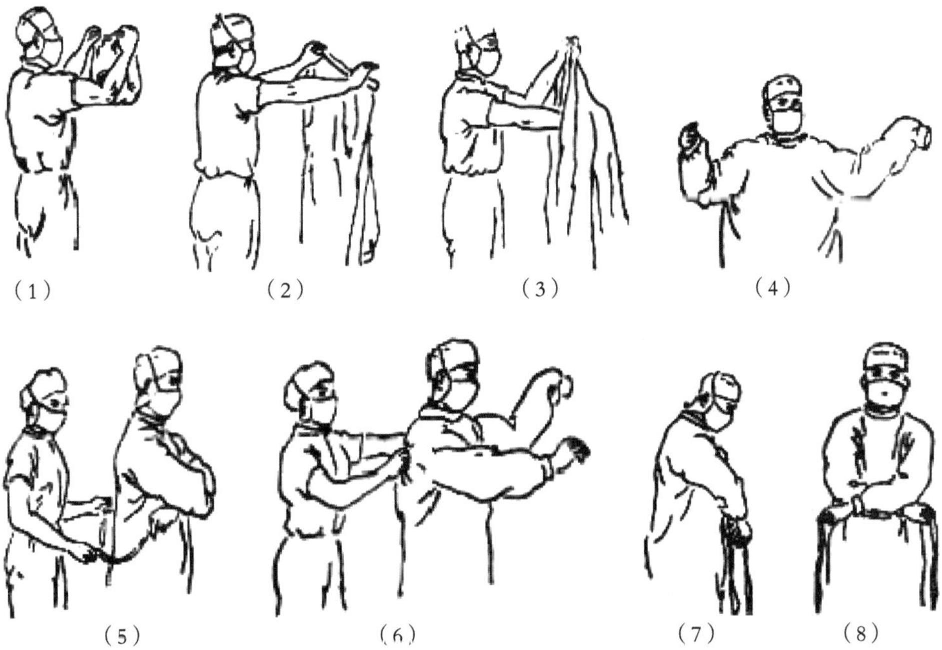

图 1-2-3　穿手术衣的步骤

注：（1）~（8）为操作顺序。

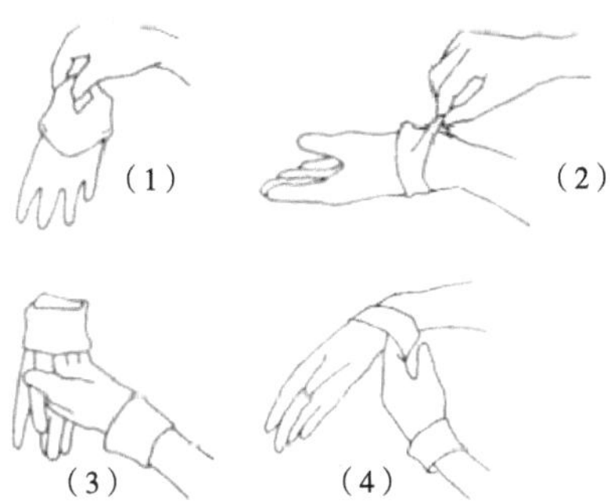

图 1-2-4　干戴手套的方法

注：（1）~（4）为操作顺序。

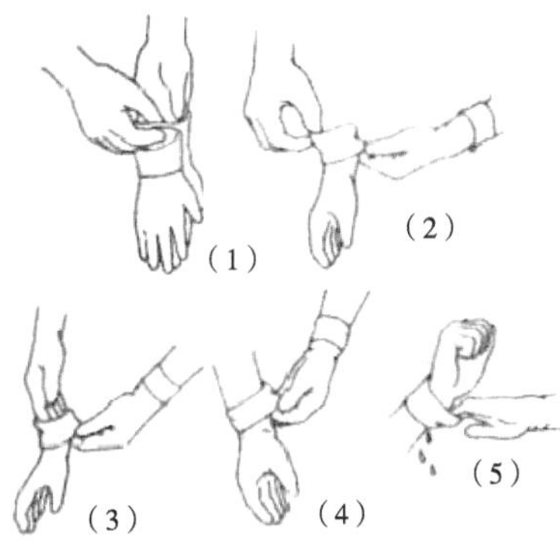

图 1-2-5　湿戴手套的方法

注：（1）~（5）为操作顺序。

【注意事项】

（1）手术人员进入手术室前必须剪短指甲，剔除甲缘下的污垢，有倒刺时也应事先剪除。若手部有创口，尤其是患有化脓感染创人员不能参加手术。手部有小的新鲜伤口如果必须参加手术时，应先用碘酊消毒伤口，暂时用胶布封闭，再进行消毒，手术时最好戴上手套。

（2）洗手的重点是双手，刷洗时应稍用力，特别注意甲沟、指蹼、肘后和其他皮肤皱褶处。不论刷洗或冲洗，或是浸泡以后，手始终应保持向上位置，防止水从肘部以上流向前臂和手。

（3）肘部以上10 cm虽经刷洗及浸泡，但仍应视为不清洁区域，故刷洗后用无菌小毛巾擦干皮肤时，如触及肘部以上部分就应更换，也不允许用已消毒的手抚摸另一侧肘部以上的皮肤。

（4）新洁尔灭等药品，遇碱则杀菌效果降低，因此，在浸泡前，必须将肥皂冲洗干净。

（5）最好用温水清洗，使毛孔扩张，以增强刷洗的效果。

（6）浸泡后的手臂，应令其自然晾干，不要用无菌巾擦干，特别是新洁尔灭类药物，自然晾干后可在皮肤上形成一层薄膜，增加灭菌效果。

（7）严格遵守刷洗和浸泡时间，不得随意缩短。如果情况紧急，必要时用肥皂及水初步清洗手臂污垢，擦干，并用3%～5%碘酊充分涂擦手臂，待干后，用大量酒精洗去碘酊，即可施行手术。也可以充分洗手后，再戴上灭菌的手套施术，这在小手术时，显得更为方便。

（8）手臂皮肤经消毒，细菌数量虽大大减少，但仍不能认为绝对无菌，在未戴灭菌手套以前，不可直接接触已灭菌的手术器械或物品。

（9）术中手套发生破裂，或接触胃肠内容物或脓液而被污染，在转入无菌手术时，要重新更换灭菌手套。更换手套前，用消毒液重新洗刷手臂。

三、手术室的消毒

手术室消毒最简单的方法是，用5%石炭酸或3%来苏尔进行喷洒，可收到良好效果。由于这些药物有刺激性，因此，消毒后必须通风换气。在消毒手术室之前，要先将手术室打扫干净，再进行消毒。常用消毒方法有以下两种。

（一）紫外线灯光照射消毒

紫外线光照射手术室，可以净化空气，明显减少空气中细胞数量，可杀灭空气中的微生物。紫外线的杀菌范围广，可杀死一切微生物。一般在非手术时间开灯照射2 h，有明显杀菌作用，但光照不到的地方无杀菌作用。

【注意事项】

（1）开通电源后，灯管中的汞蒸气辐射紫外光，通电后20～30 min发出的紫外光最多。灯管的使用寿命一般是2 500 h，随着使用时间的延长，辐射出的紫外光量逐渐减少，甚至无效。

（2）直接照射于物体表面。紫外光穿透力差，只能杀死物体表面微生物。

（3）灯管要保持干净，经常擦拭，不可沾有油污，会使杀菌力下降。

（4）可用紫外线强度仪测定杀菌效果，低于50 μW·s/cm^2，紫外线灯不能使用时，需要更换新的灯管。一般新的紫外线灯的灯管辐射强度应达到 100 ～ 120 W · s/cm^2。

（5）人员不可长时间处于紫外线灯的照射之下，否则会损伤眼睛和皮肤，造成轻度灼伤。必要时可戴墨镜，保护眼睛。

（二）化学药物熏蒸消毒

化学药物熏蒸消毒效果可靠，消毒彻底。手术室清扫后，关闭门窗，做好密闭，然后再用消毒剂蒸汽熏蒸。

1. 福尔马林加热法

含 40% 甲醛的福尔马林是一种液体。在抗腐蚀容器中加入适量福尔马林，在容器下方直接加热，产生蒸汽，持续熏蒸 4 h，可杀死细菌芽孢、病毒和真菌等。由于福尔马林有毒，要在非手术时间进行熏蒸，且熏蒸后应开窗通风。

2. 福尔马林加氧化剂法

原理与福尔马林加热法相同，只是不用热源加热，而是加入氧化剂使福尔马林形成蒸汽。消毒前计算好所需的福尔马林溶液，准备并放置于耐腐蚀的容器中，将高锰酸钾粉小心加入福尔马林溶液中，人员迅速退出手术室，几秒钟即可产生福尔马林蒸汽，消毒维持 4 h。

3. 乳酸熏蒸法

使用乳酸原液 0.1 ～ 0.2 L/m^3，加入相同量的水进行加热，形成蒸汽，加热持续 1 h，效果可靠。

（三）临时手术场所的选择和消毒

由于兽医工作的特殊性，有时也鉴于客观条件的限制，手术人员经常不得不在没有手术室的情况下进行手术。因此，兽医必须积极创造条件，寻求合适的临时手术场地。

在普通房间内进行手术，可以躲避风雨及烈日，特别是减少空气中污染的机会，在北方的冬天，尤为必要。

在普通房间内进行手术时，也要尽量创造手术必备条件。保障足够的空间，尽量没有杂物。地面、墙壁尽可能洗刷干净，用消毒药充分喷洒，避免尘土飞扬。

为了防止房顶灰尘掉落，可在手术区域的适当高度悬挂床单、塑料薄膜等。遇到刮风，应当关闭门窗。

如果晴朗无风，手术也可在室外进行。手术场地要远离交通要道、畜舍、积肥点等蚊虫滋生的地点。

为减少空气污染，最好选择避风且平坦的空地或草地，打扫清理地面的石块、玻璃等杂物，尘土多的地面应喷洒消毒药。

【注意事项】

（1）在条件允许时，最好分别设置无菌手术室和感染手术室。如果没有条件设置两种手术室，则化脓感染手术最好安排在其他地方进行，以防交叉感染。如果在室内做过化脓感染手术，手术室必须在术后及时严格消毒。

（2）在手术室消毒之前，应先对手术室进行全面清扫，再进行消毒。

材|料|准|备

肥皂、碘酊、酒精、新洁尔灭、氨水、棉球。

用|具|准|备

盆、剪毛剪、剃毛刀、指甲剪、手术帽、口罩、手术衣、喷壶。

任|务|筹|划

任务流程如图 1-2-6 所示。

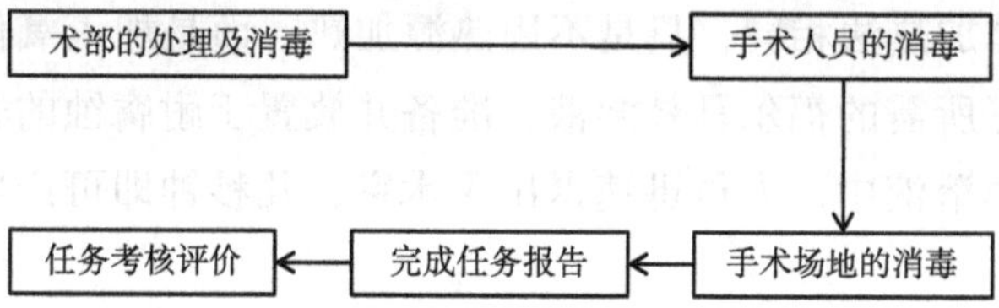

图 1-2-6　任务流程

任务实施

一、术部的处理及消毒

（一）术部的处理

（1）术部清洗。在保定的情况下，对动物进行全身扫刷，清除乱毛和泥土。

（2）术部剪毛。在准备手术的部位进行逆毛方向剪毛，剪毛范围一般比准备切口的范围大 20 ～ 25 cm。

（3）术部剃毛。用温水、肥皂清洗和软化被毛，再用剃毛刀顺毛方向剃毛，执剃毛刀的手在畜体身上找一支撑点，便于剃毛，并可防止损伤皮肤，最后用温水洗净，并用灭菌纱布擦干。

（二）术部的消毒

二次碘酊消毒法：用 5% 的碘酊在术部中心（即切口）由内向外涂擦，或由中心部螺旋形向外逐渐涂擦，待酒精蒸发后，再以此方法进行第二次涂擦碘酊，待干后约 5 min，用 75% 酒精棉球除去滞留在皮肤上的碘，盖上无菌的创布，并用巾钳固定，进行手术。

二、手术人员的消毒

（一）手术人员的机械处理

（1）参加手术人员必须剪短指甲，并锉钝、锉光滑。

（2）将衣袖卷到肘关节以上，充分暴露前臂部，用温水及肥皂水清洗前臂部，用灭菌纱布擦干。

（二）手术人员的消毒

（1）戴一次性手术帽及口罩。

（2）事先准备好两个泡手桶，均装入 0.1%新洁尔灭溶液，先在第 1 个泡手桶里边浸泡边擦洗 3 ～ 5 min，并用灭菌纱布擦干，再到第 2 个泡手桶里浸泡和擦洗 3 ～ 5 min，洗完后用灭菌纱布擦干，穿戴灭菌的手术衣和橡胶手套。

三、手术场地的消毒

> 知识拓展：无菌术（二维码 1-2-1。）
>
> 二维码 1-2-1
> 知识拓展：无菌术

（一）手术场地的清扫

手术室要进行全面的清扫。

（二）手术场地的消毒

（1）人工紫外线灯照射消毒。通过紫外线消毒灯的照射，可以有效地净化空气。

（2）用 0.1%新洁尔灭、3%石炭酸等对手术台、墙壁、地面等进行喷洒消毒。

任务报告

对本任务相关知识进行学习，根据任务实施流程及操作步骤认真完成任务报告（表 1-2-1）。

表 1-2-1　无菌术

姓名：	班级：	学号：
1. 正确熟练地进行术部消毒，在操作过程中有哪些注意事项？		
2. 正确熟练地进行手术人员消毒，在操作过程中有哪些注意事项？		
3. 正确熟练地进行手术场地消毒，在操作过程中有哪些注意事项？		

任务评价

根据学生对术部、人员、场地消毒操作的熟练程度及任务报告的完成情况进行考核评价（表 1-2-2）。

表 1-2-2　无菌术考核评价细则

姓名：		班级：		学号：		教师签字：
自评： □合格　□不合格 日期：		互评： □合格　□不合格 日期：		师评： □合格　□不合格 日期：		
序号	考核项目	考核标准	考核方式	分值	评分要求	得分
1	术部的处理及消毒	1. 正确进行术部清洗 2. 正确进行术部除毛 3. 正确进行术部消毒	现场操作考核、问答考核	10 分	未完成 1 项扣 3 分，3 项均未完成扣 10 分	
2	手术人员的消毒	1. 准确进行清洗操作 2. 准确进行消毒操作		10 分	未完成 1 项扣 5 分	
3	手术场地的消毒	1. 准确进行场地清扫工作 2. 准确进行场地消毒工作		10 分	未完成 1 项扣 5 分	
4	任务报告	1. 完成认真，内容正确 2. 消毒后的术部能够进行手术 3. 手术人员穿戴规范	评阅考核	15 分	根据情况酌情扣分	
5	学习态度	1. 具有团队协作精神 2. 具备科学严谨的态度 3. 观察认真，发言积极 4. 遵纪守时，爱护公物	自评、互评和师评相结合	10 分	根据情况酌情扣分	

任务检测

扫描二维码 1-2-2 进入在线测试，可反复多次答题，直到获得满意的结果。

二维码 1-2-2
项目一任务二检测

任务三 常见外科手术器械的识别、使用与灭菌

任务导入

手术操作离不开手术器械，而手术是否成功，又离不开术者正确、熟练地使用手术器械。手术器械的种类、式样繁多，大多数在不断地改进、创新。为某些特定目的而设计的专用手术器械，是各类手术都必须使用的常用器械。熟练地掌握这些常用器械的使用方法，才能保证手术基本操作正确。手术时，手术器械、敷料以及其他物品都可能对手术创伤造成直接或间接的接触感染。手术过程中所使用的器械和其他物品种类繁多，性质各异，有金属制品、玻璃制品、搪瓷制品、棉织品、塑料制品、橡胶制品等。请学生认识手术器械、完成手术器械的灭菌，并完成任务报告。

灭菌和消毒的方法也很多，且各种方法都有其特点。所以，应根据手术性质和缓急、物品的特性（可否耐受高压、高温）以及当时可能的条件等，合理地选用灭菌和消毒方法。

任务准备

知识准备

外科手术器械是进行手术时必需的工具。手术器械的种类、式样虽然很多，但其中有些器械是各类手术中都会使用的常用器械。熟练掌握这些常用手术器械的使用方法，才能保证手术基本操作的正确。

一、常见外科手术器械的识别与使用

常见的外科手术器械包括手术刀、手术剪、手术镊、止血钳、持针钳、缝针、牵开器、巾钳、肠钳、探针等。

（一）手术刀

手术刀主要用于切开和分离组织，有活动刀柄和固定刀柄两种。前者由刀柄和刀片两部分构成，可以随时更换刀片。

为了适应不同部位和性质的手术，刀片分为不同大小和外形。刀柄也分为不同的规格，

常用的刀柄规格为4号、6号、8号，用于安装较大刀片，这三种型号的刀柄只能安装19号、20号、21号、22号、23号、24号大刀片；3号、5号、7号刀柄用于安装10号、11号、12号、15号小型刀片。刀片不能混装于不同型号的刀柄上。手术刀按照刀刃的形状可分为圆刃手术刀、尖刃手术刀和弯形尖刃手术刀等（图1-3-1）。

22号大圆刃刀适用于皮肤的切割，应用此手术刀可做需要长度、任何形状切开；10号及15号小圆刃刀则适用于做细小的分割；23号圆形大尖刀适用于由内部向外表的切开，也可用于脓肿的切开；11号角形尖刃刀及12号弯形尖刃刀通常用于切开腱、腹膜和脓肿。

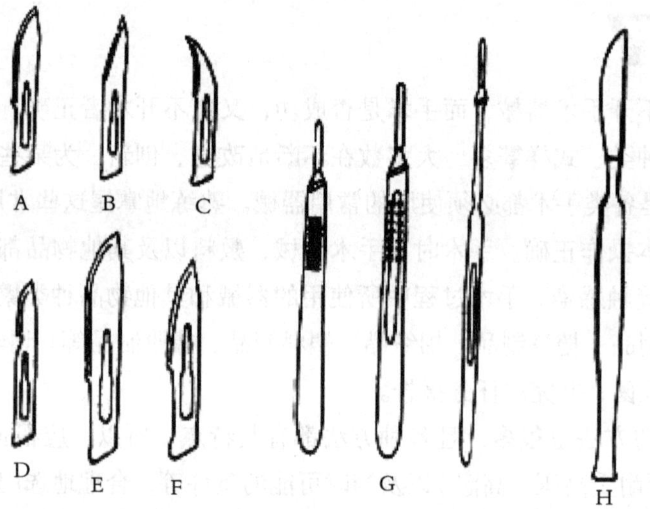

图1-3-1 不同类型的手术刀片及刀柄

注：A为10号小圆刃；B为11号角形尖刃；C为12号弯形尖刃；D为15号小圆刃；E为22号大圆刃；F为23号圆形大尖刃；G为刀柄；H为固定刀柄圆刃。

1. 安装与更换刀片

安装新刀片时，左手抓持刀柄，右手用止血钳或持针钳夹住刀片，先用刀柄顶端两侧浅槽与刀片中孔上端狭窄部分衔接，向后轻压刀片，使刀片落于刀柄前端的槽缝内（图1-3-2a）。更换刀片时，与以上动作相反，右手用止血钳或持针钳夹持刀片近端，轻轻抬起并向前推，使刀片与刀柄脱离（图1-3-2b）。

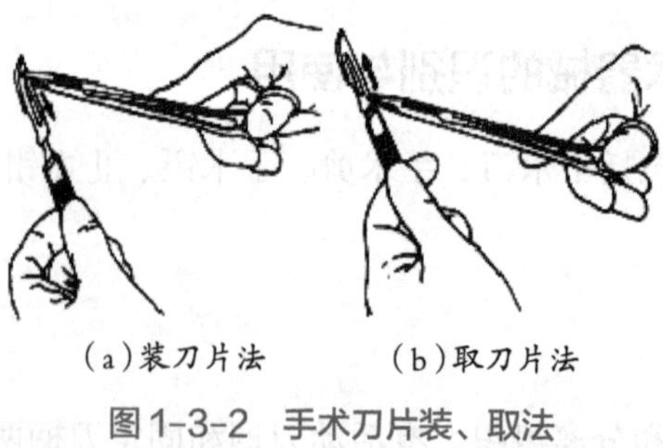

（a）装刀片法　　（b）取刀片法

图1-3-2 手术刀片装、取法

2. 执刀法

在手术过程中，不论选用任何大小和外形的刀片，都必须有锋利的刀刃，才能迅速而顺利地切开组织，不引起过多组织损伤。为此，必须十分注意保护刀刃，避免碰撞，消毒前要使用纱布包裹。使用手术刀的关键在于锻炼稳重而精确的动作，执刀的方法必须正确，动作的力量要适当。执刀的姿势和动作的力量根据不同的需要有下列 4 种（图 1-3-3）。

图 1-3-3　执手术刀的姿势

（1）指压式（餐刀式）。常用的一种执刀法。以手指按住刀背的 1/3 处，用手腕与手指的力量切割，适用于切开皮肤、腹膜和切断钳夹组织。

（2）执笔式。如同执钢笔的执刀法。动作涉及腕部，力量主要在手指，需用小力量进行短距离的精细操作，用于切割短小切口，分离血管、神经等重要的组织或器官。

（3）全握式（抓持式）。力量在手腕的执刀法。用于范围广、用力较大的切开，如切开筋膜、皮肤、慢性增生组织等。

（4）反挑式（挑起式）。即刀刃由组织内向外面挑开的执刀法。以免损伤深部组织，如腹膜切开。

根据手术种类和性质，虽然执刀方式不同，但不论采用哪种执刀方式，拇指与中指应放在刀柄横纹或纵槽处，食指在其他手指的近刀片端，以稳住刀柄并控制刀片的方向和力量。握刀柄的位置要适当，过低会妨碍视线，影响操作，过高会控制不稳。在应用手术刀切开或分离组织时，除特殊情况外，一般要用刀刃突出的部分，避免用刀尖插入深层看不见的组织内，从而误伤重要的组织和器官。

在手术操作时，要根据不同部位的解剖特点，适当地控制力量和深度，否则，容易造成不必要的组织损伤。

手术刀的使用范围，除刀刃用于切割组织外，还可以用刀柄进行组织钝性分离，或代替骨膜分离器剥离骨膜。在手术器械数量不足的情况下，也可代替手术剪切开腹膜、切断缝线等。

（二）手术剪

依据用途不同，可将手术剪分为两种，一种是沿组织间隙分离和剪断组织的，称为组织剪（图 1-3-4）；另一种用于剪断缝线，称为剪线剪（图 1-3-5）。由于两者作用不同，所以其结构和要求标准也不同。组织剪尖端较薄，剪刃要求锐利而精细。为满足不同性质和部位的手术需求，组织剪分为大、小、长、短、弯、直等多种，直剪用于浅层组织手术操作，弯剪用于深层组织分离，使手和剪柄不妨碍视线，从而达到安全操作的目的。剪线剪头钝而直，刃较厚，在质量和形式上的要求不如组织剪严格，但也要足够锋利，有时也用于剪断较硬或较厚的组织。

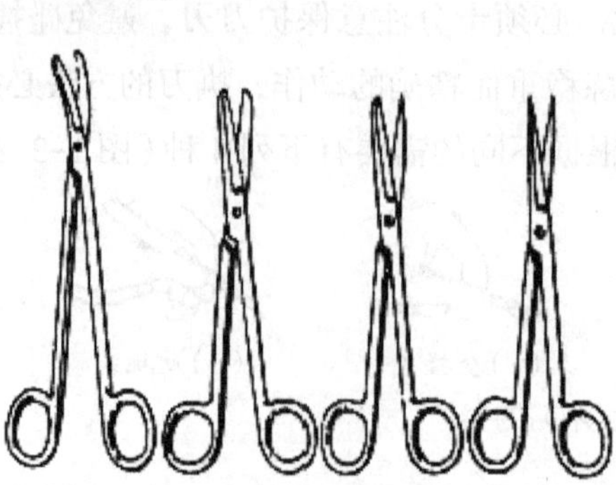

图 1-3-4　组织剪

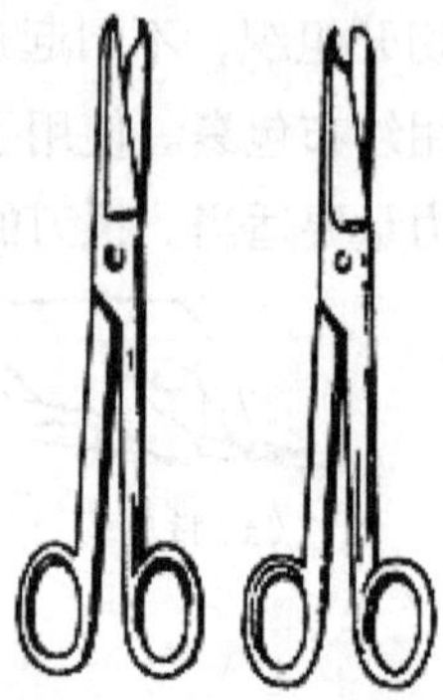

图 1-3-5　剪线剪

正确的执剪方法是用拇指和无名指插入剪柄的两侧环内，但不宜插入过深；食指轻压在剪柄和剪刃交界的关节处，中指放在无名指一侧指环的前外方柄上，能够准确地操控手术剪的方向和剪开长度（图 1-3-6）。

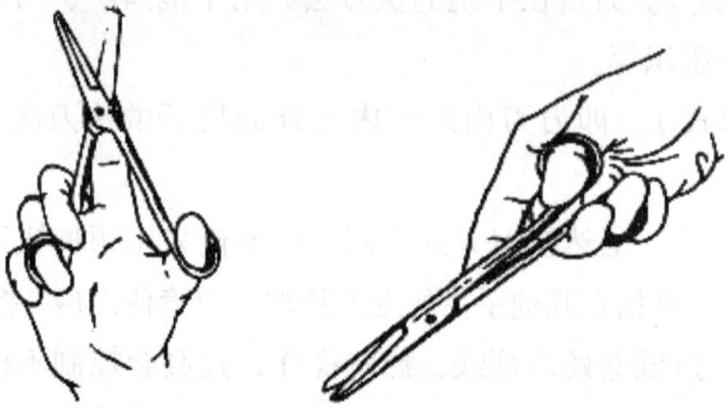

图 1-3-6　执手术剪的姿势

（三）手术镊

手术镊用于夹持、稳定或提起组织，以便于剥离、剪开或缝合。手术镊的尖端分为有齿及无齿（平镊），又有短形、长形、尖头与钝头之分（图 1-3-7），可按需选择。有齿镊损伤性大，用于夹持坚硬组织。无齿镊损伤性小，用于夹持脆弱的组织及脏器。精细的尖头平镊对组织损伤性较轻，用于血管、神经、黏膜手术等。

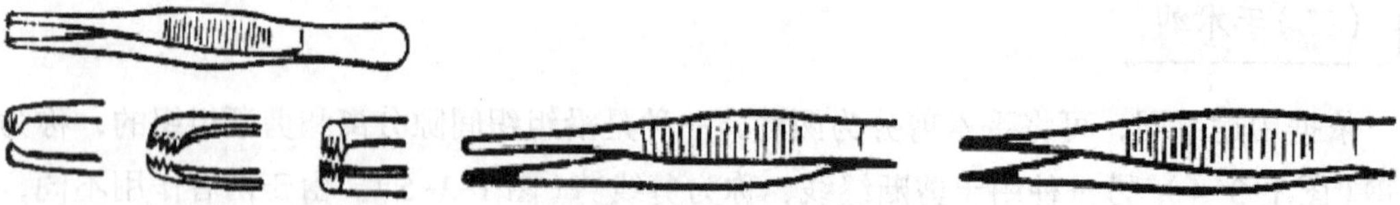

图 1-3-7　手术镊

执镊方法是用拇指对食指和中指执拿（图 1-3-8），左、右手均可使用。执夹力量应适中，否则可能会引起不必要的组织损伤。

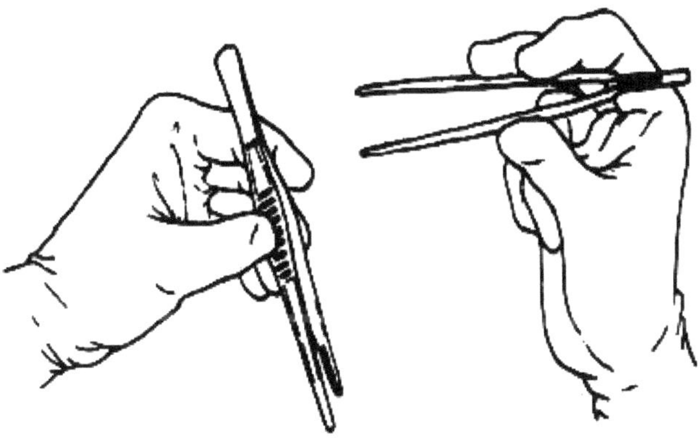

图 1-3-8　执手术镊姿势

（四）止血钳

止血钳又称为血管钳，主要用于夹住出血部位的血管或出血点，以达到直接钳夹止血的目的。有时也用于分离组织、牵引缝线。常见的止血钳有弯、直两类，还有有齿止血钳、无齿止血钳，并分大、中、小等类型（图 1-3-9）。直钳用于浅表组织和皮下血管止血，弯钳用于深层止血。最小的蚊式止血钳用于眼科或者精细组织的止血。蚊式止血钳齿槽较细、较浅，弹力较好，对组织的压迫作用和对血管壁及其内膜的损伤较轻，又称为“无损伤”血管钳。止血钳尖端带齿者，称为有齿止血钳，多用于夹持较厚的坚韧组织以防滑脱。外科手术中使用止血钳时，避免钳夹过多的组织，防止不必要的组织损伤。任何止血钳对组织都有压迫作用，只是程度不同，所以，不宜用于夹持皮肤、脏器和脆弱组织。

执止血钳法与执剪法相同。松钳方法：用右手时，将拇指及第四指插入柄环内捏紧使扣分开，再将拇指内旋（图 1-3-10a）；用左手时，拇指及食指持一柄环，拇指向下压（内收），第三指、第四指向上顶推（外推）另一柄环，二者相对用力，即可松开（图 1-3-10b）。

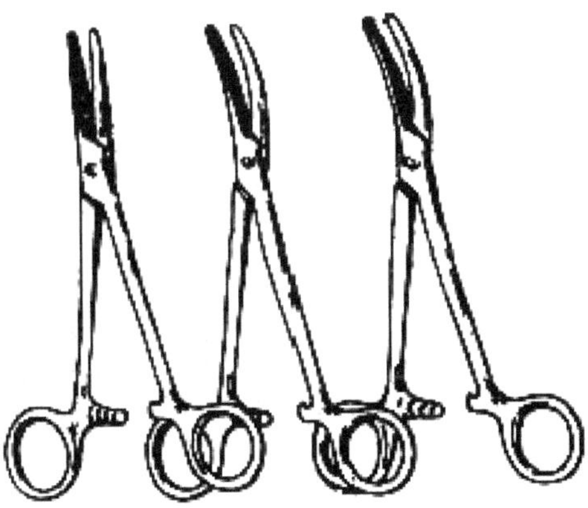

（a）直止血钳　（b）弯止血钳　（c）有齿止血钳

图 1-3-9　各种类型止血钳

（a）右手　　（b）左手

图 1-3-10　松钳法

（五）持针钳

持针钳也称持针器，用于夹持缝针缝合组织。一般分为两种，即握式持针钳和钳式持针钳（图 1-3-11）。使用持针钳夹持缝针时，应将缝针夹在靠近持针钳的尖端，若夹在齿槽床中间，则易将针折断。一般持针钳应夹住缝针针体中、后 1/3 交界处，缝线应重叠 1/3，以便操作（图 1-3-12）。大动物手术时常用握式持针钳，小动物手术时常用钳式持针钳。

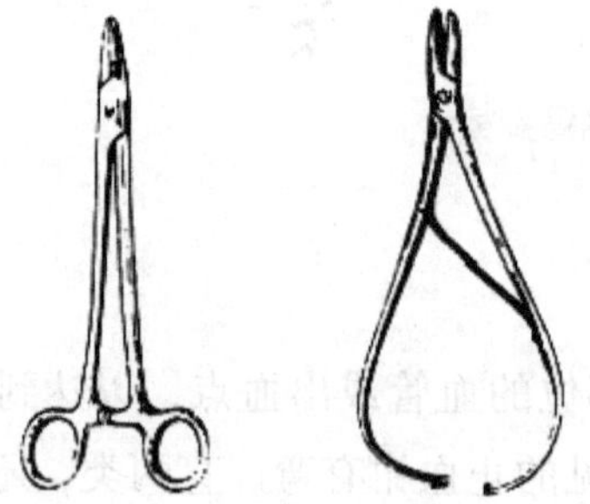

（a）钳式持针钳 （b）握式持针钳

图 1-3-11 持针钳

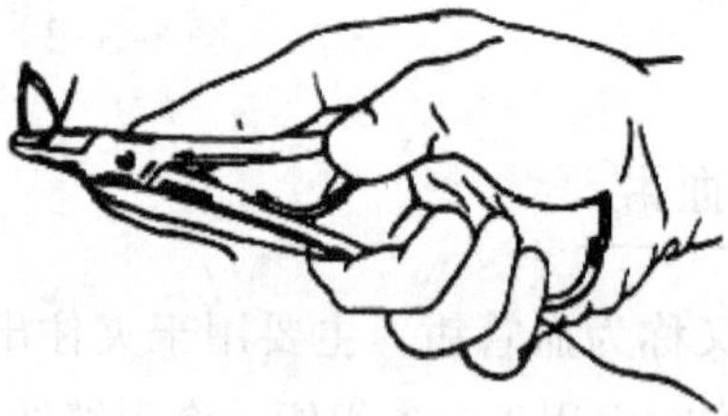

图 1-3-12 执持针钳法

（六）缝针

缝针主要用于缝合组织或贯穿结扎。缝合针有两种类型，一种是带线缝合针或无眼缝合针，缝线已包含在针尾部，因此，针尾较细，仅单股缝线穿过组织，缝合孔道最小，对组织损伤最小，又称为“无损伤”缝合针。这种缝针有特定包装，保证无菌，多用于血管、肠管缝合。另一种是有孔缝合针，这种缝针能多次再利用。缝针的长度和直径是缝针规格的重要组成部分，缝针长度需要能穿过切口两侧，缝针直径较大，对组织损伤严重。根据形状，缝针可分为弯针和直针两种。弯针有 1/2 弧形、3/8 弧形和半弯形（图 1-3-13）。弯针可用于缝合较深层组织，并可在深部体腔内操作，应用范围较广。缝针尖端可分为圆形和三角形。圆形的缝针称为圆针，一般用于软组织的缝合。三角形的缝针称为三棱针，有锐利的刃缘，能穿过较致密的组织，一般限于缝合皮肤，有时也用于缝合软骨及粗壮的韧带等坚韧组织。

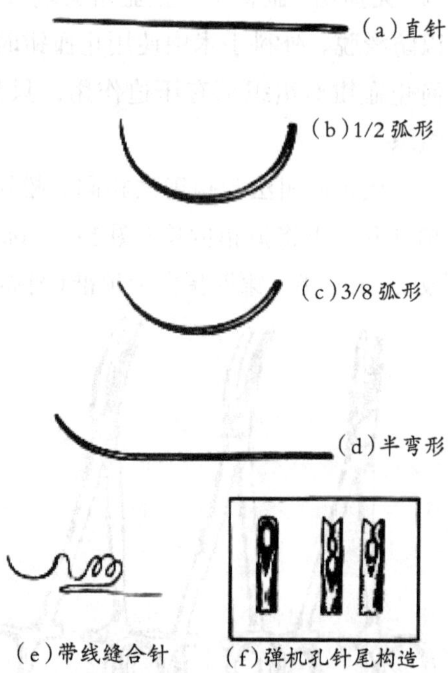

图 1-3-13 缝合针的种类

使用弯针时需用持针器钳住缝针。直针用于操作空间较宽阔的浅表组织缝合，应用范围不如弯针广泛。

（七）牵开器

牵开器又称拉钩，用于牵开术部浅在组织或器官，以充分显露深部组织，从而便于手术操作。牵开器根据需要分为各种不同的类型，分为手持式牵开器和固定式牵开器两种。手持式牵开器，由牵开片和手柄两部分组成，按手术部位和深度的需要，牵开片有不同的形状、长短和宽窄。目前使用较多的手持式牵开器，其牵开片为平滑钩状（图 1–3–14），对组织损伤较小。手持式牵开器的优点是，可随手术操作的需要灵活地改变牵引部位、方向和力量。缺点是手术时间较久时，助手容易疲劳。

固定式牵开器（图 1–3–15）也有不同类型，在牵开力量大、手术人员不足或显露不需要改变的手术区中使用。使用牵开器时，拉力应均匀，不能突然用力或用力过大，以免损伤组织。必要时可用纱布垫将牵开器与组织隔开，以减少不必要的损伤。

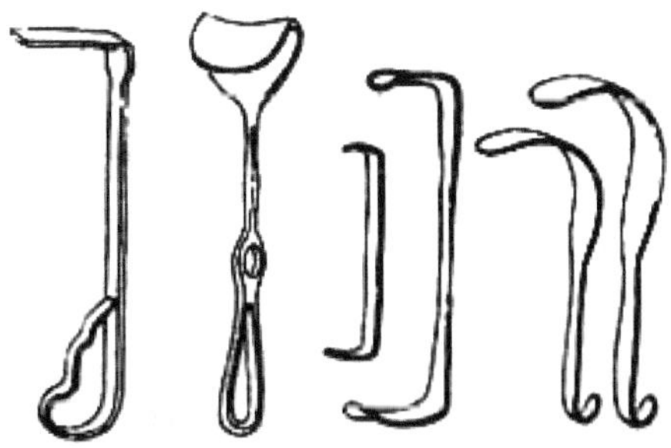

图 1–3–14　手持式牵开器

图 1–3–15　固定式牵开器

（八）巾钳

巾钳又称创巾钳（图 1–3–16），用以固定手术巾。使用方法是连同手术巾一起夹住皮肤，防止手术巾移动，避免手或器械与术部以外的被毛接触。

图 1–3–16　巾钳

（九）肠钳

肠钳用于肠管手术，以阻断肠内容物的移动、溢出或肠壁出血。肠钳结构上的特点是齿槽薄，弹性好，对组织损伤小，使用时必须外套乳胶管，以减少对组织的损伤（图 1–3–17）。

（十）探针

探针分为普通探针和有钩探针两种（图 1–3–18）。用于探查窦道，进行窦道及瘘管的切除或切开。在腹腔手术中，常用有钩探针引导切开腹膜。

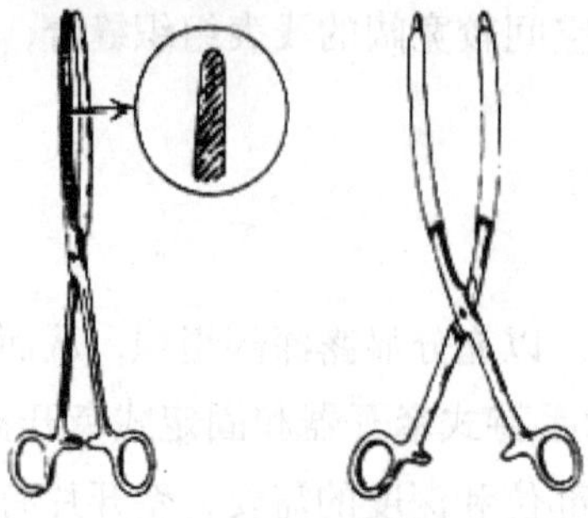

图1-3-17　肠钳

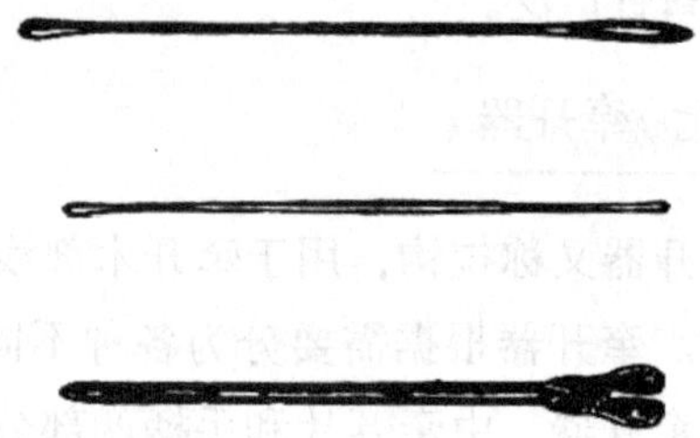

图1-3-18　探针

【注意事项】

（1）在施行手术时，所需要的器械较多，为了避免刀、剪、缝针等器械误伤手术操作人员和争取手术时间，手术器械必须按一定的方法传递。

（2）器械的整理和传递由器械助手负责。器械助手在手术前应将所用的器械分门别类依次放在器械台的特定位置上。传递时器械助手必须将器械的握持部递交在术者或第一助手的手掌中。例如，传递手术刀时，器械助手应握住刀柄与刀片衔接处的背部，将刀柄端送至术者手中，切不可将刀刃传递给术者，以免误伤。传递剪刀、止血钳、手术镊、肠钳、持针钳等时，器械助手应握住钳、剪的中部，将柄端递给术者。在传递直针时，应先穿好缝线，拿住缝针前部递给术者，术者取针时应握住针尾部，切不可将针尖传给操作人员（图 1-3-19）。

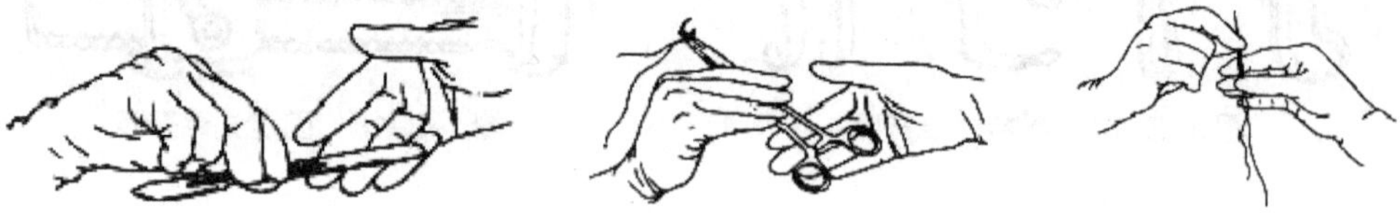

（a）手术刀的传递　　（b）持针钳的传递　　（c）直针的传递

图1-3-19　手术器械的传递

二、常见外科手术器械的灭菌

（一）手术器械的准备与消毒

手术器械应该保持清洁，不得沾有污物或灰尘等。首先，要检查所准备的器械数量是否足够，能够保证手术全过程的需求。更应注意每件器械的性能，以保障正常使用。不常用或新启用的器械，要用温热的清洁剂溶液去除表面的保护性油脂或其他保护剂，然后，再用大量清水冲去残存的清洁剂，消毒烘干备用。结构比较复杂的器械，最好拆开或半拆开，以利于充分灭菌。锐利的器械用纱布包裹其锋利部位，以免变钝。对有弹性锁扣的止血钳和持针钳等，应将锁扣松开，以免影响弹性。注射针头、缝针等小物品，需要放在小容器内，或是整齐有序地插在纱布块上，防止散落而造成使用不便。每次所用的手术器械，可包在一个较大的布质包单内，这样更便于灭菌和使用。

手术器械最常用的灭菌方法是高压蒸汽灭菌法，紧急情况或没有高压蒸汽设备，也可采用化学药物浸泡消毒法和煮沸法。

（二）玻璃、瓷和搪瓷类器皿的准备与灭菌

所有玻璃、瓷和搪瓷类器皿均应充分清洗干净，易损易碎者用纱布适当包裹保护。一般均采用高压蒸汽灭菌法，也可使用煮沸法和化学药物浸泡法。玻璃器皿、玻璃注射器如用煮沸法，应在加热前放入，否则，玻璃易因聚热而破损。尽管现在普遍使用一次性注射器，但手术中最好使用经高压蒸汽灭菌的玻璃注射器，尤其是在需要用大容量的玻璃注射器时，如 20 mL、50 mL、100 mL 注射器，因一次性注射器一般容量较小。如手术需要玻璃注射器，应将洗净的注射器内栓、外管分别用纱布包好，以免错乱或相互碰撞。较大的搪瓷盘可使用酒精火焰烧灼灭菌法，即在干净的大型器皿内倒入适量酒精（95%酒精），使其遍布盆底，然后点燃烧尽。

（三）橡胶、尼龙和塑料类用品的准备与消毒

临床常用的有各种插管和导管、手套、橡胶布、围裙及各种塑料制品等。橡胶类用品可用高压蒸汽灭菌，但多次长期处理易影响橡胶的质量，故也可采用化学消毒液浸泡消毒或者煮沸灭菌。乳胶类用品可用高压蒸汽灭菌，一般仅用一次，也可用化学消毒液浸泡消毒，但有些消毒液易引起化学反应，如新洁尔灭可使乳胶手套表面发生一定的黏性（不影响手术）。橡胶、乳胶手套采用高压蒸汽灭菌时，为防止手套粘连，可预先将手套内外撒上滑石粉，并用纱布将每只手套隔开并成对包在一起，以免错乱。目前，这类用品很多都是一次性的，这就减少消毒工作中的许多烦琐环节。

塑料类用品如塑料管、塑料薄膜等一般用化学药物浸泡消毒法。有些医疗单位使用环氧乙烷气体灭菌，对细菌、芽孢、立克次体、病毒都有杀灭作用，可用于器械、仪器、敷料、橡胶、塑料等的灭菌。

（四）敷料、手术创巾、手术衣帽和口罩等物品的准备与灭菌

目前，一次性使用的止血纱布、手术创巾、手术衣帽及口罩等均已问世。重复使用的这类用品都是纯棉材料，临床使用之后可以回收。回收的上述用品均需经过洗涤处理，不得黏附有被毛或其他污物，然后按不同规格分类整理、折叠，再经灭菌后应用。

1. 棉球

把脱脂棉展开，将其撕成 3 ～ 4 cm 的小块，逐个塞入拳内压紧或团揉成球后，放入广口瓶或搪瓷缸内，倒入 2% ～ 5% 碘酊或 75%酒精，即分别成为碘酊棉球和酒精棉球。

2. 止血纱布

系医用脱脂纱布制成，止血纱布的大小依使用需求而定，没有特殊的规定，制作者可以自行决定（大的为 40 cm × 40 cm，小的为 15 cm × 20 cm）。先将纱布裁制成大小不同的

方形纱布块，然后以对折方法折叠，最后将剪断缘的毛边完全折在内部。再将若干块这种止血纱布用纯棉的小方巾包成小包，这样便于灭菌，使用时也方便。

3. 手术巾（创巾）

手术巾，即用白色或淡蓝色布制成的大于手术区域的布块，中间开有适当长度的窗洞，主要用于隔离术野以外的区域。

4. 手术衣帽和口罩

手术衣应事先洗净晒干叠好，并将其与口罩和手术帽一起用消毒巾包起来，放入高压蒸汽灭菌器内灭菌 30 min 即可。

【注意事项】

（1）手术器械及相关物品一般均采用高压蒸汽灭菌法。

（2）在没有高压蒸汽灭菌器时，也可以使用普通的蒸锅，普通蒸锅密闭性不好，压力较小，内部温度也难以提高，温度的渗透力又较差，所以，消毒所需的时间应适当延长，可以从水沸腾时开始计算时间，维持 1 ～ 2 h 即可。

（3）消毒的物品可用手术包布包好，小而零散的则可装入贮槽（用金属材料制成的特殊容器），如无贮槽可将敷料分别装入小布袋内灭菌。灭菌前，将贮槽的底窗和侧窗完全打开。在灭菌后从高压锅内取出时，立刻将底窗和侧窗关闭。

（4）贮槽在封闭的情况下，可以保证 1 周内是无菌的。如果超过 1 周时间，则应考虑重新高压蒸汽灭菌。

材料准备

缝线、0.1%新洁尔灭。

用具准备

高压蒸汽灭菌器、煮沸灭菌锅、手术刀、手术剪、手术镊、止血钳、持针钳、缝针、牵开器、巾钳、肠钳、探针。

任务筹划

任务流程如图 1-3-20 所示。

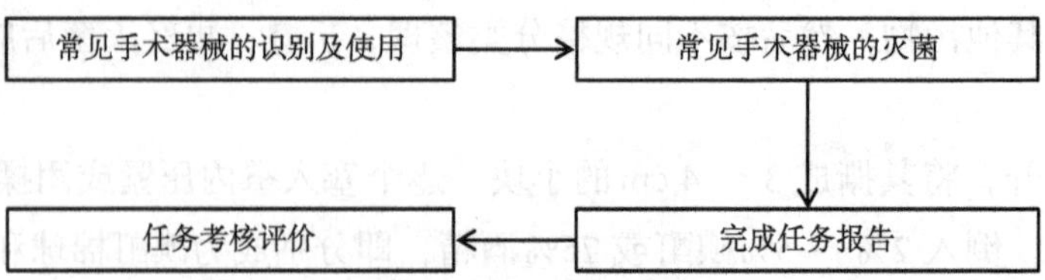

图 1-3-20　任务流程

任务实施

一、常见手术器械的识别及使用

（一）常见外科手术器械的识别及使用

对所准备的外科器械进行识别及使用。

（二）外科手术器械的保养和储存

外科手术器械使用完毕应立即清点和清洗。在清水中浸泡并清洗干净。剪、钳等应注意交叉点处的清洗。洗净后用干的洁净敷料擦干后，低温烘干。

被脓汁、粪便及腐败性液体污染的器械，置于 2% 来苏尔中浸泡 1 h，清洗干净，擦干后烘干。

（三）敷料的制备

1. 创布的制备

大创布的制备一般用普通白布的宽度作为创布的宽度，长度为 150 cm，一剪两半，在中间留有创洞，两端缝合。小创布的制备，一般大小为 75 cm × 75 cm。也可根据动物大小、手术切口的大小来制备。

2. 纱布块的制备

大纱布块一般用消毒纱布见方作为一块纱布，剪好后，将纱布的毛边叠在里面，每块叠成 120 cm^2（12 cm × 10 cm），分 5 块为 1 包，每组制 3 包。小纱布块一般以大纱布块剪成四等份，同样，将毛边叠在里面，叠成 64 cm^2（8 cm × 8 cm），每 10 块 1 包，每组做 4 包。

二、常见手术器械的灭菌

（一）煮沸灭菌法

将器械放入煮沸灭菌锅中，向锅中加入适量清水，使清水完全没过器械，加热。在水煮沸后开始计时，一般要维持 20 ～ 30 min。金属器械消毒，可在常温水内加 2% 碳酸氢钠，其消毒效果好，同时，可防止金属器械生锈。

> 知识拓展：常见手术器械的识别使用与灭菌（二维码 1-3-1）。
>
> 二维码 1-3-1
> 知识拓展：常见手术器械的识别使用与灭菌

（二）高压蒸汽灭菌法

将准备消毒的器械、敷料、手术衣等物品包好放入高压蒸汽灭菌锅内芯，在高压锅内加入适量水后，装好高压锅盖，开始加热，当开始升压时，打开放气阀，排出高压锅内的空气后，关闭放气阀，待高压锅升到121 ℃时经30 min即可达到灭菌效果，待冷却后，打开高压锅，取出器械。

任务报告

对本任务相关知识进行学习，根据任务实施流程及操作步骤认真完成任务报告（表1–3–1）。

表1–3–1　常见外科手术器械的识别、使用与灭菌

姓名：	班级：	学号：
1. 正确识别及使用外科器械，在使用过程中有哪些注意事项？		
2. 正确熟练地进行器械消毒，在操作过程中有哪些注意事项？		

任务评价

根据学生对常见外科手术器械的认识程度、对器械灭菌操作的掌握程度及任务报告的完成情况进行考核评价（表1–3–2）。

表1–3–2　常见外科手术器械的识别、使用与灭菌考核评价细则

姓名：		班级：		学号：		教师签字：
自评： □合格　□不合格 日期：		互评： □合格　□不合格 日期：		师评： □合格　□不合格 日期：		
序号	考核项目	考核标准	考核方式	分值	评分要求	得分
1	常见手术器械的识别及使用	1. 正确识别手术器械 2. 正确使用手术器械	现场操作考核、问答考核	10分	未完成1项扣5分	
2	常见手术器械的灭菌	1. 准确进行清洗操作 2. 准确进行灭菌操作		10分	未完成1项扣5分	
3	任务报告	1. 完成认真，内容正确 2. 能够识别外科手术器械 3. 高压蒸汽灭菌操作描述正确	评阅考核	15分	根据情况酌情扣分	

续表

序号	考核项目	考核标准	考核方式	分值	评分要求	得分
4	学习态度	1. 具有团队协作精神 2. 具备科学严谨的态度 3. 观察认真，发言积极 4. 遵纪守时，爱护公物	自评、互评和师评相结合	10 分	根据情况酌情扣分	

任务检测

请扫描二维码 1-3-2 进入在线测试，可反复多次答题，直到获得满意的结果。

二维码 1-3-2
项目一任务三检测

任务四　麻　醉

任务导入

麻醉是外科手术中不可缺少的一个组成部分，其主要目的在于安全有效地消除手术动物的疼痛感觉，防止剧烈疼痛引起休克；避免人或动物发生意外损伤；保持动物安静，有利于安全、细致地进行手术操作；减少动物骚动，便于无菌操作。根据麻醉剂对机体的作用范围不同，麻醉可分为局部麻醉和全身麻醉两类。

动物在全身麻醉时会形成特有的麻醉状态，表现为镇静、无痛、肌肉松弛、意识消失等。在全身麻醉状态下，对动物可以进行比较复杂和难度较大的手术。全身麻醉是可以控制的，也是可逆的，当麻醉药从体内排出或在体内代谢后，动物将逐渐恢复意识，不会对中枢神经系统有残留作用或留下任何后遗症。根据全身麻醉药物进入动物体内的途径不同，可将全身麻醉分为吸入麻醉和非吸入麻醉两类。

利用某些药物有选择性地暂时阻断神经末梢、神经纤维以及神经干的冲动传导，从而使其分布或支配的相应局部组织暂时丧失痛觉的一种麻醉方法，称为局部麻醉，常用的局部麻醉方法包括表面麻醉、局部浸润麻醉、传导麻醉和硬膜外腔麻醉。局部麻醉适用于较浅表的小手术。局部麻醉的优点：动物保持清醒，对重要器官功能干扰轻微，并发症少，简便易行。请学生完成全身麻醉和局部麻醉的操作，并完成任务报告。

任务准备

知识准备

一、全身麻醉

（一）吸入麻醉

吸入麻醉指采用气态或挥发性液体麻醉药，使药物经呼吸由肺泡毛细血管进入血液循环，并到达神经中枢，使中枢神经系统抑制而产生全身麻醉效应。用于吸入麻醉的药物称为吸入麻醉药。吸入麻醉的优点是能迅速准确地控制麻醉深度，并较快终止麻醉，复苏快。缺点是操作比较复杂，麻醉装置价格昂贵。

常用的吸入麻醉药有乙醚、氟烷、甲氧氟烷、安氟醚（恩氟烷）、异氟醚、氧化亚氮（笑气）、七氟醚等。常用的麻醉前用药主要有丙泊酚、安定、隆朋、阿托品等药物。

临床应用时，应先将动物进行基础麻醉、气管插管后，再进行吸入麻醉。吸入麻醉开始时，以 2% ～ 4% 的浓度快速吸入，3 ～ 5 min 后再以 1.5% ～ 2.0% 的浓度尝试维持所需麻醉深度。

吸入性全身麻醉需要一定的麻醉设备，常用的麻醉装置（麻醉机）可以为动物提供氧气、麻醉气体和进行人工呼吸，是临床麻醉和急救时不可缺少的设备。麻醉机根据其呼吸环路系统不同分为开放式、半开放式或半紧闭式和紧闭式四种。具备性能良好的麻醉机和助手正确熟练的操作技能，对于保证手术动物的安全十分重要。

（二）非吸入麻醉

1. 牛的全身麻醉

牛需要深麻醉的情况不多，在实施全身麻醉时不可麻醉过深，最好采用配合麻醉，麻醉前停食停水，给予阿托品等以减少唾液腺和支气管腺体的分泌。另外，牛在全麻状态下气管内插管是非常必要的。

（1）静松灵（或隆朋）麻醉法。牛对静松灵敏感，在较小剂量下可引起较深度的镇静与镇痛，其剂量因品种及个体差异而有不同，一般是每千克体重 0.2 ～ 0.4 mg，肌内注射后 20 min 内出现明显的镇静和麻醉现象，一般麻醉可持续 1 h 以上。水牛的剂量可增至 1 ～ 3 mg/kg。在整个麻醉过程中牛的意识一直不会消失，手术时仍应加以适当保定。

（2）速眠新合剂麻醉法。按每千克体重 0.005 mL 的剂量肌内注射，5 ～ 10 min 动物即平稳进入麻醉状态，持续 40 ～ 80 min；剂量稍有增加时，除麻醉时间延长外，无明显的不良反应。

2. 羊的全身麻醉

羊的解剖结构、生理特点与牛相似，所以，很多麻醉特点以及全身麻醉的危险性也相似。麻醉的注意事项及所采取的措施基本相同。

（1）隆朋（或静松灵）麻醉法。肌内注射量为每千克体重 1 ～ 2 mg。隆朋与氯胺酮复合应用效果较好。若剂量超过每千克体重 7 mg，易发生中毒死亡。

（2）速眠新合剂麻醉法。按每千克体重 0.05 ～ 0.1 mg 的剂量肌内注射，经 3 ～ 10 min 动物进入麻醉状态，持续 2 ～ 3 h。麻醉期内，羊的唾液分泌稍多。

3. 猪的全身麻醉

（1）戊巴比妥钠麻醉法。静脉内注射剂量为每千克体重 10 ～ 25 mg，麻醉时间 30 ～ 60 min，苏醒时间为 4 ～ 6 h，此剂量也可采用腹腔内注射。一般 50 kg 以上的猪采用小剂量（10 mg/kg），20 kg 以下的猪采用大剂量（25 mg/kg）。

（2）硫苯妥钠麻醉法。静脉注射量为每千克体重 10 ～ 25 mg（小猪用高剂量）。麻醉时间 10 ～ 25 min，苏醒时间 0.5 ～ 2 h。腹腔注射量为每千克体重 20 mg，麻醉时间 15 min，苏醒时间约 3 h。限于短小手术，或作吸入麻醉的诱导。

（3）噻胺酮（复方氯胺酮）麻醉法。其有效成分包括氯胺酮、隆朋和苯乙哌酯（类阿托品类药物），一般小型猪或体重 50 kg 以下的猪，肌内注射剂量为每千克体重 10 ～ 15 mg；如果体重大于 50 kg 或成年种猪应采用静脉注射给药，剂量为每千克体重 5 ～ 7 mg，注射速度不宜过快。麻醉持续时间 60 ～ 90 min 不等。单独给予氯胺酮每千克体重 10 ～ 30 mg，肌内注射也能使猪安定，可持续 10 ～ 20 min。

4. 犬、猫的全身麻醉

（1）速眠新合剂麻醉法。本法是目前临床应用较为广泛的麻醉方法，用量及效果可参考猪的全身麻醉部分。

（2）氯胺酮麻醉法。用药前常规注射阿托品，防止流涎。注射阿托品后 15 min，肌内注射氯胺酮，犬每千克体重 10 ～ 15 mg、猫每千克体重 10 ～ 30 mg，5 min 后产生药效，一般可持续 30 min，适当增加用量可相应延长麻醉持续时间。如果因过多出现全身性强直性痉挛，而不能自行消失时，可静脉注射安定，剂量为每千克体重 1 ～ 2 mg。临床上又常常将氯胺酮与其他神经安定药混合应用以改善麻醉状况。常用的有以下三种。

氯丙嗪+氯胺酮麻醉法：麻醉前给予阿托品，肌内注射氯丙嗪，剂量为犬每千克体重 3 ～ 4 mg、猫每千克体重 1 mg，15 min 后先给予氯胺酮，剂量为犬每千克体重 5 ～ 9 mg、猫每千克体重 15 ～ 20 mg，肌内注射，麻醉平稳，持续 30 min。

隆朋+氯胺酮麻醉法：先给予阿托品，再肌内注射隆朋，剂量为每千克体重 1 ～ 2 mg，15 min 后肌内注射氯胺酮，剂量为每千克体重 5 ～ 15 mg，持续 20 ～ 30 min。

安定+氯胺酮麻醉法：肌内注射安定，剂量为每千克体重 1 ～ 2 mg，15 min 后再肌内注射氯胺酮。

（3）硫苯妥钠麻醉法。将硫苯妥钠稀释成2.5%的溶液，按每千克体重25 mg的剂量计算总药量进行静脉注射，其前1/2或是2/3以较快的速度静脉注射（约1 mL/s）。当动物呈现全身肌肉松弛、眼睑反射减弱、呼吸平稳、瞳孔缩小时，改为缓慢注射。通常如前所述一次麻醉给药可以麻醉15～25 min。如在临床具体应用时为了延长麻醉时间，当动物有所觉醒、骚动或有叫声时，再从静脉适量推入药液，以延长所需的麻醉时间。

（4）舒泰麻醉法。用法用量同前。

（5）舒泰+速眠新合剂（846合剂）法。在麻醉前10～15 min常规皮下注射阿托品，剂量为犬0.1 mg、猫0.05 mg（以每千克体重计）。舒泰麻醉剂量（以每千克体重计）犬肌内注射3.5～12.5 mg，静脉注射2.5～5 mg；猫肌内注射5～7.5 mg，静脉注射2.5～3.25 mg。同时，注射速眠新合剂，剂量为（以每千克体重计）：犬肌内注射0.05～0.075 mL，静脉注射0.03～0.05 mL；猫肌内注射0.1～0.15 mL，静脉注射0.05～0.075 mL。

二、局部麻醉

（一）传导麻醉（神经阻滞）

马、牛腹腔手术的主要术部都在髂部。此部的前界是最后肋骨，后界为髋结节前缘，上界是腰椎横突。该区域主要有三条较大的神经分布，即最后肋间神经（最后胸神经腹侧支）、髂腹下神经（第1腰神经的腹支）、髂腹股沟神经（第2腰神经的腹支）。马、牛的腰旁神经传导麻醉就是麻醉上述三条神经（图1-4-1、图1-4-2）。

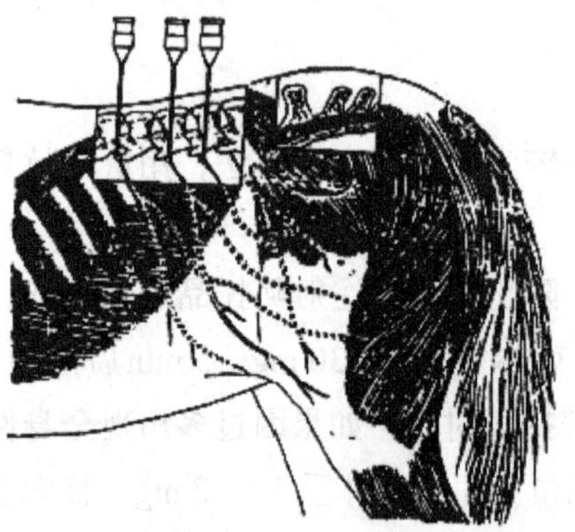

图1-4-1　马腰旁神经干传导麻醉法

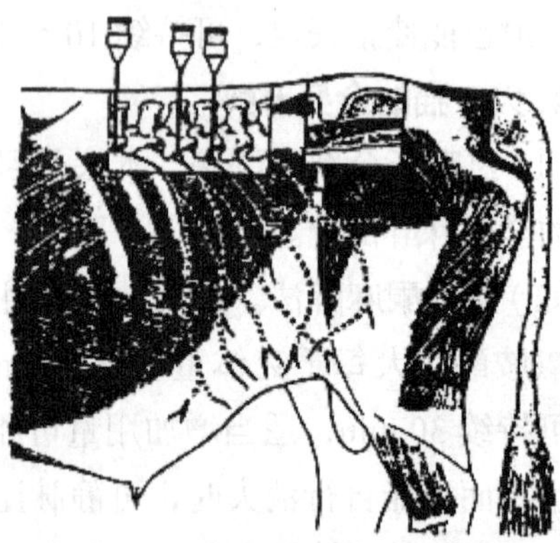

图1-4-2　牛腰旁神经干传导麻醉法

1. 麻醉前准备

首先将动物站立保定。然后对麻醉刺入部位进行剪毛、消毒，用20 mL注射器吸取2%～3%盐酸普鲁卡因溶液20 mL备用。

2. 最后肋间神经刺入点及操作方法

马、牛刺入部位相同。先用手触摸第1腰椎横突游离端的前角（最后肋骨后缘2～3 cm，距脊柱中线 12 cm左右），垂直皮肤刺入针头，深达腰椎横突游离端前角的骨面，然后将针提离骨面稍向前移，沿骨缘再刺入 0.5 ～ 1 cm，注入盐酸普鲁卡因溶液 10 mL，注射时应略向左右摆动针头。再使针退至皮下，再注入药液 10 mL，以麻醉最后肋间神经的前支。用酒精棉球按压注射部位，拔出针头。

3. 髂腹下神经刺入点及操作方法

马、牛的刺入部位相同。先用手触摸寻找第 2 腰椎横突游离端后角，垂直皮肤刺入针头，直达横突游离端后角骨面，然后将针稍向后移，沿骨缘再刺入 0.5 ～ 1 cm，注入盐酸普鲁卡因溶液 10 mL，最后将针退至皮下再注射 10 mL 药液，以麻醉第 1 腰神经的浅支。

4. 髂腹股沟神经刺入点及操作方法

马和牛刺入部位有所不同，马是在第 3 腰椎横突游离端后角进针。其操作方法及注射药量同髂腹下神经麻醉法。牛是在第 4 腰椎横突游离端前角进针，其操作方法及注射药量同最后肋间神经麻醉法。

以上三条神经传导麻醉后，经 10 ～ 15 min动物开始进入麻醉状态，可维持 1 ～ 2 h，适用于剖腹术。

（二）表面麻醉

眼结膜及角膜用 0.5%丁卡因或 2%利多卡因；鼻、口、直肠黏膜用 1% ～ 2%丁卡因或 2% ～ 4%利多卡因，一般每隔 5 min用药 1 次，共用 2 ～ 3 次。使用方法是将该药滴入术部或填塞、喷雾于术部。

（三）浸润麻醉

麻醉方法是将针头插至皮下，边注药边推进针头至所需的深度及长度，亦可先将针插入到所需深度及长度，然后边退针边注入药液（图 1-4-3）。常用浓度为 0.5% ～ 1%盐酸普鲁卡因。

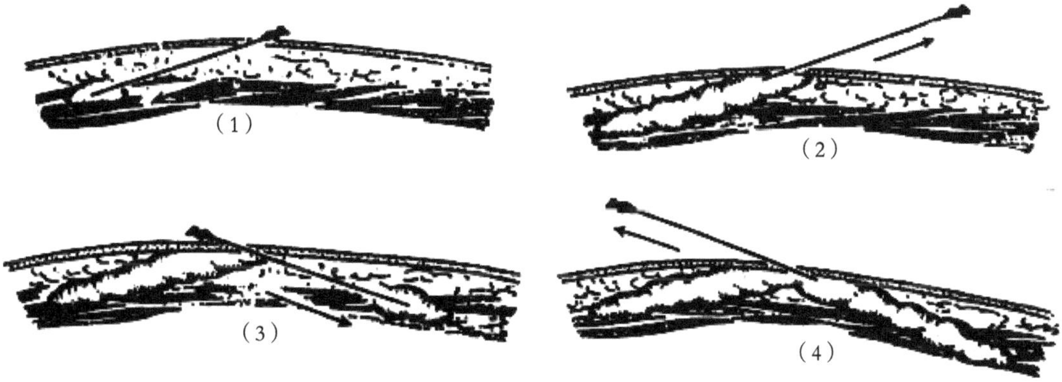

图 1-4-3 浸润麻醉的注入方法

注：（1）～（4）为操作顺序。

1. 直线麻醉法

施行直线麻醉时，根据切口长度，在切口一端将针头刺入皮下，然后将针头沿切口方向向前刺入所需部位，边退针边注入药液，拔出针头，再以同种方法由切口另一端进行注射，用药量根据切口长度而定。适用于体表手术或切开皮肤时（图 1–4–4）。

2. 菱形麻醉法

用于术野较小的手术，如圆锯术、食道切开术等。先在切口两侧的中间各确定一个刺针点A、B，然后确定切口两端C、D，便构成一个菱形区。麻醉时先由A点刺入至C点，边退针边注入药液。针头拨至皮下后，再刺向D点，边退针边注药液。然后再以同样的方法由B点刺入针头至C点，注入药液后再刺向D点注入药液（图 1–4–5）。

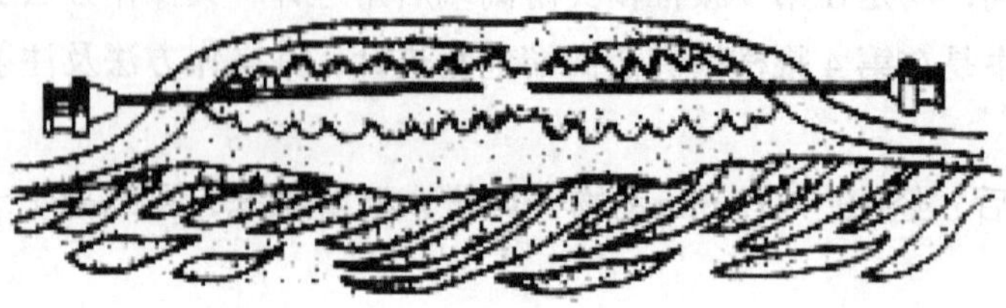

图1–4–4　直线麻醉法

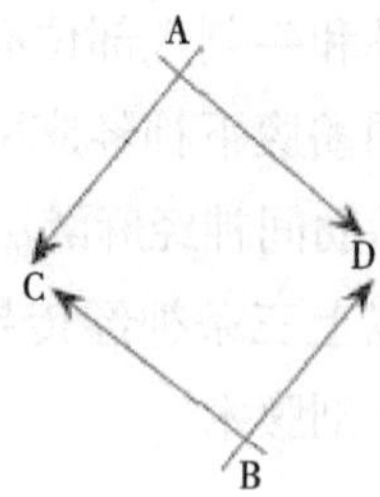

图1–4–5　菱形麻醉法

3. 扇形麻醉法

用于术野较大、切口较长的手术，如开腹术等。在切口两侧各选一刺点，针头刺向切口一端，边退针边注入药液，针头拨至皮下转变角度刺入创口边缘，再边退针边注入药液，如此进行完毕，再用相同方法麻醉另一侧。麻醉针数根据切口长度而定，一般需 4 ～ 6 针不等（图 1–4–6）。

4. 多角形麻醉法

用于横径较宽的术野。在病灶周围选择多个刺针点，使针头刺入后能到达病灶基部，然后以扇形麻醉的方法进行注射，将药液按扇形麻醉的方法注入切口周围皮下组织内。使区域形成一个环形封锁区，故也称封锁浸润麻醉法（图 1–4–7）。

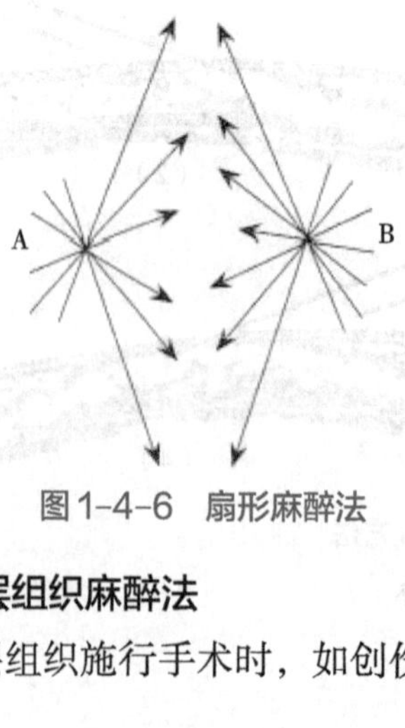

图1–4–6　扇形麻醉法

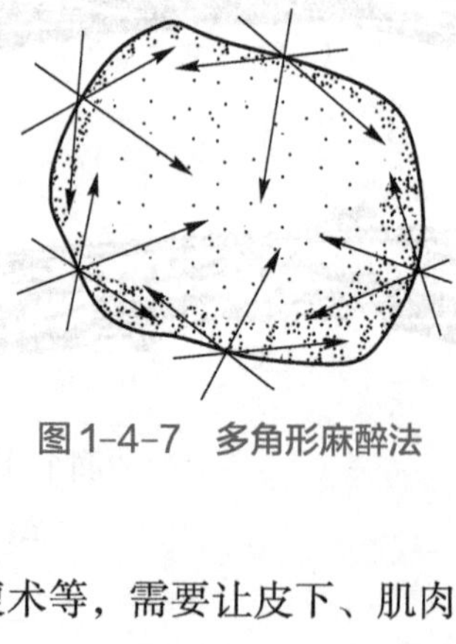

图1–4–7　多角形麻醉法

5. 深层组织麻醉法

在深层组织施行手术时，如创伤、弹片伤、开腹术等，需要让皮下、肌肉、筋膜及其中间的结缔组织达到麻醉，可采取锥形或分层将药液注入各层组织之间，其方法与上述几种麻醉方法相同（图 1-4-8）。

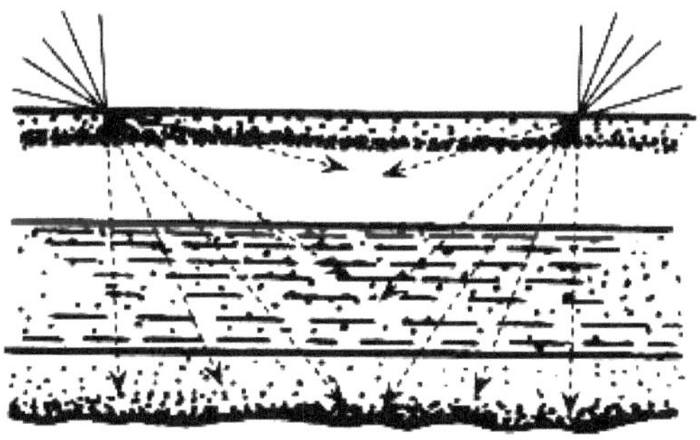
（a）分层麻醉

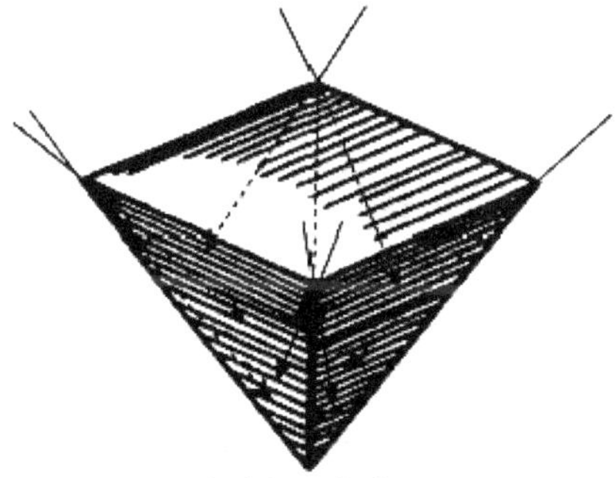
（b）锥形麻醉

图 1-4-8　深层组织麻醉法

【注意事项】

（1）麻醉前，要先进行健康检查，了解动物的整体状态，以便选择适宜的麻醉方法。全身麻醉前要禁食禁水，牛应禁食 24～36 h，停止饮水 12 h，以防止麻醉后发生瘤胃臌气；小动物要禁食 12 h，停止饮水 4～8 h，以防止腹压过大，甚至食物反流或呕吐。

（2）选用麻醉方法时，应考虑到麻醉的安全性，动物的种类、神经类型、性情好坏、动物机体各种不同组织对疼痛刺激的敏感度及手术的繁简等因素，局部麻醉能达到目的，无须施行全身麻醉。

（3）吸入麻醉操作要正确，要严格控制剂量。麻醉过程中注意观察动物的状态，特别需要监测动物的呼吸、循环、反射功能、脉搏及体温变化等，如发生不良反应，要立即停药，以防中毒。

（4）麻醉过程中，如果药量使用过大，会出现呼吸、循环系统的功能紊乱，如出现呼吸浅表、间歇，脉搏细弱且节律不齐，瞳孔散大等症状时，要及时抢救。可注射安钠咖、樟脑磺酸钠或苏醒灵等中枢兴奋剂。

（5）全身麻醉后，要注意护理。动物开始苏醒时，头部会先抬起，护理员应当注意保护动物头部，以防摔伤或脑震荡。动物开始挣扎站立时，应及时扶持其头颈并提尾抬起后躯，至动物能自行保持站立为止，以免发生骨折等损伤。寒冷季节，当麻醉后伴有出汗或体温下降时，应注意保温，防止动物发生感冒。

（6）全身麻醉的并发症及其处理方法。

呕吐：动物麻醉初期，反刍动物深麻醉时，易发生呕吐或胃内容物反流。处理方法是将动物头颈稍抬高，口鼻朝下，舌拉至口腔外并用湿纱布包裹。呕吐后，将口腔清理干净。

舌缩回：小动物多见，舌阻塞喉部，则会引起呼吸困难，应立即用镊子将舌拉至口腔外，并用湿纱布包裹。

呼吸停止：表现为麻醉过深，瞳孔散大，手术创内出血呈暗红色。处理方法是立即停止麻醉，拉出舌头，并辅助呼吸。同时，注射尼可刹米、安钠咖、樟脑油等中枢兴奋剂。

心搏停止：表现为深麻醉，瞳孔散大，手术创内出血停止。处理方法为心脏按压，静脉注射 0.1% 肾上腺素，剂量为马、牛 3 ～ 5 mL，犬、猫 0.1 ～ 0.3 mL。

材料准备

实验动物（大动物、小动物）、阿托品、水合氯醛、普鲁卡因。

用具准备

保定绳、注射器、呼吸麻醉机。

任务筹划

任务流程如图 1-4-9 所示。

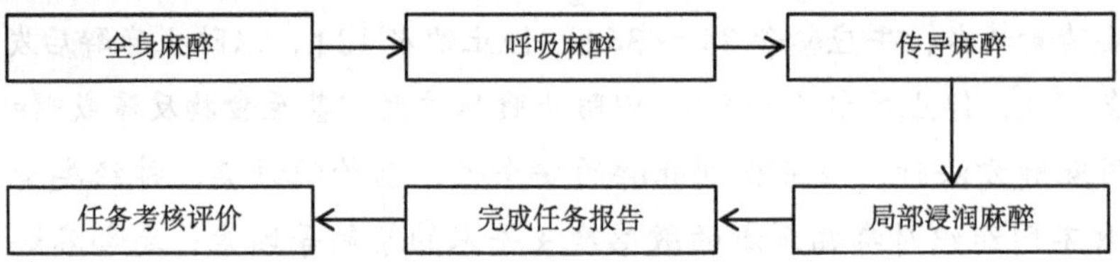

图 1-4-9　任务流程

任务实施

一、全身麻醉

（一）静脉麻醉

1. 任务小组人员分工

注射 1 人，助手 2 人，保定 2 人，检查 3 人，记录 1 人。

2. 麻醉前检查

在保定好的情况下，检查心跳、呼吸、脉搏，各种反射，眼睑、舌、皮肤、肛门、瞳孔等。

3. 麻醉

在颈静脉上 1/3 和中 1/3 的交界处进针，当静脉血从针头流出后，再将针头平行颈静脉推进 1 ～ 1.5 cm，接好已准备好麻醉药的注射器，缓慢注入，边注入，边观察全身状态和各项指标。注射者边注入边报告注射的数量，当动物后躯摇晃，不能站立时，停止注射，立即将动物扶到倒马垫旁（参考用量：浅麻醉为 4 g/100 kg；中麻醉为 8 g/100 kg；深麻醉为 12 g/100 kg，驴、骡比马用量稍大）。

4. 麻醉后的处理

使被麻醉动物倒卧在倒马垫或柔软的地面上，头部更应放在软垫上，每 10 min 检查一次。当处于苏醒时要有专人看护，防止头乱碰，以及起立时站不稳发生跌倒，麻醉后 12 h 之内不能饲喂。

【注意事项】

用水合氯醛麻醉要注意以下四点。

（1）水合氯醛不可煮沸消毒，宜现用现配。

（2）注射时速度要慢，并且防止药液漏在皮下。

（3）静脉注射水合氯醛，一般不出现兴奋期，或兴奋期很短。

（4）动物在实验前一天的晚上应禁食。

（二）呼吸麻醉

将气管插管插入气管内，打气使气体完全从气管插管出入。调好氧气和麻醉药的刻度，将插管和麻醉机接通，密切观察各项指标，达到麻醉后，减少麻醉药的用量，以维持麻醉，一般开始麻醉时药量较大，以后逐步减少，达到维持麻醉即可。

二、局部麻醉

（一）传导麻醉

1. 腰旁麻醉法

先用注射器吸入 3% 普鲁卡因，备用。腰旁麻醉主要麻醉以下 3 条神经，即最后胸神经腹侧支、髂腹下神经、髂腹股沟神经。

2. 最后胸神经腹侧支

在最后肋骨后缘和第 1 腰椎横突前缘之间，马、牛在第 1 腰椎横突游离端垂直刺入针头，达到第 1 腰椎横突时，再将针尖向前移动，沿骨的前缘刺入 0.5 cm，接好已备好的注射器，注入 3% 普鲁卡因 10 ～ 15 mL，然后将针头提至皮下，再注射 10 mL，等待 10 ～ 15 min，即可达到麻醉。

3. 髂腹下神经

在第 2、3 腰椎的横突之间，马、牛在第 2 腰椎横突游离端刺入针头，直达游离端骨面，再将针尖移至游离端后角向下刺入 0.5 cm，接好已备好的注射器，注入普鲁卡因 10 ～ 15 mL，然后将针头提至皮下，再注入 10 mL，等待 10 ～ 15 min 可达到麻醉。

4. 髂腹股沟神经

在第 3、4 腰椎横突之间，马在第 3 腰椎横突游离端后角，牛在第 4 腰椎横突端前角处垂直刺入针头，其方法同上。

5. 椎旁麻醉法

将药液注射在椎间孔外面，其方法同下。

6. 最后胸神经

在最后肋骨和第1腰椎之间，距棘突10 cm刺针，针与皮肤呈45°～60°，进针6～8 cm碰到骨头，此时针尖可能在椎间孔附近，针尖微微后退，注入3%普鲁卡因10～15 mL，拔出针头，等待10～15 min即可达到麻醉。

7. 第1腰神经

在第1～2腰椎横突之间，距棘突10 cm刺针，针与皮肤呈45°～60°，进针7～8cm，碰到骨头时，针尖微微后退注入普鲁卡因，其他同上。

8. 第2腰神经

在第2～3腰椎横突之间，其他同上。

9. 荐尾麻醉

荐尾麻醉一般采用低位，即第1～2尾椎之间。首先用左手抓住尾巴，上下摇动尾部，在动与不动处就是荐尾之间。在第1～2尾椎之间，尾中线垂直刺入针头，进针1.5～2 cm，即可到达预定麻醉点，接上注射器注入3%普鲁卡因10 mL左右，等待5 min即可见到尾巴不能自动摇动，再等待5 min，即可达到麻醉。

（二）局部浸润麻醉

在局部进行剪毛、剃毛的基础之上，进行化学消毒，才能进行浸润麻醉，浸润麻醉的位置是哪个部位进行手术，就在哪个部位进行麻醉，浸润麻醉有以下五种方法。

1. 直线麻醉法

即注射0.5%普鲁卡因在切开处。

2. 菱形麻醉法

在切口两侧中间各选一个刺入点A、B，然后确定切口两端C、D。麻醉时，先从A点刺入C点，边注射边退针，针头退至皮下后，再刺向D点，边注射边退针。然后用相同方法从B点注射药液到C点及D点，边注射边退针。

3. 扇形麻醉法

在切口两边中间各选一个注射点，针头刺向切口一端，边注射边退针，针头退至皮下后转角度刺入创口边缘，边注射边退针，如此进行完毕，再以相同方法麻醉另一侧。

4. 多角形麻醉法

在切口周围选择多个注入点，使针头刺入后能到达病灶根部，然后用扇形浸润的方法进行操作。

5. 深部组织麻醉法

用锥形或分层将药物注射进各组织层之间，方法同上。

知识拓展：麻醉（二维码1-4-1）。

二维码 1-4-1
知识拓展：麻醉

任务报告

对本任务相关知识进行学习，根据任务实施流程及操作步骤认真完成任务报告（表 1-4-1）。

表 1-4-1　麻醉

姓名：	班级：	学号：
1. 正确熟练地进行全身麻醉，在操作过程中有哪些注意事项？		
2. 正确熟练地进行传导麻醉，在操作过程中有哪些注意事项？		
3. 正确熟练地进行浸润麻醉，在操作过程中有哪些注意事项？		

任务评价

根据学生对全身麻醉和局部麻醉操作的熟练程度及任务报告的完成情况进行考核评价（表 1-4-2）。

表 1-4-2　麻醉考核评价细则

姓名：		班级：		学号：		教师签字：
自评： □合格　□不合格 日期：		互评： □合格　□不合格 日期：		师评： □合格　□不合格 日期：		
序号	**考核项目**	**考核标准**	**考核方式**	**分值**	**评分要求**	**得分**
1	全身麻醉	1. 正确进行静脉麻醉 2. 正确进行呼吸麻醉	现场操作考核、问答考核	10 分	未完成 1 项扣 5 分	
2	局部麻醉	1. 准确进行局部浸润麻醉 2. 准确进行传导麻醉		10 分	未完成 1 项扣 5 分	
3	任务报告	1. 完成认真，内容正确 2. 能正确进行麻醉操作 3. 手术人员穿戴规范	评阅考核	15 分	根据情况酌情扣分	

续表

序号	考核项目	考核标准	考核方式	分值	评分要求	得分
4	学习态度	1. 具有团队协作精神 2. 具备科学严谨的态度 3. 观察认真，发言积极 4. 遵纪守时，爱护公物	自评、互评和师评相结合	10 分	根据情况酌情扣分	

任务检测

请扫描二维码 1-4-2 进入在线测试，可反复多次答题，直到获得满意的结果。

二维码 1-4-2
项目一任务四检测

任务五 打结与缝合

任务导入

缝合的目的在于让已分离的组织或器官对接，给组织的再生和愈合创造良好条件；保护无菌创免受感染；加速肉芽创的愈合；促进止血。具体内容包括缝合材料、结的种类及打结的方法、缝合的种类与缝合技术。请学生完成打结与缝合操作，并完成任务报告。

任务准备

知识准备

一、打结

（一）单手打结

单手打结为最常用的一种打结方法，操作简便迅速。虽然每个人打结的习惯会有不同，但基本动作相似，左、右手都可以打结。打结方法：右手持长线头，左手拇指、食指捏短线头的末端，将线搭在左手小指第一指关节处，右手的长线搭在左手中指上方，压住短线头，使两线交叉。左手中指屈曲，将长线头向掌心压，并反挑短线头。伸直中指，并和无名指夹住短线头。左手拇指、食指松开短线头，同时，中指及无名指夹住将其带出圈外，左右手同时均匀用力拉紧长短线头。左手食指推长线越过短线。左手食指末节反挑短线头，使其穿过长短线头所形成的圈。左食指和中指夹住短线头。左手内旋向右拉，右手向左拉，均匀用力，将结打紧（图 1–5–1）。

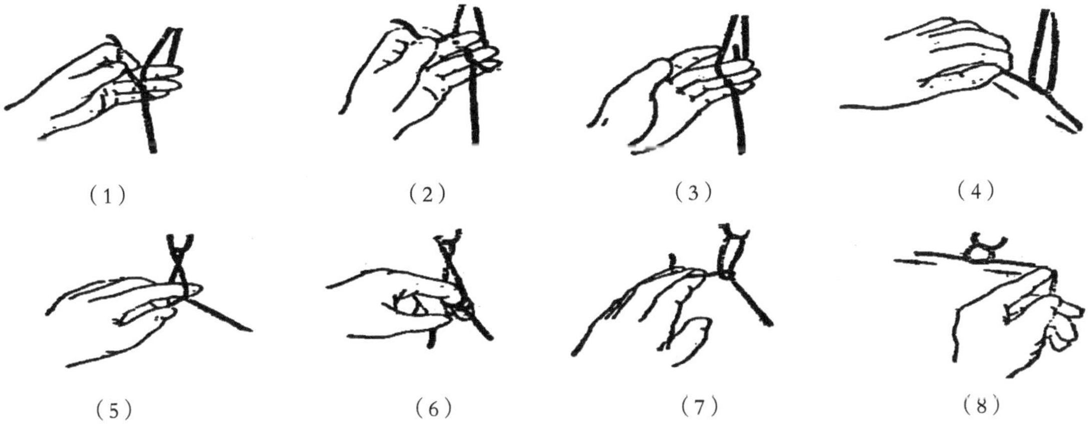

图 1–5–1　单手打结方法

注：（1）~（8）为操作顺序。

（二）双手打结

打第 1 个单结的方法和单手打结法一样，在打第 2 个单结时，换另一只手以同样方法打结。左、右手都能够成为打结的主手，两个单结的顺序可以颠倒（图 1–5–2）。

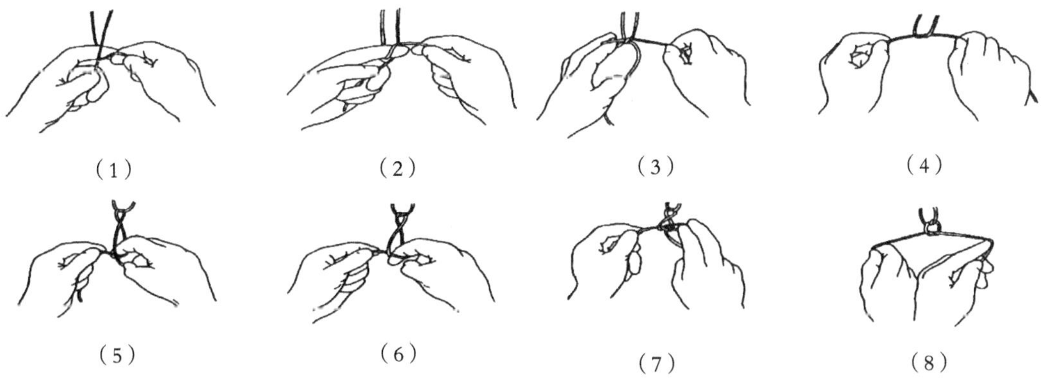

图 1–5–2　双手打结方法

注：（1）~（8）为操作顺序。

（三）器械打结

器械打结是用持针钳、止血钳或镊子打结。适用于结扎线过短、创伤深而狭窄的术部和某些精细手术的打结。方法是：左手持带有缝针的缝线，右手用持针钳前端，轻压缝线。

左手向上提起缝线，右手的持针钳旋转，使缝线绕上一圈。持针钳略微张开夹住另一端的缝线。左手向右，右手向左，均匀用力，拉紧，并松开持针钳所夹线头。左手针线向左轻拉，并压住右手持针钳端。持针钳向左上方向旋转，压住缝线，使之缠绕一圈。持针钳略微张开，夹住另一端线头。右手向右，左手向左，均匀用力收紧（图 1-5-3）。

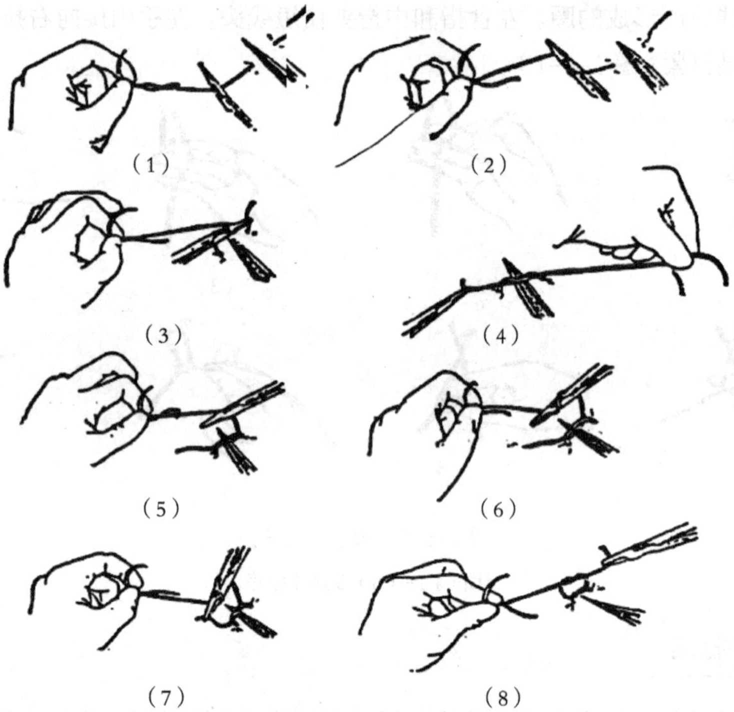

图 1-5-3 器械打结方法

注：（1）~（8）为操作顺序。

【注意事项】

（1）打结收紧时要求三点一线，即左、右手的用力点与结扎点成一条直线，不能形成小于 180° 向上提，否则结扎点容易撕脱或松脱。

（2）无论用任何一种方法打结，第 1 个结和第 2 个结的方向都不能相同（即两手需交叉），否则即成假结。如果两手用力不均，可能形成滑结。

（3）用力均匀。两手的距离不宜离线太远，特别是深部打结时，最好用两手食指伸到结旁，以指尖顶住双线，两手握住线端，慢慢拉紧，否则容易松脱。埋在组织内的结扎线头，在不会引起结扎松脱的原则下，应尽量剪短以减少组织内异物。重要部位的结扎线和肠线头可留长些，缝合皮下的细丝线可留短些。丝线、棉线一般留 3 ～ 5 mm，较大血管的结扎应略长，以防滑脱，肠线留 4 ～ 6 mm，不锈钢丝留 5 ～ 10 mm，并应将钢丝头扭转埋入组织中。

（4）正确的剪线方法是术者结扎完毕后，将双线尾提起略偏术者的左侧，助手用稍张开的剪刀尖沿着拉紧的结扎线滑至结扣处，再将剪刀稍向上倾斜，倾斜的角度取决于要留线头的长短，然后剪断。倾斜度越大，所留线头越长。如此操作比较迅速准确。

二、缝合

（一）间断缝合

1. 结节缝合法

在缝线中穿入 15 ～ 25 cm缝线，在创缘一侧垂直进针，在对侧相应的位置穿出打结。每缝一针，打一次结（图 1-5-4）。缝合时要求创缘要密切对合。缝线距创缘距离，根据缝合的皮肤厚度来决定，一般小动物为 0.3 ～ 0.5 cm，大动物为 0.8 ～ 1.5 cm。缝线间距要根据创缘张力来决定，使创缘彼此对合，一般间距 0.5 ～ 1.5 cm。结打在切口同一侧，防止压迫切口。用于皮肤、皮下组织、筋膜、黏膜、血管、神经、胃肠的缝合。

2. 减张缝合法

减张缝合法经常与结节缝合法一起使用。在缝合时，在距创缘较远的位置（2 ～ 4 cm）做几针等距离的结节（减张）缝合（图 1-5-5）。

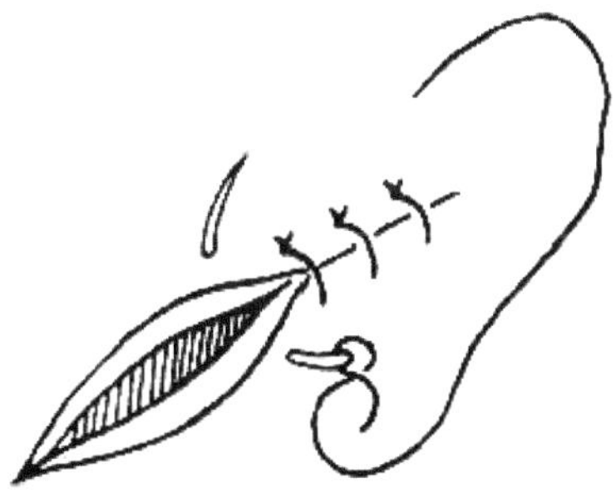

图 1-5-4　结节缝合法

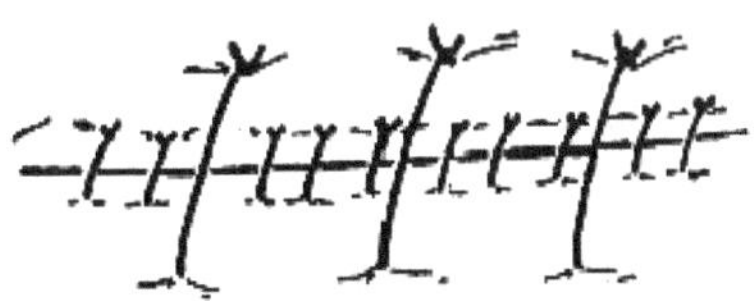

图 1-5-5　减张缝合法

3. 圆枕缝合法

在减张缝合法的基础之上，缝线两端可系纱布卷或橡胶管等，减少张力，其间再做几针结节缝合（图 1-5-6）。

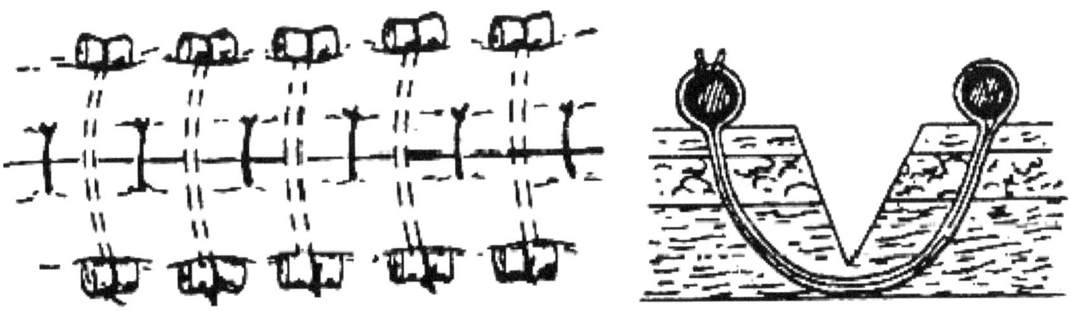

图 1-5-6　圆枕缝合法

（二）连续缝合

1. 螺旋形连续缝合法

用一条长缝线在创口做完整连续的缝合，最后打结。第 1 针打结方法与结节缝合法相同，以后每次缝合仅对合创缘，收紧缝线，最后留下线尾，在一侧创缘打结（图 1-5-7）。此种缝合法具有缝合速度快、打结少、创缘对合严密、止血效果较佳等优点。但拉线过紧，可使环形缝合缩小，且如有一处断裂或因伤口感染而需剪开部分缝线做引流时，可能会导致伤口完全裂开。常用于具有弹性、无太大张力的较长切口，如用于皮下组织、筋膜、血管、胃肠道的缝合。

2. 锁边缝合法

在螺旋形连续缝合法的基础之上，每次缝合时，将缝线交锁，能使创缘对合良好，并且可以让每针在进行下一次缝合前就能够固定（图 1-5-8）。多用于皮肤直线形切口及薄而活动性较大的部位缝合。

图 1-5-7　螺旋形连续缝合法

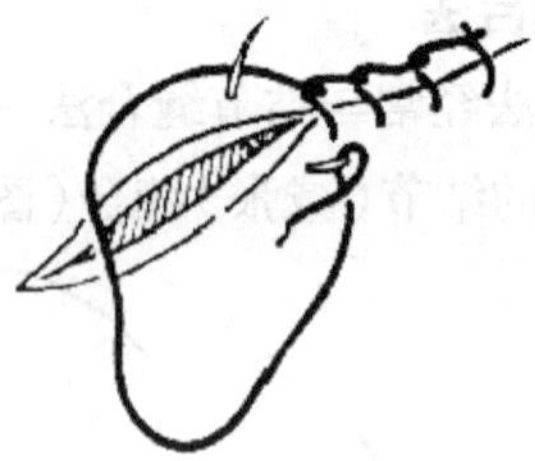

图 1-5-8　锁边缝合法

（三）内翻缝合

1. 伦伯特式间断缝合法

缝线要分别穿过创缘两侧浆膜和肌层即可打结，让一部分浆膜内翻对合。结扎不宜过紧，以防缝线勒断肠壁浆膜肌层（图 1-5-9）。

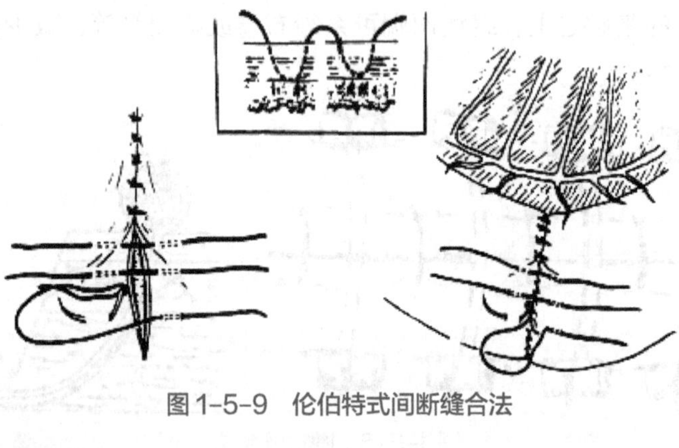

图 1-5-9　伦伯特式间断缝合法

2. 伦伯特式连续缝合法

在创缘一侧开始，先做一次浆膜肌层间断内翻缝合，不剪断缝线，用同一根线做浆膜肌层的连续内翻缝合至创缘另一端。其用途与间断内翻缝合相同（图 1-5-10）。

3. 库兴式缝合法

在创缘一端开始，先做一次浆膜肌层间断内翻缝合并打结，用同一根线平行于切口做浆膜肌层的内翻缝合至创缘另一端。结束时，拉紧缝线再做间断垂直内翻缝合后打结（图 1-5-11）。适用于胃、肠及子宫浆膜、肌层缝合。

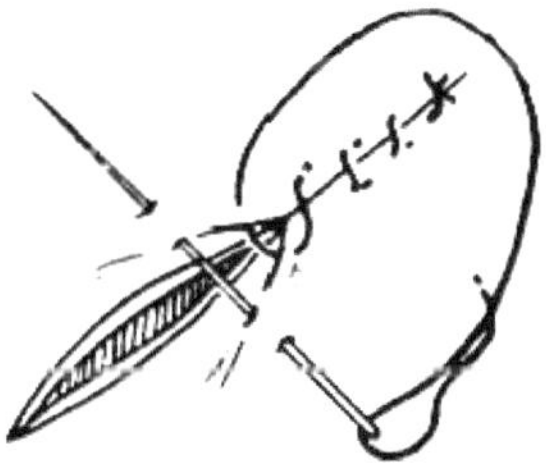

图 1-5-10　伦伯特式连续缝合法

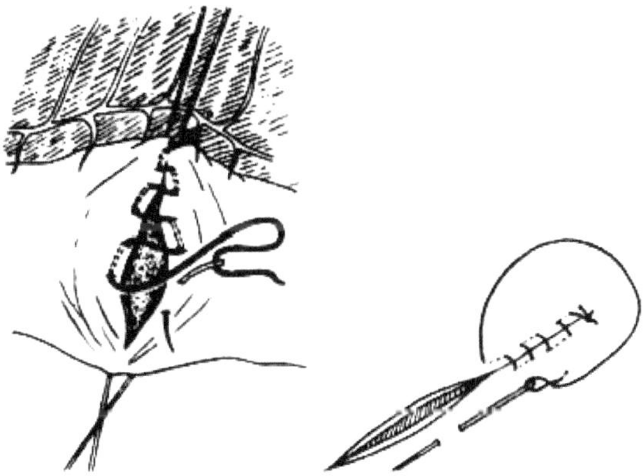

图 1-5-11　库兴式缝合法

4. 康奈尔式缝合法

与库兴式缝合法相同，但在缝合时缝针要穿透全层组织（图 1-5-12）。多用于胃、肠壁的缝合。

5. 荷包缝合法

荷包缝合法，即环形的浆膜肌层连续缝合，在距创缘 3 ～ 8 mm 处沿周围做环形浆膜肌层连续缝合，缝合结束后，先打一单结，并轻轻向上拉，同时将创缘组织内翻包埋，然后收紧缝线，完成结扎（图 1-5-13）。主要用于胃、肠壁上小范围的内翻缝合，可缝合胃、肠的小穿孔。此外还用于胃、肠及膀胱插管引流固定及肛门、阴门暂时缝合以防脱出。

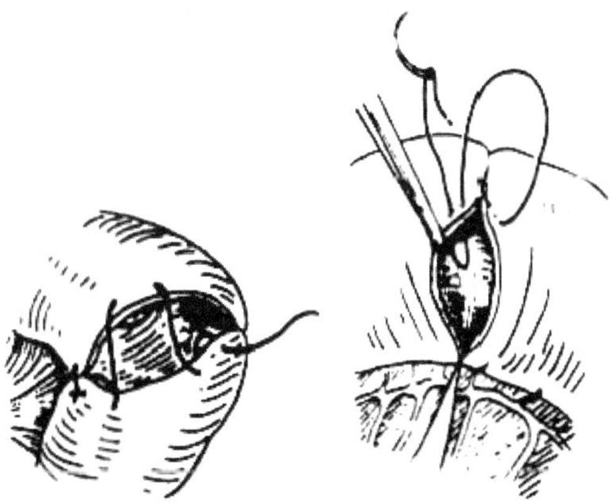

图 1-5-12　康奈尔式缝合法

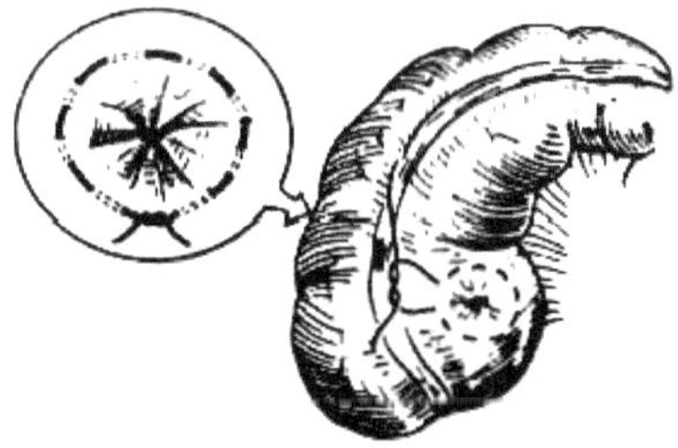

图 1-5-13　荷包缝合法

（四）外翻缝合

1. 间断外翻缝合

缝针刺进皮肤，距离创缘 8 mm，创缘对合，穿过创口到对侧刺出皮肤。然后将缝针反转，在同侧距离创缘 4 mm 处刺进皮肤，穿过创口到对侧刺出皮肤，与另一端缝线打结。该缝合要求缝针刺入皮肤时，只能刺入真皮，切口两侧的刺入点要求接近切口，这样皮肤创缘对合良好，又不使皮肤过度外翻。缝线间距为 5 mm（图 1–5–14）。此缝合方法能够抵抗较强的张力强度，对创缘的血液供应影响较小，但在缝合时，需要较多的时间和缝线。

距离创缘 2 ～ 3 mm 将缝针刺进皮肤，将创缘对合，在创缘对侧相应部位刺出皮肤，然后缝线与切口平行向前约 8 mm，再刺进皮肤，在创缘对侧相应部位刺出皮肤，与另一端缝线打结。该缝合要求缝针刺入皮肤时，应刺入真皮，不得刺入皮下组织，这样才能良好对合皮肤创缘。根据缝合组织的张力，每个水平褥式缝合间距为 4 mm 左右（图 1–5–15）。该缝合方式能够抵抗一定的张力，对于张力较大的皮肤，可在缝线上放置胶管或纽扣，以增加抗张力强度。

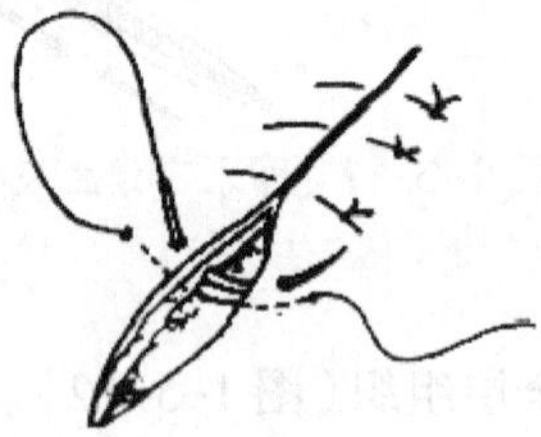

图 1–5–14　间断垂直褥式缝合法

图 1–5–15　间断水平褥式缝合法

2. 连续外翻缝合

缝合时由外刺入，再从对侧穿出，在距 1 ～ 5 mm 处再反方向进针。两端可分别打结或与其他线头打结（图 1–5–16）。

【注意事项】

（1）目前，外科临床上所用的缝线（可吸收或不吸收缝线）对机体来说都是异物，因此，在缝合过程中要尽可能地减少缝线的用量。

（2）缝线在缝合后的张力与缝合的密度（即针数）成正比，但是，为了减少伤口内异物，缝合的针数不宜过多，一般间隔为 1 ～ 1.5 cm，使每针所加于组织的张力相近，以便均匀地分担组织张力。缝合时不可过紧或过松，过紧会引起组织缺氧，过松会引起组织对合不良，影响组织愈合。皮肤缝合后应将积存的液体排出，以免造成皮下感染。

图 1–5–16　连续外翻缝合法

（3）不同组织缝合要选用合适的针和线。一般三棱针限于缝合皮肤或瘢痕及软骨等坚韧组织。其他组织缝合使用不同规格的圆针。缝线的粗细要求以能抗组织张力为准。若缝线太粗，不易扎紧，且存留异物多，组织反应明显。

（4）组织应按层次进行缝合，较大的创伤要由深至浅逐层缝合，以免影响愈合或裂开。浅而小的伤口，一般只做单层缝合，但缝合时必须穿过各层组织，缝合时应使缝针与组织垂直刺入，拔针时要按针的弧度和方向拔出。

（5）根据腔性器官的生理解剖和组织学的特点，缝合时应注意以下问题：缝合时要求闭合性好，不漏气不透水，更不能让内容物溢出；保持原有的收缩功能。为此，缝合时应尽量采用小针、细线，缝合组织要少，对于肠管，除第 1 道做单纯连续缝合外，第 2 道一般不宜做一周性的连续缝合，以免形成缺乏弹性的瘢痕环，导致肠腔狭窄，影响功能。腔性器官缝合的基本原则是使切开的浆膜向腔体内翻，浆膜面相对。浆膜在受损后析出的纤维蛋白原，在酶的作用下很快凝固为纤维蛋白黏附在缝合部，修补创伤，所以，在第 2 道缝合时均应采用浆膜对浆膜的内翻缝合。

材料准备

缝针、缝线。

用具准备

缝合模型。

任务筹划

任务流程如图 1-5-17 所示。

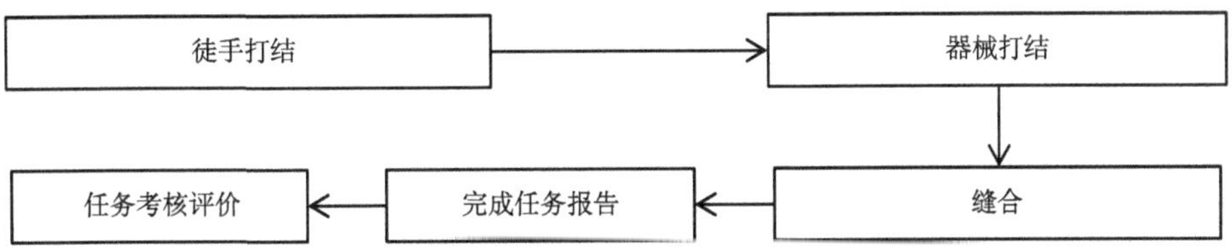

图 1-5-17　任务流程

任务实施

一、打结

（一）徒手打结

单手打结：缝合时常用右手，故用左手打结。单手打结主要操作过程是由左手完成（惯用左手者相反）。可分解为 8 个动作。

（1）右手持长线头，左手拇指、食指捏持短线头的末端，将线搭在左手小指第一指关节处，右手的长线搭在左手中指上方，压住短线头，使两线交叉。

（2）左手中指屈曲，将长线头向掌心压，并反挑短线头。

（3）伸直中指，并与无名指夹住短线头。

（4）左手拇指、食指松开短线头，同时，中指及无名指夹住将其带出圈外，左右手同时均匀用力拉紧长短线头。

（5）左手食指推长线越过短线。

（6）左手食指末节反挑短线头，使其穿过长短线头所形成的圈。

（7）左手食指和中指夹住短线头。

（8）左手内旋向右拉，右手向左拉，均匀用力，将结打紧。

（二）器械打结

可用持针钳、止血钳或镊子进行，也分解为 8 个动作。

（1）左手持带有缝针的缝线，右手用持针钳钳端轻压缝线。

（2）左手向上提起缝线，右手的持针钳旋转，使缝线绕上一圈。

（3）持针钳微开夹住另一端的缝线。

（4）左手向右，右手向左，均匀用力，拉紧，并松开持针钳所夹线头。

（5）左手针线向左轻拉，并压住右手持针钳端。

（6）持针钳向左上方向旋转，压住缝线，使之缠绕一圈。

（7）持针钳微开，夹住另一端线头。

（8）右手向右，左手向左，均匀用力收紧。

二、缝合

（一）间断缝合

（1）结节缝合法。在缝线中穿入 15 ～ 25 cm 缝线，在创缘一侧垂直进针，在对侧相应的位置穿出打结。每缝一针，打一次结。

（2）减张缝合法。减张缝合法经常与结节缝合法一起使用。缝合时，在距创缘较远的位置（2 ～ 4 cm）做几针等距离的结节缝合。

（3）圆枕缝合法。在减张缝合法的基础上，缝线两端可系纱布卷或橡胶管等，减少张力，其间再做几针结节缝合。

（二）连续缝合

（1）螺旋形连续缝合法。用一条长缝线在创口做完整连续的缝合，最后打结。第 1 针打结方法与结节缝合法相同，以后每次缝合仅对合创缘，收紧缝线，最后留下线尾，在一侧创缘打结。

（2）锁边缝合法。在螺旋形连续缝合法的基础之上，每次缝合时，将缝线交锁，能使创缘对合良好，并且可以让每针在进行下一次缝合前就能够固定。

（三）内翻缝合

（1）伦伯特式间断缝合法。缝线要分别穿过创缘两侧浆膜和肌层即可打结，让一部分浆膜内翻对合。

（2）伦伯特式连续缝合法。在创缘一侧开始，先做一次浆膜肌层间断内翻缝合，不剪断缝线，用同一根线做浆膜肌层的连续内翻缝合至创缘另一端。

（3）库兴式缝合法。在创缘一端开始，先做一次浆膜肌层间断内翻缝合，用同一根线平行于切口做浆膜肌层的内翻缝合至创缘另一端。

（4）康奈尔式缝合法。与库兴式缝合法相同，但缝合时缝针要穿透全层组织。

（5）荷包缝合法。即环形的浆膜肌层连续缝合。

（四）外翻缝合

（1）间断外翻缝合。针刺进皮肤，距创缘 8 mm，创缘对合，穿过创口到对侧刺出皮肤。然后反转缝针，在同侧距离创缘 4 mm处刺进皮肤，穿过创口到对侧刺出皮肤，与另一端缝线打结。

（2）连续外翻缝合。缝合时由外刺入，再从对侧穿出，在距 1 ～ 5 mm处在反方向进针。两端可分别打结或与其他线头打结。

知识拓展：打结与缝合（二维码 1-5-1）。

二维码 1-5-1
知识拓展：打结与缝合

任务报告

对本任务相关知识进行学习，根据任务实施流程及操作步骤认真完成任务报告（表 1-5-1）。

表 1-5-1　打结与缝合

姓名：	班级：	学号：
1. 正确熟练地进行徒手打结，在操作过程中有哪些注意事项?		
2. 正确熟练地进行器械打结，在操作过程中有哪些注意事项?		
3. 正确熟练地进行各类缝合，在操作过程中有哪些注意事项?		

任务评价

根据学生对打结与缝合操作的熟练程度及任务报告的完成情况进行考核评价（表 1-5-2）。

表 1-5-2　打结与缝合考核评价细则

姓名：	班级：	学号：	教师签字：
自评： □合格　□不合格 日期：	互评： □合格　□不合格 日期：	师评： □合格　□不合格 日期：	

序号	考核项目	考核标准	考核方式	分值	评分要求	得分
1	打结	1. 正确进行徒手打结 2. 正确进行器械打结	现场操作考核、问答考核	10 分	未完成 1 项扣 5 分	
2	缝合	1. 准确进行间断缝合 2. 准确进行连续缝合 3. 准确进行内翻缝合 4. 准确进行外翻缝合		10 分	未完成 1 项扣 2 分，4 项均未完成扣 10 分	
3	任务报告	1. 完成认真，内容正确 2. 能正确描述打结与缝合操作 3. 手术人员穿戴规范	评阅考核	15 分	根据情况酌情扣分	
4	学习态度	1. 具有团队协作精神 2. 具备科学严谨的态度 3. 观察认真，发言积极 4. 遵纪守时，爱护公物	自评、互评和师评相结合	10 分	根据情况酌情扣分	

任务检测

请扫描二维码 1-5-2 进入在线测试，可反复多次答题，直到获得满意的结果。

二维码 1-5-2
项目一任务五检测

任务六
组织分离与止血

任务导入

虽然动物外科手术种类繁多，手术的范围、大小和复杂程度不同，但在手术基本操作中，如组织分离、止血等操作方法都是相同的，只是由于手术部位不同，病理变化不一，在处理细节上有所差异而已。组织分离是手术必需的操作，而出血也是手术中必然发生的现象，正确选择组织分离和止血方法是手术中的关键技术。要求学生完成切开与止血操作，并完成任务报告。

任务准备

知识准备

一、组织分离

（一）组织分离方法

1. 锐性分离

锐性分离，即用手术刀或手术剪切开或剪开，对组织损伤小，术后反应少，愈合较快。适用于比较致密的组织。用刀分离时，以刀刃沿组织间隙做垂直的、轻巧的、短距离的切口。用剪刀时将剪刀尖端伸入组织间隙内，不宜过深，然后张开剪柄，分离组织，在确定没有重要的血管、神经后，再进行剪断。为了避免发生其他损伤，必须熟悉动物的解剖结构，需在直视下辨明组织结构后进行。

2. 钝性分离

用刀柄、止血钳、剥离器或手指等插入组织间隙内，用适当的力量分离周围组织。适用于组织间隙或疏松组织间的分离，如正常肌肉、筋膜和良性肿瘤等的分离。钝性分离时，组织损伤较重，因此，术后组织反应较重、愈合较慢。钝性分离切忌粗暴，避免重要组织结构被撕裂或损伤。

（二）不同组织的分离方法

根据组织性质不同，组织切开分为软组织（皮肤、筋膜、肌肉、腱）切开和硬组织（软骨、骨、角质）切开。下面分别介绍不同组织的切开和分离方法。

1. 皮肤切开法

（1）紧张切开法。由于皮肤的活动性比较大，切开皮肤时易造成皮肤和皮下组织切口不一致，为了防止上述现象的发生，较大的皮肤切口应由术者与助手用手在切口两旁或上、下将皮肤展开固定（图 1–6–1），或由术者用拇指及食指在切口两旁将皮肤撑紧并固定，术者再将刀柄向上，用刀刃尖部切开皮肤全层后，逐渐将手术刀放平至与皮肤间呈 30° ～ 40°，用刀刃部分切开。至切口完全切开时，应将刀柄抬高，用刀刃部结束皮肤切口（图 1–6–2）。切开时用力要均匀、适中，要求能一次将皮肤全层整齐、深浅均匀地切开。但要避免多次切割，以免切口边缘参差不齐，出现锯齿状切口，影响创缘对合和愈合。

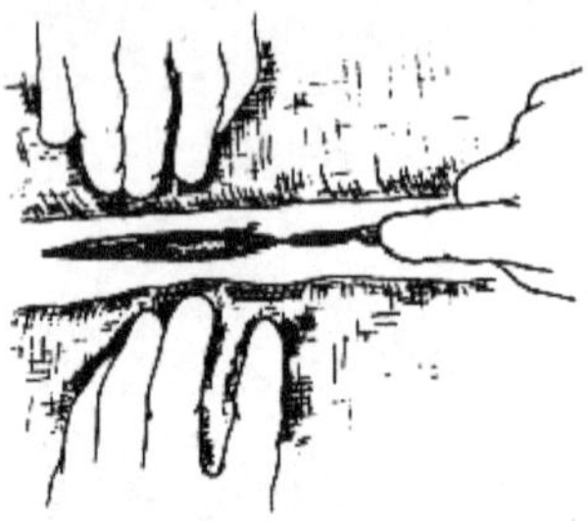

图 1–6–1　皮肤紧张切开法

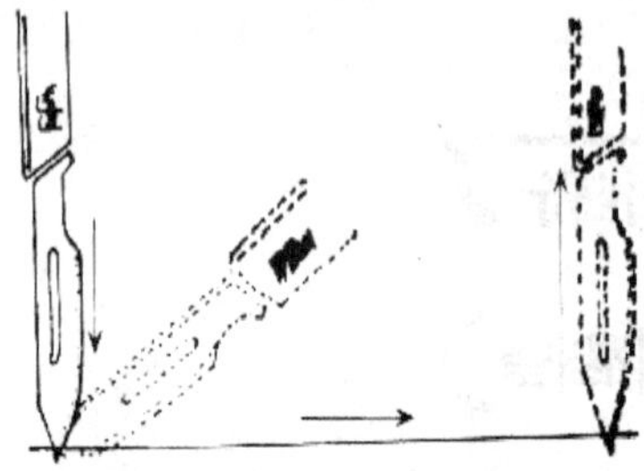

图 1–6–2　皮肤切开运刀方法

（2）皱襞切开法。如果在切口的下面有大血管、大神经、分泌管和重要器官，而皮下组织疏松，为了使皮肤切口位置正确且不误伤其下层组织，术者和助手应在预定切线的两侧，用手指或镊子提起皮肤形成垂直皱襞，并进行垂直切开（图 1–6–3）。

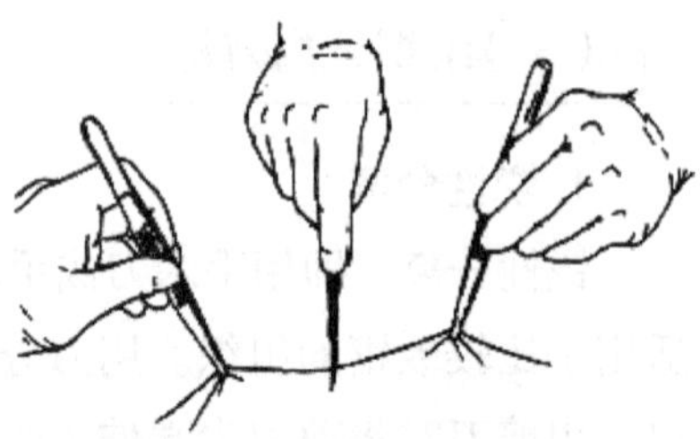

图 1–6–3　皮肤皱襞切开法

在进行手术时，皮肤切开最常用的是直线切口，既方便操作，又利于愈合，但根据手术的具体需要，也可做下列三种形状的切口。

梭形切开：主要用于切除病变组织（如肿瘤、瘘管、放线菌病灶）和过多的皮肤。

“Ⅱ”形或“U”形切开：多用于脑部与鼻旁窦手术中的圆锯术。

“T”形及“十”字形切开：多用于需要将深部组织充分显露或摘除等情况。

2. 皮下组织及其他软组织的分离

切开皮肤后，组织的分割适用逐层分离，保持视野干净、清楚，以便识别组织，避免或减少对大血管、大神经的损伤。原则上以钝性分离为主，必要时可使用刀、剪分离。只有当切开浅层脓肿时，才采用一次切开的方法。

（1）皮下疏松结缔组织的分离。皮下结缔组织中分布有许多小的血管，因此，采用钝性分离较多。方法是先将组织刺破，再用手术刀柄、止血钳或手指进行剥离。

（2）筋膜和腱膜的分离。用刀在中央切一个小口，然后用弯止血钳在切口上、下将筋膜下组织与筋膜分开，沿分开线剪开筋膜。筋膜的切口应与皮肤切口等长。对薄层筋膜，在确认没有血管时可使用手术刀或剪进行锐性分离。若筋膜下层有神经血管，则用手术镊提起筋膜，用反挑式执刀法切一个小孔，插入有钩探针，沿探针沟向外切开。

（3）肌肉的分离。一般是沿肌纤维方向做钝性分离。方法是先用手术刀或手术剪顺肌纤维方向做一小切口，然后用刀柄、止血钳或手指将切口扩大到所需要的长度（图 1–6–4），但在紧急情况下或肌肉较厚并含有大量腱质时，为了使手术通路广阔和排液方便也可横断切开。对于横过切口的较小血管可用止血钳钳夹，或用缝线双重结扎后，从中间将血管切断（图 1–6–5）。

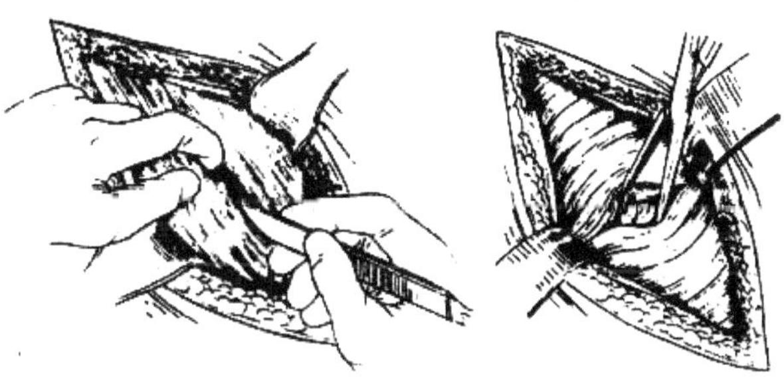

图 1–6–4　肌肉的钝性分离

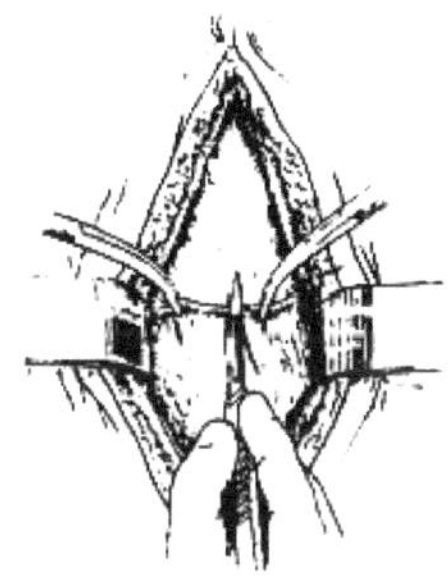

图 1–6–5　切断横过切口的血管

（4）腹膜的分离。切开腹膜时，为了避免伤及内脏，一般由术者用有齿镊或止血钳提起切口一侧的腹膜，助手用镊子或止血钳在距术者所夹腹膜对侧约 1 cm 处将另一侧腹膜提起，然后从中间切一个小口，术者利用食指和中指或有钩探针做引导，再用手术刀或手术剪进行分割（图 1–6–6）。

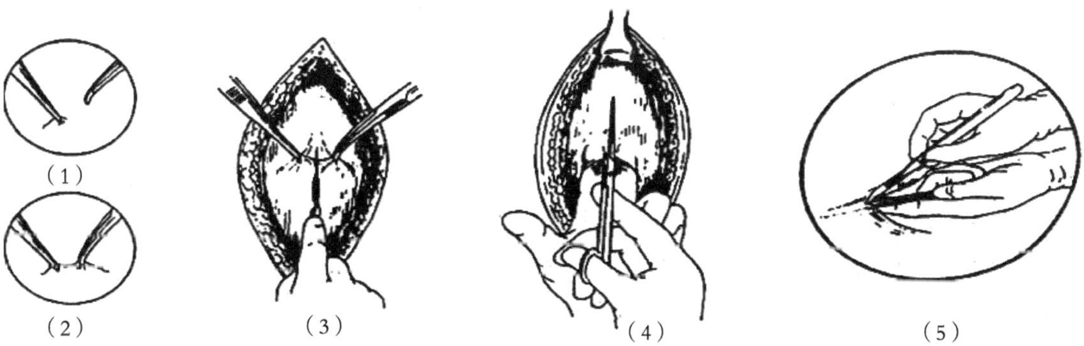

图 1–6–6　腹膜切开

注：（1）~（5）为操作顺序。

（5）肠管的切开。肠管侧壁切开时，一般于肠管纵带上或肠系膜对侧肠壁上纵向切开，并应避免损伤对侧肠壁（图 1–6–7）。

（6）索状组织的分离。索状组织（如精索）的分割，除了可应用手术刀（剪）做锐性切割外，还可用刮断、拧断等方法，以减少出血。

（7）良性肿瘤、放线菌病灶、囊肿及内脏粘连部分的分离。宜用钝性分离。分离方法：对未机化的粘连可用手指或刀柄直接剥离；对已机化的致密组织可先用手术刀切一个小口，再用钝性分离。分离时手的主要动作应是前后方向或略施加压力于一侧，使较疏松或粘连薄弱部分自行分离，然后将手指伸入组织间隙，再逐步深入。在深部非直视下，手指左右大幅度的剥离动作应少用或慎用，除非确认为疏松的纤维蛋白粘连，否则易导致组织和器官的严重撕裂或大出血。对某些不易钝性分离的组织，可将钝性分离和锐性分离结合起来使用，一般是用弯剪伸入组织间隙，用推剪法，即将剪尖微张，轻轻向前推进，进行剥离，避免做剪切动作，误伤其他组织。

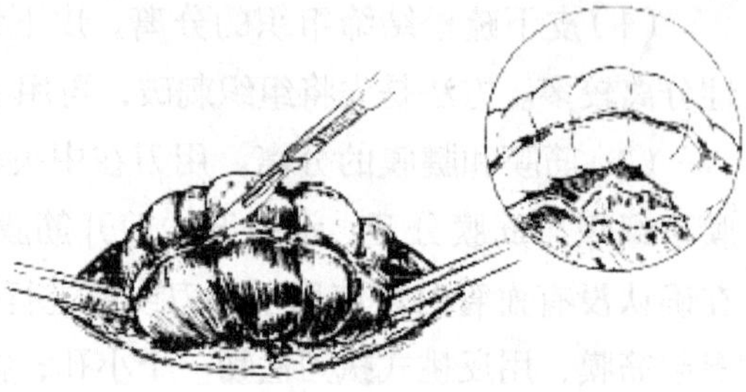
图 1-6-7 肠管的侧壁切开

3. 骨组织的分割

（1）分离骨组织常用的器械有圆锯、线锯、骨钻、骨凿、骨钳、骨剪、骨匙及骨膜剥离器等。

（2）分离骨组织时首先应分离骨膜，然后再分离骨组织。分离骨膜时，应尽可能完整地保存健康部分，以利骨组织愈合。

（3）分离骨膜时，先用手术刀切开骨膜（切成“十”字形或“工”字形），然后用骨膜分离器分离骨膜。

（4）骨组织的分离一般是用骨剪剪断或骨锯锯断。当锯（剪）断骨组织时，不应损伤骨膜。为了防止骨的断端损伤软组织，应使用骨锉锉平断端锐缘，并清除骨片，以免遗留在手术创内引起不良反应和愈合障碍。

【注意事项】

（1）切口大小必须适当。切口过小，不能充分显露术野；做不必要的大切口，会损伤过多组织。

（2）切开时，必须按解剖层次分层进行，并注意保持切口从外到内的大小相同，或缩小，绝不能里面大外面小。切口两侧要用无菌创巾覆盖、固定，以免操作过程中把皮肤表面细菌带入切口，造成污染。

（3）切开组织必须整齐，力求一次切开。手术刀与皮肤、肌肉垂直，防止斜切或多次在同一平面上切割，造成不必要的组织损伤。

（4）切开深部筋膜时，为了预防深层血管和神经损伤，可先切一个小口，用止血钳分离张开，然后再剪开。

（5）切开肌肉时，要沿肌纤维方向用刀柄或手指分离，少做切断，以减少损伤，影响愈合。

（6）切开腹膜、胸膜时，要防止损伤内脏。

（7）切割骨组织时，先要切割分离骨膜，尽可能地保存其健康部分，以利于骨组织愈合。

（三）组织分离原则

在进行手术时，还需要借助拉钩帮助显露术野。负责牵拉的助手要随时注意手术过程，并按需要调整拉钩的位置、方向和力量。可以利用大纱布垫将其他脏器从术野推开，以增加显露。

组织切开是显露术野的重要步骤。浅表部位手术，切口可直接位于病变部位上或其附近。深部切口，根据局部解剖特点，既要有利于显露术野，又不能造成过多的组织损伤。组织分离一般应遵循下列原则。

（1）切口必须接近病变部位，最好能直接到达手术区，并能根据手术需要，进行延长扩大。

（2）切口在体侧、颈侧时，以垂直于地面或斜行的切口为好，切口在体背、颈背和腹下沿正中线或靠近正中线的以纵行切口比较合理。

（3）做切口时，应避免损伤大血管、神经和腺体的输出管，以免影响术部组织或器官的功能。

（4）切口应该有利于创液的排出，特别是脓汁的排出。

（5）二次手术时，应该避免在瘢痕组织上切开，因为瘢痕组织再生力弱，易发生弥漫性出血。

二、止血

（一）出血前的预防

1. 全身预防性止血法

全身预防性止血法是在手术前给动物注射提高血液凝固性的药物和同类型血液，借以提高机体抗出血的能力，减少手术过程中的出血。常用下列两种方法。

（1）输血。目的在于提高施术动物血液的凝固性，刺激血管运动中枢反射性地引起血管的痉挛性收缩，以减少手术中的出血。在术前 30 ～ 60 min，输入同种同型血液，牛、马 500 ～ 1 000 mL，猪、羊 200 ～ 300 mL。

（2）注射提高血液凝固性以及血管收缩的药物。可肌内注射 0.3%凝血质注射液，以促进血液凝固。牛、马 10 ～ 20 mL，肌内注射维生素K注射液，以促进血液凝固，增加凝血酶原。牛、马 100 ～ 400 mg，猪、羊 2 ～ 10 mg，肌内注射安络血注射液，以增强毛细血管的收缩力，降低毛细血管渗透性。牛、马 36 ～ 60 mg，猪、羊 5 ～ 10 mg，肌内注射止血敏注射液，以增强血小板功能及黏合力，减少毛细血管渗透性。牛、马 1.25 ～ 2.5 g，猪、羊 0.25 ～ 0.5 g，肌内或静脉注射对羧基苄胺（抗血纤溶芳酸），以拮抗纤维蛋白的溶解，抑制纤维蛋白溶解酶原的激活因子，使纤维蛋白溶酶原不能转换成纤维蛋白溶解酶，从而减少纤维蛋白的溶解而发挥止血作用。对于手术中的出血及渗血、尿血、消化道出血有较好的止血效果。使用时可加入葡萄糖注射液或生理盐水注射，注射时应缓慢。一次的剂量，牛、马 1 ～ 2 g，猪、羊 0.2 ～ 0.4 g。

2. 局部预防性止血法

（1）肾上腺素止血。应用肾上腺素进行局部预防性止血常配合局部麻醉。一般是在每 1 000 mL 普鲁卡因溶液中加入 0.1% 肾上腺素溶液 2 mg，利用肾上腺素收缩血管的作用，达到减少手术局部出血的目的，其作用可维持 20 min 至 2 h。另外，肾上腺素还可增强普鲁卡因的麻醉作用。当手术局部有炎症病灶时，因高度的酸性反应，可减弱肾上腺素的作用。此外，在肾上腺素作用消失后，小动脉管扩张，如果血管内血栓形成不牢固，可能发生二次出血。

（2）止血带止血。适用于四肢、阴茎和尾部手术。可暂时阻断血流，减少手术中的失血，有利于手术操作。用橡皮管止血带或其代用品如绳索、绷带时，局部应垫以纱布或手术巾，以防损伤软部组织、血管及神经。

橡皮管止血带的装置方法：用足够的压力（以止血带远侧端的脉搏将消失为度），于手术部位上 1/3 处缠绕数周固定，其保留时间不得超过 2 ～ 3 h，冬季不超过 40 ～ 60 min，在这段时间内如果手术还未完成，可将止血带临时松开 10 ～ 30 s，然后重新缠扎。松开止血带时，宜多次按照“松、紧、松、紧”的办法，严禁一次松开。

（二）手术过程中的止血法

1. 压迫止血法

用纱布压迫出血的部位，辨清组织和出血径路及出血点，以便实施止血措施。在毛细血管渗血和小血管出血时，如机体凝血功能正常，压迫片刻，出血即可自行停止。对于较大范围的渗血，为了提高压迫止血的效果，可利用温生理盐水、1% ～ 2% 麻黄碱、0.1% 肾上腺素等溶液浸湿再拧干的纱布块压迫出血部位，有助于止血。术中用纱布止血时，必须是按压，不能用擦拭，以免损伤组织或使血栓脱落。

2. 钳夹止血法

利用止血钳最前端垂直夹住血管的断端；然后扣紧止血钳压迫，扭转止血钳 1 ～ 2 周，能使血管断端闭合，或用止血钳夹住片刻，轻轻去钳，而达到止血的目的。钳夹方向应尽量与血管垂直，钳住的组织要少，切不可做大面积钳夹。此法适用于小血管出血。

3. 结扎止血法

此种方法是常用而可靠的基本止血法，多用于明显而较大血管出血的止血。结扎止血法有单纯结扎止血法和贯穿结扎止血法两种。

（1）单纯结扎止血法。是先以止血钳尖端钳夹住出血点，助手将止血钳轻轻提起，使尖端向下，术者用丝线绕过止血钳所夹住的血管及少量组织，助手将止血钳放平，将尖端稍挑起并将止血钳侧立，术者在钳端的深面打结（图 1-6-8）。在打完第 1 个单结后，由助手松开并撤去止血钳，再打第 2 个单结。结扎时所用的力量也应大小适中，结扎处不宜离血管断端太近，所留结扎线尾也不宜过短，以防线结滑脱。

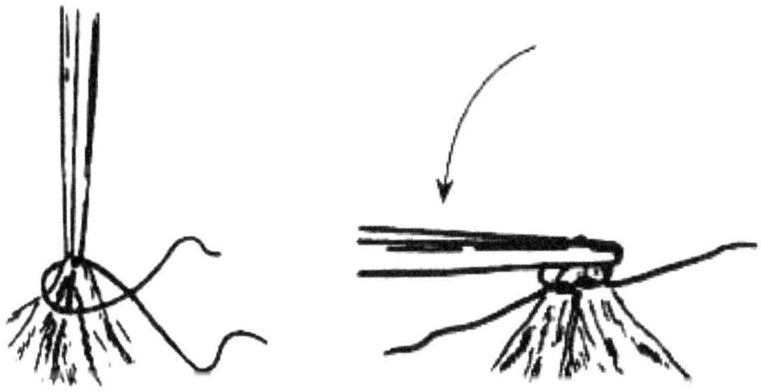

图 1-6-8　单纯结扎止血法

（2）贯穿结扎止血法。又称缝合结扎止血法，即用止血钳将血管及其周围组织横行钳夹，用带有缝针的丝线穿过断端一侧，绕过一侧，再穿过血管或组织的另一侧打结，也称为“8”字缝合结扎法。两次进针处应尽量靠近，以免将血管遗漏在结扎之外［图 1-6-9（a）］。如将结扎线用缝针穿过所钳夹组织（勿穿透血管）后先结扎打一结，再绕过另一侧打结，撤去止血钳后继续拉紧线再打结，即为单纯贯穿结扎法［图 1-6-9（b）］。

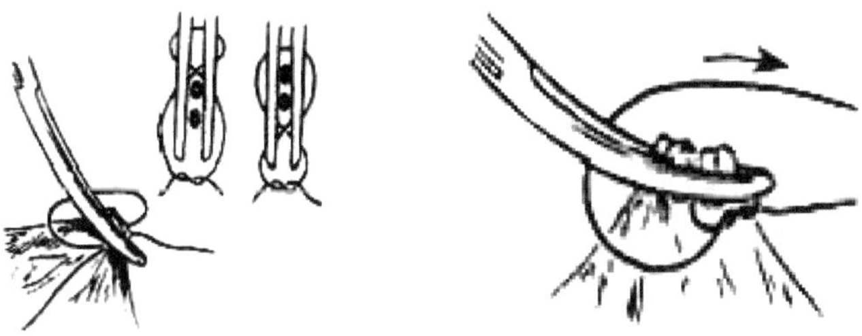

（a）“8”字缝合结扎法　　（b）单纯贯穿结扎法

图 1-6-9　贯穿结扎止血法

贯穿结扎止血法的优点是结扎线不易脱落，适用于大血管或重要部分的止血。在不易用止血钳夹住的出血点，不可以用单纯结扎止血法，而宜采用贯穿结扎止血的方法。

4. 填塞止血法

在深部大血管出血，一时找不到血管断端，钳夹或结扎止血困难时，用灭菌纱布紧塞于出血的创腔或解剖腔内，压迫血管断端以达到止血目的。在填入纱布时，必须将创腔填满，以便有足够的压力压迫血管断端。填塞止血留置的敷料通常应在 12 ～ 24 h后取出。

5. 烧烙止血法

烧烙止血法是用电烧烙器或烙铁烧烙作用使血管断端收缩封闭而止血。其缺点是损伤组织较多，兽医临床上多用于弥漫性出血的止血，以及羔羊断尾术和某些摘除手术后的止血。使用烧烙止血时，应将电阻丝或烙铁烧得微红，才能达到止血的目的，但也不宜过热，以免组织炭化过多，使血管断端不能牢固堵塞。烧烙时，烙铁在出血处稍加按压后迅速移开，否则，组织黏附在烙铁上，当烙铁移开时会将组织扯离。

6. 缝合止血法

是利用缝合使创缘、创壁紧密接触产生压力而止血的方法。常用于弥漫性出血和实质器官出血的止血。

7. 电凝止血法

利用高频电流凝固组织的作用达到止血目的。使用方法是用止血钳夹住血管断端，向上轻轻提起，擦干血液，将电凝器与止血钳接触，待局部发烟即可。电凝时间不宜过长，否则烧伤范围过大，影响切口愈合。在空腔脏器、大血管附近及皮肤等处不可用电凝止血，以免组织坏死，发生并发症。

电凝止血法的优点是止血迅速，不在组织内留线结，但止血效果不完全可靠，凝固的组织易于脱落而再次发生出血，所以对较大的血管仍应以结扎止血为宜，以免发生继发性出血。

使用电凝止血时，止血钳除和所钳夹的出血点接触外，不要与其他部位接触。在使用挥发性麻醉剂（如乙醚）做麻醉时，用电凝止血易发生爆炸事故。电凝止血多用于较浅表的小出血点或不易结扎的渗血。

8. 其他止血法

（1）麻黄素、肾上腺素止血法。用1%～2%麻黄素溶液或0.1%肾上腺素溶液浸湿拧干的纱布进行压迫止血（见压迫止血法）。临床上也常用上述药品浸湿系有棉线绳的棉包做鼻出血、拔牙后因牙槽出血的填塞止血，待止血后拉出棉包。

（2）明胶海绵止血法。明胶海绵止血法多用于一般方法难以止血的创面出血，实质器官、骨松质及海绵质出血。使用时将明胶海绵铺在出血面上或填塞在出血的伤口内，即能达到止血的目的。如果在填塞后再加以组织缝合，更能发挥优良的止血效果。明胶海绵的种类很多，如纤维蛋白海绵、氧化纤维素、白明胶海绵及淀粉海绵等。它们止血的基本原理是促进血液凝固和提供凝血时所需要的支架结构。明胶海绵能被组织吸收和使受伤血管日后保持贯通。

（3）活组织填塞止血法。活组织填塞止血法是用自体组织（如网膜），填塞于出血部位。通常用于实质器官的止血，如肝损伤时可用网膜填塞止血法，或用取自腹部切口的带蒂腹膜、筋膜和肌肉瓣，牢固地缝在损伤的肝上。

（4）骨蜡止血法。外科临床上常用市售骨蜡制止骨质渗血，用于骨的手术和断角术。

材料准备

敷料、缝线。

用具准备

手术刀、缝针、手术动物。

任务筹划

任务流程如图 1-6-10 所示。

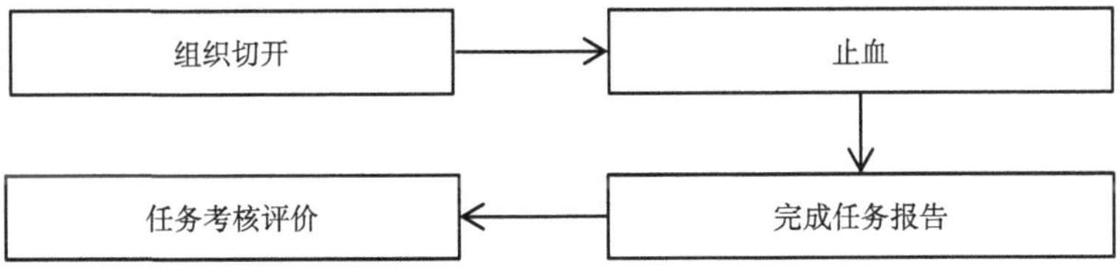

图 1-6-10　任务流程

任务实施

1. 手术区消毒

在预定的手术区进行剪毛、剃毛（本次实习选腹壁，预定切口 15 cm），并进行化学消毒。

2. 手术分工

术者 1 人，助手 1 ～ 2 人，麻醉 1 人，巡回助手 1 人，其他保定。由术者作出手术计划向全组报告，经讨论确认达到统一团队行动目标。

3. 麻醉

牛一般采用局部麻醉，手术区在腹部一般选腰旁神经干传导麻醉。

4. 保定

采用站立保定或横卧保定。

5. 消毒

手术人员进行常规消毒。

6. 手术方法（术式）

在术野放置创布，用创巾钳固定。切开皮肤 15 cm，接着切开皮下筋膜，腹外斜肌，钝性分离腹内斜肌和腹横肌。在手术过程中如有血管出血时，一般采用止血钳压迫（钳夹法），如果血管粗，则先用钳夹法，接着用 4 号缝线结扎。在分离各层组织时要注意肌纤维方向，最后显露出白色半透明的腹膜。如手术创不再出血，用生理盐水冲洗伤口，先用 7 号缝线连续缝合腹横肌，结节缝合腹外斜肌的腹黄筋膜，用注射器沿创口注入抗生素。再用 10 号缝线结节缝合或间断垂直褥式缝合皮肤。用 5% 碘酊涂擦创口，必要时装上绷带。

7. 术后护理

术后加强饲养管理，安置在干燥通风的地方，冬季注意保温，注意精神、食欲、体温的变化，一般 10 ～ 14 d 拆线。若体温升高，则必须及时治疗。创口如果化脓应及时拆除创口下端的缝线，以便脓汁流出和进行外科处理。

知识拓展：组织分离与止血（二维码 1-6-1）。

二维码 1-6-1
知识拓展：组织分离与止血

任务报告

对本任务相关知识进行学习，根据任务实施流程及操作步骤认真完成任务报告（表 1-6-1）。

表 1-6-1　组织分离与止血

姓名：	班级：	学号：
1. 正确熟练地进行皮肤切开，在操作过程中有哪些注意事项？		
2. 正确熟练地进行肌肉及其他组织切开，在操作过程中有哪些注意事项？		
3. 正确熟练地进行手术过程中的止血方法，在操作过程中有哪些注意事项？		

任务评价

根据学生对组织分离、止血操作的熟练程度及任务报告的完成情况进行考核评价（表 1-6-2）。

表 1-6-2　组织分离与止血考核评价细则

姓名：		班级：		学号：		教师签字：
自评： □合格　□不合格 日期：		互评： □合格　□不合格 日期：		师评： □合格　□不合格 日期：		
序号	考核项目	考核标准	考核方式	分值	评分要求	得分
1	组织分离	1. 正确进行皮肤切开 2. 正确进行肌肉及其他组织切开	现场操作考核、问答考核	10 分	未完成 1 项扣 5 分	
2	止血	1. 准确进行压迫止血 2. 准确进行钳夹止血 3. 准确进行结扎止血 4. 准确进行填塞止血		10 分	未完成 1 项扣 2 分，4 项均未完成扣 10 分	
3	任务报告	1. 完成认真，内容正确 2. 能正确进行组织分离与止血操作 3. 手术人员穿戴规范	评阅考核	15 分	根据情况酌情扣分	
4	学习态度	1. 具有团队协作精神 2. 具备科学严谨的态度 3. 观察认真，发言积极 4. 遵纪守时，爱护公物	自评、互评和师评相结合	10 分	根据情况酌情扣分	

任务检测

请扫描二维码 1-6-2 进入在线测试，可反复多次答题，直到获得满意的结果。

二维码 1-6-2
项目一任务六检测

任务七　绷带包扎

任务导入

包扎法是用绷带等材料固定在受伤部位以达到加压止血、保护创面、防止自我损伤、吸收创液、限制活动、使创缘接近、促进受伤组织愈合等目的的治疗方法。包扎通常使用两层包扎材料进行，内层为吸收层，外层为固定层。要求学生完成卷轴绷带包扎法、石膏绷带包扎法和夹板绷带包扎法，并完成任务报告。

任务准备

知识准备

一、包扎的种类

根据敷料、绷带的性质及其不同用法，将包扎方法分为以下四类。

（一）干绷带法

干绷带法又称为干敷法，是临床上最常用的包扎法。凡敷料不与其下层组织粘连的均可用此法包扎。本法有利于减轻局部肿胀，吸收创液，保持创缘对合，提供干净的环境，促进愈合。

(二)湿敷法

对于严重感染、脓汁多和组织水肿的创伤，可用湿敷法。此法有助于去除湿性坏死组织，降低分泌物黏性，促进引流等。根据局部炎症的性质，可采用冷、热敷包扎。

(三)生物学敷法

指皮肤移植，即将健康的动物皮肤移植到缺损处，以消除创伤面，加速愈合，减少瘢痕的形成。现有多种可替代皮肤的生物敷料广泛应用于临床。

(四)硬绷带法

指夹板和石膏绷带等。这类绷带可限制动物活动、减轻疼痛、降低创伤应激、缓解缝线张力、防止创口裂开和术后肿胀等。

通常根据绷带使用目的不同，对其进行命名。例如，局部加压借以阻断或减轻出血及制止淋巴液渗出，预防水肿和创面肉芽增生为目的而使用的绷带，称为压迫绷带；为防止微生物侵入伤口和避免外界刺激而使用的绷带，称为创伤绷带；当骨折或脱臼时，为固定肢体或躯体某部，以减少或制止肌肉和关节不必要的活动而使用的绷带，称为制动绷带等。

二、绷带的种类与操作技术

绷带的种类有卷轴绷带、复绷带、结系绷带、夹板绷带、支架绷带、硬绷带。卷轴绷带的基本包扎法有环形包扎法、螺旋形包扎法、折转包扎法、蛇形包扎法、交叉包扎法。

(一)卷轴绷带

卷轴绷带通常称为绷带或卷轴带，是将布剪成狭长的带条，用卷绷带机或手卷成圆筒状。

1. 卷轴绷带的种类

按其制作材料可分为纱布绷带、棉布绷带、弹力绷带和胶带四种。

(1)纱布绷带。临床上常用的绷带，有多种规格。长度一般为 6 m，宽度有 3 cm、5 cm、7 cm、10 cm 和 15 cm 不等。根据临床需要选用不同规格。纱布绷带质地柔软，压力均匀，价格便宜，但在使用时易起皱、滑脱。

(2)棉布绷带。用本色棉布按上述规格制作。因其原料厚、坚固耐洗、施加压力不变形或断裂，常用来固定夹板、肢体等。

(3)弹力绷带。一种弹性网状织品，质地柔软，包扎后有伸缩力，故常用于烧伤、关节损伤等。此绷带不与皮肤、被毛粘连，故拆除时动物无不适感。

(4)胶带。目前多数胶带是多孔制胶带，也称为胶布或橡皮膏。胶带使用时难撕开，需要用剪刀剪断。胶带是包扎不可缺少的材料。通常局部剪、剃被毛，盖上敷料后，多用胶布条粘贴在敷料及皮肤上将其固定。也可在使用纱布或棉布绷带后，再用胶带缠缚固定。

2. 基本包扎法

卷轴绷带多用于动物四肢游离部、尾部、角头部、胸部和腹部等。包扎时，一般左手持绷带的起始端，右手持绷带卷，以绷带的背面紧贴肢体表面，由左向右缠绕。当第 1 圈缠好之后，将绷带的游离端反转盖在第 1 圈绷带上，再缠第 2 圈压住第 1 圈绷带。然后根据需要进行不同形式的包扎法缠绕。无论用何种包扎法，均应以环形开始并以环形终止。包扎结束后将绷带末端剪成两条打个半结，以防撕裂。最后打结于肢体外侧，或用胶布将末端加以固定。卷轴绷带的基本包扎法如下。

（1）环形包扎法。用于其他形式包扎的起始和结尾，以及用于系部、掌部、跖部等较小创口的包扎。方法：在患部把卷轴绷带呈环形缠数周，每周盖住前一周，最后将绷带末端剪开打结或以胶布加以固定（图 1–7–1a）。

（2）螺旋形包扎法。以螺旋形由下向上缠绕，每圈遮盖前一圈的 1/3 ～ 1/2。用于掌部、跖部及尾部等的包扎（图 1–7–1b）。

（3）折转包扎法。又称为螺旋回反包扎法。用于上粗下细径圈不一致的部位，如前臂和小腿部。方法是由下向上做螺旋形包扎，每圈均应向下回折，逐圈遮盖上圈的 1/3 ～ 1/2（图 1–7–1c）。

（4）蛇形包扎法。或称蔓延包扎法。斜持向上延伸，各圈互不遮盖。用于固定夹板绷带的衬垫材料（图 1–7–1d）。

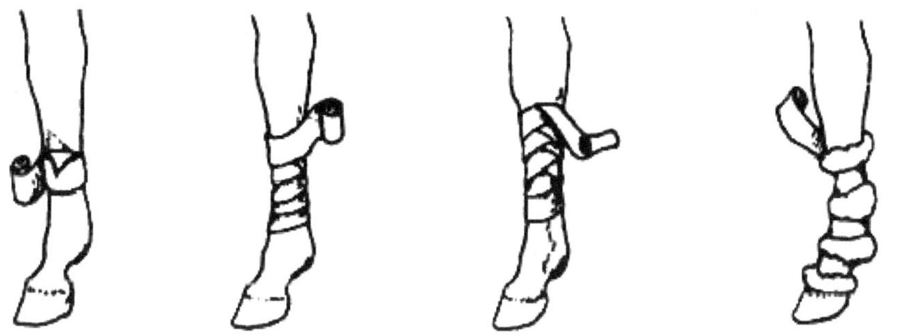

（a）环形包扎法　（b）螺旋形包扎法　（c）折转包扎法　（d）蛇形包扎法

图 1–7–1　卷轴绷带的基本包扎法

（5）交叉包扎法。又称“8”字形包扎法。用于腕、跗、球关节等部位，方便关节弯曲。包扎方法是在关节下方做一环形带，然后在关节前面斜向关节上方，做一周环形带后再斜行经过关节前面至关节下方。如上述操作至患部完全被包扎住，最后以环形带结束（图 1–7–2）。

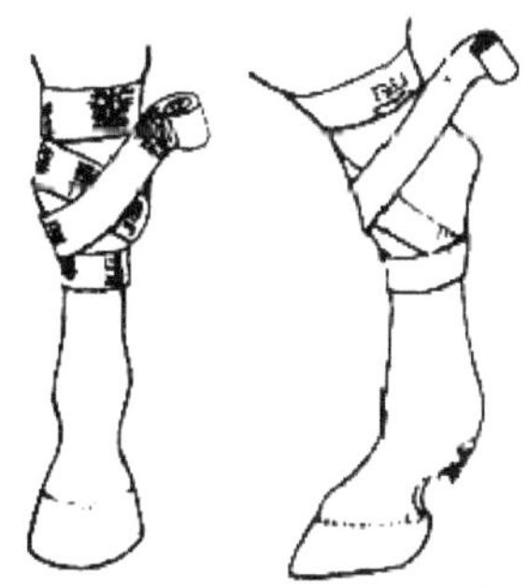

（a）腕关节　（b）跗关节

图 1–7–2　交叉包扎法

3. 各部位包扎法

（1）尾包扎法。用于尾部创伤或用于后躯、肛门、会阴部施术前、后固定尾部。先在尾根做环形包扎，然后将部分尾毛向上折转，在原处再做环形缠绕，包住部分折转的尾毛，部分未包住尾毛再向下翻折，绷带做螺旋缠绕，包住下转的尾毛。再环形包扎下一个上、下折转的尾毛。这种包扎法是为了防止绷带滑脱。当绷带螺旋缠绕至尾尖时，把尾毛全部折转做数周环形包扎，将绷带末端通过尾毛折转形成的圈内，抽紧（图 1–7–3）。

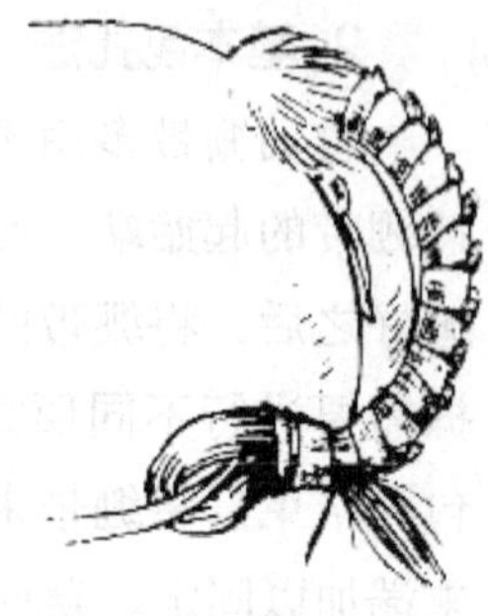

图 1–7–3　尾包扎法

（2）耳包扎法。

①垂耳包扎法。先在患耳背侧安置棉垫，将患耳及棉垫反折使其贴在头顶部，并在患耳耳郭内侧填塞纱布。然后将绷带从耳内侧基部向上延伸到健耳后方，并向下绕过颈上方到患耳，再绕到健耳前方。如此缠绕 3 ～ 4 圈将耳包扎（图 1–7–4a、b）。

②竖耳包扎法。多用于耳成形术。先用纱布或材料做成的圆柱形支撑物填塞于两耳郭内，再分别用短胶布条从耳根背侧内缠绕，每条胶布断端相交于耳内侧支撑上，依次向上贴紧。最后用胶带“8”字形包扎将两耳拉紧竖直（图 1–7–4c）。

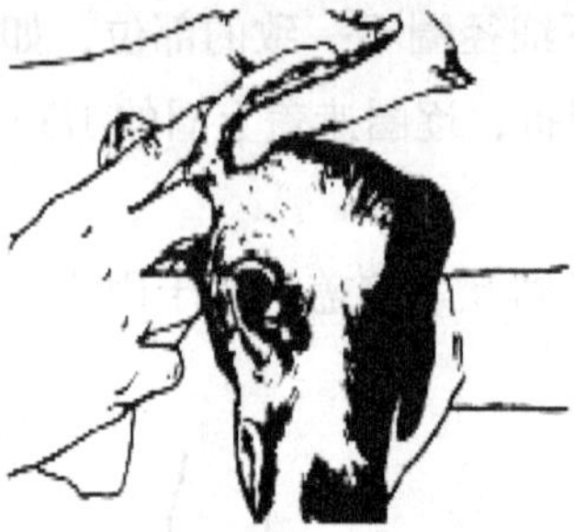

（a）垂耳包扎法（1）

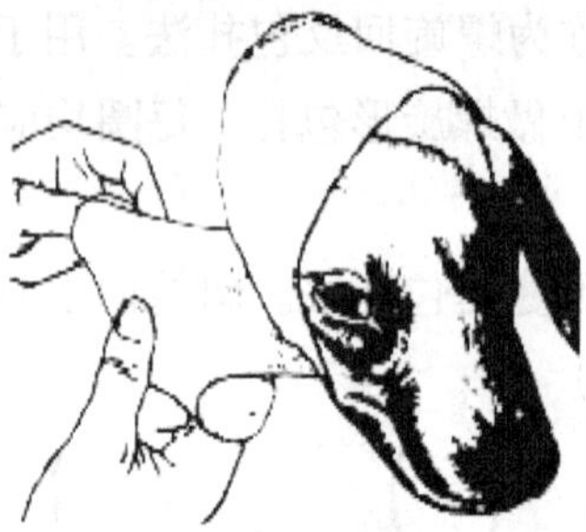

（b）垂耳包扎法（2）

（c）竖耳包扎法（3）

图 1–7–4　耳包扎法

（3）蹄包扎法。方法是将绷带的起始部留出约 20 cm 作为缠绕的支点，在系部做环形包扎数圈后，绷带由一侧斜经蹄前壁向下，折过蹄尖经过蹄底至踵壁时与游离部分扭缠，以反方向由另一侧斜经蹄前壁做经过蹄底的缠绕。同样操作至整个蹄底被包扎，最后在游离部打结，固定于系部。为防止绷带被污染，可在外部加上帆布套。

（4）蹄冠包扎法。包扎蹄冠时，将绷带两个游离端分别卷起，并以两头之间背部覆盖于患部，包扎蹄冠，使两头在患部对侧相遇，彼此扭缠，反方向继续包扎。每次相遇均需相互扭缠，直至蹄冠完全被包扎为止。最后打结于蹄冠创伤的对侧。

（5）角包扎法。用于角壳脱落和角折。包扎时先用一块纱布盖在断角上，用环形包扎固定纱布，再用另一角作为支点，以“8”字形缠绕，最后在健康角根处做环形包扎打结。

（二）复绷带

复绷带是按动物一定部位的形状而缝制，具有一定结构、大小的双层盖布，在盖布上缝合若干布条以便打结固定。复绷带虽然形式多样，但都要求装置简便、固定牢固。常用的复绷带有眼绷带、背腰绷带、前胸绷带、腹绷带和鬐甲绷带等（图 1–7–5）。

1—眼绷带；2—喉绷带；3—前胸绷带；4—腹绷带；5—背腰绷带；6—鬐甲绷带。

图 1-7-5　各种类型复绷带

（三）结系绷带

结系绷带或称为缝合包扎，是用缝线代替绷带固定敷料的一种保护手术创口或减轻伤口张力的绷带。结系绷带可装在畜体的任何部位，其方法是在圆枕缝合的基础上，利用游离的线尾，将若干层灭菌纱布固定在圆枕之间和创口之上（图 1-7-6）。

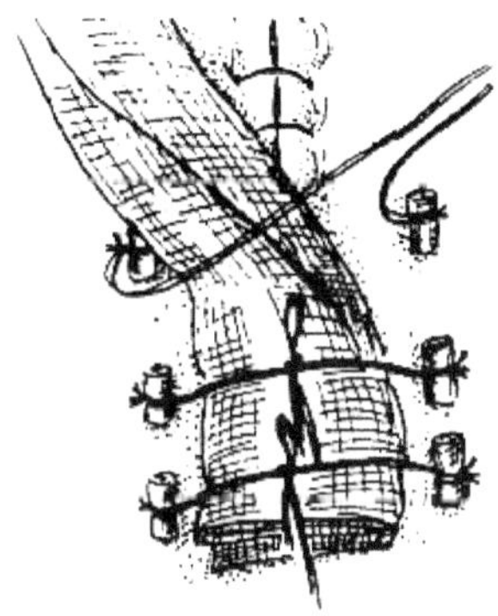

图 1-7-6　结系绷带

（四）夹板绷带

夹板绷带是借助于夹板保持患部固定，避免损伤加重、移位和使伤部进一步复杂化的，起制动作用的绷带，可分为临时夹板绷带和预制夹板绷带两种。前者通常用于骨折、关节脱位时的紧急救治，后者可作为较长时间的制动。

临时夹板绷带可用胶合板、普通薄木板、竹板、树枝等作为夹板材料。小动物亦可选用压舌板、硬纸壳、竹筷子等作为夹板材料。预制夹板绷带用金属丝、薄铁板、木料、塑料板等制成适合四肢解剖形状的各种夹板。另外，在小动物中，厚层棉花和绷带的包扎也起到夹板作用。无论临时夹板绷带或预制夹板绷带，皆由衬垫的内层、夹板和各种固定材料构成。

夹板绷带的包扎方法是先将患部皮肤刷净，包上较厚的棉花、纱布棉花垫或毡片等衬垫，并用蛇形螺旋形包扎法加以固定，然后再装置夹板。夹板的宽度视需要而定，长度既应包括骨折部上下两个关节，使上下两个关节同时得到固定，又要短于衬垫材料，避免夹板两端损伤皮肤。最后用绷带螺旋包扎或用结实的细绳加以捆绑固定。铁制夹板可加皮带固定（图 1–7–7）。

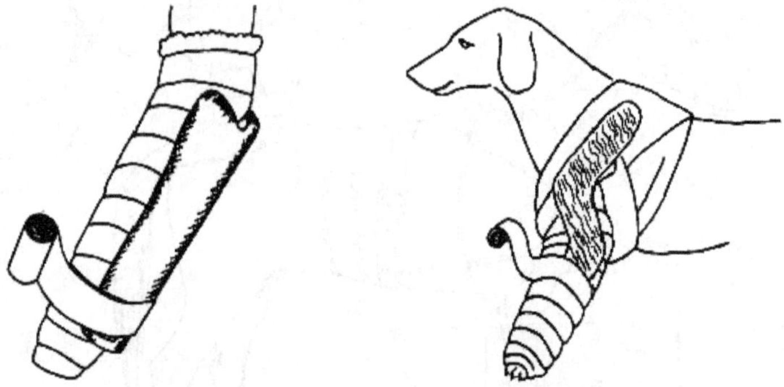

（a）塑料夹板绷带　（b）纤维板夹板绷带

图 1–7–7　夹板绷带（犬）

（五）支架绷带

支架绷带是在绷带内作为固定敷料的支持装置。这种绷带应用于固定动物的四肢时，用套有橡皮管的软金属或细绳构成的支架，作用是牢靠地固定敷料，不因动物走动失去其作用。在小动物四肢常用改良托马斯氏支架绷带，其支架多用铝棒根据动物肢体长短和肢体上部粗细自制。应用在鬐甲、腰背部的支架绷带为被纱布包住的弓形金属支架，使用时可用布条或细软绳将金属架固定于患部。

支架绷带具有防止摩擦、保护创伤、保持创伤牢固和通气的作用，因此，可为创伤的愈合提供良好的条件。

（六）硬绷带

1. 石膏绷带

石膏绷带是在淀粉液浆制过的大网眼纱布上加上煅制石膏粉制成的。这种绷带用水浸后质地柔软，可塑制成任何形状敷于伤肢，一般十几分钟后开始硬化，干燥后成为坚固的石膏夹。根据这一特性，石膏绷带应用于整复后的骨折、脱位的外固定或矫形都可收到满意的效果。

（1）石膏绷带的制备。医用石膏是将自然界中的生石膏，即含水硫酸钙（$CaSO_4 \cdot 2H_2O$），加热烘焙，使其失去一半水分而制成的煅石膏（$CaSO_4 \cdot H_2O$）。煅石膏及石膏绷带市场上均有出售。自制煅石膏绷带，是将生石膏研碎、加热（100 ～ 120℃），煅成洁白细腻的石膏粉，手扰粉时略带黏性发涩，或手握粉能从指缝漏出，为煅制成功的标志。将干燥上过浆的纱布卷轴带，放在堆有石膏粉的搪瓷盘中，打开卷轴带的一端，从石膏堆上轻拉过，再用木板刮匀，使石膏粉进入纱布网孔，然后轻轻卷起。根据动物大小，制成长 2 ～ 4 m、宽 5 ～ 10 cm（四肢用）或 15 cm（躯干用）的石膏绷带卷，置密封箱内贮存备用。

（2）石膏绷带的装置方法。应用石膏绷带治疗骨折时，可分为无衬垫和有衬垫两种，一般为无衬垫石膏绷带疗效较好。骨折整复后，消除皮肤上泥灰等污物，涂布滑石粉。而后于肢体上、下端各绕一圈薄纱布棉垫，其范围应超出装置石膏绷带卷的预定范围。根据操作时的速度逐个将石膏绷带卷轻轻地横放在盛有 30 ～ 35℃的温水中，使整个绷带卷被淹没。等没有气泡逸出后，两手握住石膏绷带卷的两端将其取出，用两手掌轻轻挤压，除去多余水分。每缠一圈绷带，都必须均匀地涂抹石膏泥，使绷带紧密结合。骨的突起部，应放置棉花垫加以保护。石膏绷带上下端不能超过衬垫物，并且松紧要适宜。根据伤肢重力和肌肉牵引力的不同，可缠 6 ～ 8 层（大动物）或 2 ～ 4 层（小动物）。在包扎最后一层时，必须将上下衬垫向外翻转，包住石膏绷带的边缘，最后在表面涂石膏泥，待数分钟后即可成型。为了加速绷带的硬化，可用电吹风机吹干。犬、猫石膏绷带应从第 2、4 指（趾）近端开始。

当开放性骨折或有创伤的其他四肢疾病时，为了观察和处理创伤，常应用有窗石膏绷带。“开窗”的方法，是在创口上覆盖灭菌的布巾，将大于创口的杯子或其他器皿放于布巾上，杯子固定后，绕过杯子按前法缠绕石膏绷带。在石膏未硬固之前用刀做窗，取下杯子即成窗口，窗口边缘用石膏泥涂抹平。有窗石膏绷带虽然有便于观察和处理创伤的优点，但其缺点是可引起静脉淤血和创伤肿胀。若窗孔过大，往往影响绷带的坚固性，可采用桥形石膏绷带。其制作方法是用 5 ～ 6 层卷轴石膏绷带缠绕于创伤的上、下部，作为窗孔的基础，待石膏硬化后于无石膏绷带部分的前后左右各放置一条弓形金属板（即“桥”），代替一段石膏绷带的支持作用，将金属板的两端置入在患部上下方绷带上，然后再缠绕 3 ～ 4 层卷轴石膏绷带加以固定。

为了便于固定和拆除，外科临床上也有长压布石膏绷带。其制作和使用方法是：取纱布宽度为要固定部位圆周长的 1/2，长度视需要而定。将纱布均匀地布满煅石膏粉后，逐层重叠，再浸以温水，挤去多余的水分后放在患肢前面。同法做成另一半长压布，放在患肢后面。待干燥之后再用卷轴绷带将两页固定于患部。

兽医临床上有时为了加强石膏绷带的硬度和固定作用，可在卷轴石膏绷带缠绕后的第 1、2 层（小动物）暂停缠绕，修整平滑并置入夹板材料，使之成为石膏夹板绷带。

（3）石膏绷带的拆除。石膏绷带拆除的时间，应根据不同的患病动物和病理过程而定，一般 3 ～ 8 周。下列情况应提前拆除或拆开另行处理：如石膏夹内有大出血或严重感染；或患病动物出现原因不明的高热；或肢体萎缩，石膏夹过大或严重损坏失去作用；或包扎过紧，肢体受压，影响血液循环；或患病动物表现出不安、食欲减少、末梢部肿胀，蹄（指）温变冷等。

由于石膏绷带干燥后十分坚硬，拆除时多用专门工具，包括锯、刀、剪、石膏分开器等。

拆除的方法是：先用热醋、过氧化氢或饱和食盐水在石膏夹表面画好拆除线，使之软化，然后沿拆除线用石膏刀切开、石膏锯锯开或石膏剪逐层剪开。为了减少拆除时可能发生的组织损伤，拆除线应选择在较平整和软组织较多处。外科临床上也常直接用长柄石膏剪沿石膏绷带近端外侧缘纵行剪开，而后用石膏分开器将其分开，石膏剪向前推进时，剪的两页应与肢体的长轴平行，以免损伤皮肤。

有的厂家生产的石膏绷带带有配套的金属线锯，放在专用的塑料套管中，使用石膏绷带包扎时预置于患肢与绷带之间，拆除石膏绷带时比较便捷。

2. 其他硬绷带

（1）Vet-Lite绷带。一种热熔可塑型的塑料，浸满在网孔的纺织物上。如将其放在水中加热至71～72℃则变得很软，并可产生黏性。然后置室温冷却，几分钟后可硬化。Vet-Lite绷带多用作小动物的硬化夹板。

（2）纤维玻璃绷带。是一种树脂黏合材料。绷带浸泡于冷水中10～15 s就发生化学反应，随后在室温条件下几分钟则开始热化和硬固。纤维玻璃绷带主要用于四肢的圆筒铸型，也可用作夹板，与传统的石膏绷带相比，具有质量轻、硬度强、多孔透气、防水及X射线可透过等特性。

【注意事项】

（1）包扎时要按包扎部位的大小、形状选择宽度适宜的绷带。过宽使用不便，包扎不平；过窄难以固定，包扎不牢固。

（2）包扎要求迅速、确实，用力均匀，松紧适宜，避免一圈松一圈紧。压力不可过大，以免发生循环障碍；但也不宜过松，以防脱落或固定不牢。在操作时绷带不得脱落污染。

（3）湿绷带包扎临床使用较少，因为湿布不仅刺激皮肤，而且容易造成感染。

（4）对四肢部的包扎必须按静脉血流方向，从四肢的下部开始向上包扎，以免静脉淤血。

（5）包扎至最后端应妥善固定以免松脱，一般用胶布粘贴比打结更为光滑、平整、舒适。如果使用末端撕开系结，则结扣不可置于隆突处或创面上。结的位置也应注意选择，避免动物啃咬而使结松脱。

（6）包扎应美观，绷带应平整无皱，以免发生不均匀压迫。交叉或折转应成一线，每圈遮盖多少要一致，并除去绷带边上活动的线头。

（7）装置复绷带时盖布的大小、形状应适合患部解剖形状和大小，防止外物进入患部。

（8）包扎石膏绷带时应先将一切物品备齐，然后开始操作，以免临时出现问题延误时间。由于水的温度直接影响着石膏硬化时间（水温降低会延缓硬化过程），应予注意。

（9）装置石膏绷带前必须整复到解剖位置，使病肢的主要力线和肢轴尽量一致，为此，在装置前最好应用X射线摄片检查。

（10）长骨骨折时，一般要固定上、下两个关节，才能达到制动的作用。

（11）骨折发生后，使用石膏绷带做外固定时，必须尽早进行。若在局部出现肿胀后包扎，则在肿胀消退后，皮肤与绷带间出现空隙，达不到固定作用。此时，可施以临时石膏绷带，待炎性肿胀消退后将其拆除，重新包扎石膏绷带。

（12）缠绕时要松紧适宜，过紧会影响血流循环，过松会失去固定作用。一般在石膏绷带两端以插入一手指为宜。

（13）未硬化的石膏绷带不要按压，以免向下凹陷压迫组织，影响血液循环或发生溃疡、坏死。

（14）石膏绷带敷缠完毕后，为了使石膏绷带表面光滑美观，可用干石膏粉少许加水调成糊，涂在表面，使之光滑整齐。石膏夹两端的边缘，应修整光滑并将石膏绷带两端的衬垫翻到外面，以免摩擦皮肤。

（15）解除绷带时，先将末端的固定结松开，再朝缠绕反方向以双手相互传递松解。解下的部分应握在手中，不要拉得很长或拖在地上。紧急时可以用剪刀剪开。

（16）对破伤风梭菌等厌气菌感染的创口，应尽管做过一定的外科处理，也不宜用绷带包扎。

材料准备

卷轴绷带、纱布绷带、石膏绷带、夹板。

用具准备

动物模型。

任务筹划

任务流程如图 1-7-8 所示。

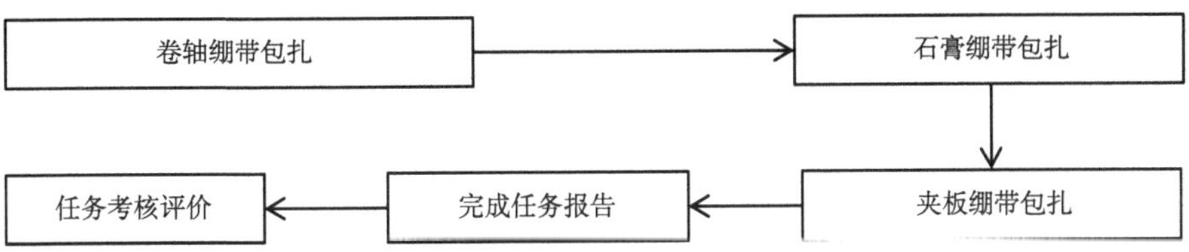

图 1-7-8　任务流程

任务实施

1. 卷轴绷带包扎

分组练习并掌握环形包扎法、螺旋形包扎法、折转包扎法、蛇形包扎法和交叉包扎法。

2. 石膏绷带包扎

利用动物模型分组进行石膏绷带包扎。

3. 夹板绷带包扎

分组进行夹板绷带包扎。

知识拓展：绷带包扎（二维码 1-7-1）。

二维码 1-7-1
知识拓展：绷带包扎

任务报告

对本任务相关知识进行学习，根据任务实施流程及操作步骤认真完成任务报告（表 1–7–1）。

表 1–7–1　绷带包扎

姓名：	班级：	学号：
1. 正确熟练地进行卷轴绷带包扎，在操作过程中有哪些注意事项？		
2. 正确熟练地进行石膏绷带包扎，在操作过程中有哪些注意事项？		
3. 正确熟练地进行夹板绷带包扎，在操作过程中有哪些注意事项？		

任务评价

根据学生对卷轴绷带包扎、石膏绷带包扎、夹板绷带包扎操作的熟练程度及任务报告的完成情况进行考核评价（表 1–7–2）。

表 1–7–2　绷带包扎考核评价细则

<table>
<tr><td colspan="2">姓名：</td><td colspan="2">班级：</td><td colspan="2">学号：</td><td rowspan="2">教师签字：</td></tr>
<tr><td colspan="2">自评：
□合格　□不合格
日期：</td><td colspan="2">互评：
□合格　□不合格
日期：</td><td colspan="2">师评：
□合格　□不合格
日期：</td></tr>
<tr><td colspan="7">考核评分细则</td></tr>
<tr><th>序号</th><th>考核项目</th><th>考核标准</th><th>考核方式</th><th>分值</th><th>评分要求</th><th>得分</th></tr>
<tr><td>1</td><td>卷轴绷带包扎</td><td>1. 正确进行卷轴绷带包扎
2. 正确识别各类卷轴绷带</td><td rowspan="3">现场操作考核、问答考核</td><td>10 分</td><td>未完成 1 项扣 5 分</td><td></td></tr>
<tr><td>2</td><td>石膏绷带包扎</td><td>1. 准确进行石膏绷带包扎
2. 准确进行石膏绷带调制</td><td>10 分</td><td>未完成 1 项扣 5 分</td><td></td></tr>
<tr><td>3</td><td>夹板绷带包扎</td><td>1. 准确进行夹板绷带包扎
2. 准确进行夹板绷带选择</td><td>10 分</td><td>未完成 1 项扣 5 分</td><td></td></tr>
<tr><td>4</td><td>任务报告</td><td>1. 完成认真，内容正确
2. 能正确进行绷带包扎操作</td><td>评阅考核</td><td>15 分</td><td>根据情况酌情扣分</td><td></td></tr>
<tr><td>5</td><td>学习态度</td><td>1. 具有团队协作精神
2. 具备科学严谨的态度
3. 观察认真，发言积极
4. 遵纪守时，爱护公物</td><td>自评、互评和师评相结合</td><td>10 分</td><td>根据情况酌情扣分</td><td></td></tr>
</table>

任务检测

请扫描二维码 1-7-2 进入在线测试，可反复多次答题，直到获得满意的结果。

二维码 1-7-2
项目一任务七检测

项目二

常见外科病的诊断与治疗技术

项目摘要

在兽医临床工作中，将主要通过手术治疗的疾病称为外科病。外科疾病虽为偶发或单发，不至于造成巨大的经济损失，但常常能影响动物的经济价值，甚至危及动物的生命。外科疾病的诊断与处置技术也是兽医人员必备的基本技能，尤其是对动物常见外科疾病的诊断、治疗方案的制订、实施治疗及护理等；同时，能够对外科疾病发生的经过进行判定，分析疾病发生的原因，从而指导动物生产实践中对常见外科病的预防；树立局部与整体、机体局部疾病与全身各系统器官的正常生理功能密切相关的理念。

本项目共设置了6个任务，介绍了外科感染、损伤、眼病、疝、跛行诊断、四肢疾病的相关技能。要求学生能够掌握外科感染的分类、发生与发展规律；会处理毛囊炎、疖、痈、脓肿和蜂窝织炎；掌握创伤的概念、症状和分类方法；能正确进行创伤、挫伤、血肿和淋巴外渗的检查、诊断和治疗；能正确诊断和治疗眼结膜炎和角膜炎；掌握脐疝、外伤性腹壁疝、会阴疝、腹股沟阴囊疝的诊断和治疗方法；掌握跛行的种类和病因，掌握跛行的诊断方法；掌握骨折的病因及骨折类型，掌握骨折的诊断和治疗方法等，使学生理解并掌握外科疾病的诊断与治疗技术，能够让学生运用到实践当中。

知识目标

1. 掌握外科感染的诊断与治疗知识。
2. 掌握损伤的急救和处置知识。
3. 掌握常见眼病的诊断及治疗知识。
4. 掌握疝的类型、整复的知识。
5. 掌握四肢疾病的相关知识。

技能目标

1. 能对动物发生损伤进行急救与处置
2. 能对常见外科感染进行诊断与治疗。
3. 能鉴别常见眼病，并实施治疗。
4. 能正确诊断疝的类型，并进行整复。
5. 能进行四肢疾病的诊断与治疗。

素养目标

培养学生团结协作的工作态度，总结疾病发生规律，提高分析问题和解决问题的能力。

任务一 外科感染

任务导入

病原微生物经皮肤、黏膜创伤或其他途径侵入动物机体，并在体内生长、繁殖、分泌毒素，引起局部或全身性病理过程称为外科感染。常引起外科感染的病原微生物有葡萄球菌、链球菌、大肠杆菌、铜绿假单胞菌、肺炎球菌、化脓棒状杆菌等。

外科感染是机体与病原微生物之间相互作用的病理过程。外科感染的局部与全身反应的轻重程度，与机体抵抗力的强弱、病原菌的种类及数量、侵害的组织和器官密切相关。机体局部防御功能下降，可引起脓肿、蜂窝织炎等局部感染；当机体防御功能下降时局部感染可导致败血症等全身性感染；当机体抵抗力增强时，无论是局部感染还是全身性感染，经合理治疗均可很快治愈。因此，兽医人员在处置动物局部感染时，不但要及时处理局部病变，而且要注意动物全身变化以提高其防御能力。请学生完成外科感染诊断与治疗的操作，并完成任务报告。

任务准备

知识准备

一、外科感染的基本概念

（一）外科感染特点

（1）绝大部分的外科感染是由外伤所引起。

（2）外科感染一般均有明显的局部症状。

（3）常为混合感染。

（4）损伤的组织或器官常发生化脓和坏死。

（5）治疗后局部常形成瘢痕组织。

（二）脓肿

在组织或器官内形成外有脓肿膜包裹、内有脓汁潴留的局限性脓腔的外科感染称为脓肿。解剖腔内有脓汁潴留时则称为蓄脓。

（三）蜂窝织炎

蜂窝织炎是发生于疏松结缔组织的急性弥散性化脓性炎症。多发生于皮下、筋膜下及肌肉间的疏松结缔组织内。引起蜂窝织炎的原因主要有以下 3 种。

（1）一般由溶血性链球菌或金黄色葡萄球菌等化脓性细菌通过伤口感染而引起。

（2）漏入或误注刺激性较强的药物所引起。

（3）由邻近组织或器官化脓性感染直接扩散，或通过血液循环和淋巴转移而引起。

（四）全身化脓性感染

全身化脓性感染是机体从感染病灶吸收致病菌及其毒素和组织分解产物所引起的全身性病理过程，又称为急性全身性感染，包括败血症和脓毒血症等多种情况。

（1）败血症是致病菌侵入血液循环，并生长繁殖，产生大量毒素及组织分解产物被机体吸收，而引起的严重的全身性感染。

（2）脓毒血症是局部化脓灶的细菌栓子或脱落的感染血栓，进入血液，并在机体其他组织或器官形成转移性脓肿。如果败血症和脓毒血症同时存在，又称为脓毒败血症。

全身化脓感染主要由于开放性损伤、局部炎症及手术中因受到化脓性病原微生物感染而治疗不及时或处理不当引起，患病动物抵抗力降低等也可导致本病的发生。其致病菌主要有金黄色葡萄球菌、溶血性链球菌、大肠杆菌、铜绿假单胞菌、坏疽杆菌等，可单一感染，也可混合感染。此外，免疫功能低下的患病动物，还可并发内源性感染，尤其是肠源性感染，肠道细菌及内毒素进入血液循环，导致全身性化脓感染的发生。

（五）易引起脓肿的病原菌

易引起脓肿的病原菌（如金黄色葡萄球菌、溶血性链球菌、铜绿假单胞菌、大肠杆菌、腐败性菌等）经损伤的皮肤或黏膜侵入机体，在局部大量生长、繁殖过程中形成脓肿。由于在给动物注射刺激性强的药物（如氯化钙、高渗盐水及松节油等）时，药物漏入或误注组织内也可引起无菌性脓肿。

二、脓肿的诊治

（一）诊断要点

根据发生部位不同，可将脓肿分为浅在脓肿和深层脓肿。

1. 浅在脓肿

浅在脓肿常发生在皮下、筋膜下及肌肉间的组织内。病初患部肿胀，边界不明显，质地坚硬，局部温度升高，皮肤潮红，剧痛。之后局部化脓，病灶中央软化呈波动感，皮肤变薄，被毛脱落，皮肤破溃后排出脓汁。牛的皮肤较厚，脓肿不容易破溃。

2. 深层脓肿

深层脓肿多发生在深层肌肉、肌肉之间、腹膜下及内脏器官。局部症状并不十分明显，患部在皮下组织有轻微的炎性水肿，触诊指压留痕，剧痛。在压痛和水肿处穿刺，可抽出脓汁。全身症状明显。

（二）治疗

治疗原则是促进脓肿的成熟与脓汁排出，消炎，增强机体抵抗力。

1. 消炎、止痛及促进炎性产物消散、吸收

当局部肿胀正处于急性炎性渗出、脓肿尚未完全成熟时，可局部涂擦樟脑软膏，或使用冷敷法（如复方醋酸铅溶液、鱼石脂酒精等进行冷敷），抑制炎性渗出和止痛。当炎性渗出停止后，可用温热疗法促进炎性产物的消散和吸收。局部治疗的同时，要根据患病动物的情况配合使用抗菌药物，并采用对症治疗。

2. 促进脓肿成熟

患部剃毛后，涂鱼石脂软膏或进行温热疗法，以促进脓肿成熟。等局部出现明显波动时，应立即进行手术治疗。

3. 手术疗法

脓肿形成后脓汁不能自行消散和吸收时，应尽早进行手术治疗。常用的手术疗法有以下 3 种。

（1）脓肿摘除法。较小的脓肿可连同脓膜一起摘除。具体操作如下，无菌切开皮肤后，不破坏脓膜，彻底剥离脓肿周围组织，取出完整的脓肿。创腔内撒布青霉素粉，缝合创口，争取第一期愈合。

（2）脓汁抽出法。适用于关节部位的脓肿膜形成良好的小脓肿。方法是利用注射器抽尽脓腔内的脓汁后，用生理盐水反复冲洗脓腔，最后注射抗生素溶液。

（3）脓肿切开法。较大的脓肿成熟后并出现波动者，应立即进行手术切开。切口应选择在波动最明显且容易排出脓汁的部位。按常规方法对局部进行剪毛、消毒，并进行局部或全身麻醉。切开前为防止脓汁因脓肿内压力过大而出现喷射现象，可先用较粗的注射器刺入脓肿内，排出或抽出部分脓汁。然后分层切开，避免损伤大的血管和神经。排出脓汁后，用防腐消毒剂彻底冲洗脓腔，用纱布吸净脓腔内残留的冲洗液，注射抗生素，创口按化脓创进行外科处理。术后应用抗生素或磺胺类药物治疗 5 ～ 7 d。

三、蜂窝织炎的诊治

（一）诊断要点

（1）病情发展迅速，其局部主要表现为大面积肿胀，局部温度增高，疼痛剧烈，功能障碍明显。

（2）浅在病灶在病初是按压有压痕，化脓后有波动感，常发生多处皮肤破溃，并排出脓汁。深在病灶成坚实的肿胀，边界不清，局部温度升高，剧痛，化脓后导致患部内压力升高，患部皮肤、筋膜和肌肉高度紧张，皮肤不易破溃。

（3）有明显的全身症状，患病动物常表现为精神沉郁，食欲减退或废绝，反刍动物反刍减少或停止，泌乳期动物产乳量急剧下降，体温升高达 40℃以上，呼吸、脉搏增数。深部的蜂窝织炎可发展为败血症。

（二）治疗

治疗原则是减少炎性渗出，抑制感染扩散，减轻组织内压，改善全身状况，增强机体抵抗力，局部与全身治疗并重。

1. 局部疗法

发病 2 d 内可用 10% 鱼石脂酒精、90% 酒精或复方醋酸铅溶液进行冷敷。用 0.25% ～ 0.5% 盐酸普鲁卡因青霉素注射液 20 ～ 30 mL，在病灶周围分数点注射封闭。发病 4 ～ 5 d 后患部改用温热疗法。

2. 手术疗法

经局部治疗而症状仍不减轻时，应及早切开患部，排出炎性渗出物。切口要有足够的长度和深度，可做几个平行切口或反切口。用 3% 过氧化氢溶液或 0.1% 新洁尔灭溶液或 0.1%

高锰酸钾溶液冲洗创腔，用纱布吸净创腔内药液，用50%硫酸镁溶液浸泡的纱布条引流，并及时更换。

3. 全身疗法

早期应用大剂量抗菌药物。为预防败血症，大动物可静脉注射5%碳酸氢钠注射液300～500 mL、5%葡萄糖氯化钠注射液1 000～2 000 mL，1～2次/d，连用3～5 d。也可应用0.25%盐酸普鲁卡因注射液100～200 mL静脉注射，中小动物则根据动物种类和体重适当调整，必要时进行全身性封闭。

四、全身化脓性外科感染的诊治

（一）诊断要点

1. 脓血症

患病动物身体的不同部位或器官出现米粒大至拳头大不等的脓肿，病灶周围严重水肿，动物表现出剧痛。肉芽组织出现发绀、坏死、分解等症状，表面有大量稀而恶臭的脓汁。同时，动物表现出精神沉郁，食欲废绝，饮欲增强，恶寒战栗，呼吸及脉搏加快，体温升高达40℃以上，多呈弛张热或间歇热。红细胞沉降速率增高，白细胞总数增多，核左移。高热时用患病动物血液进行细菌培养有细菌生长。

2. 败血症

患病动物体温明显升高，稽留热，恶寒战栗，四肢发凉。动物经常躺卧，起立困难，步态不稳，有时出汗。随着病程的发展，可出现感染性休克或神经系统症状，患病动物表现出食欲废绝，烦躁不安或嗜睡，结膜黄染，皮肤、眼角和齿龈出现淤血点，皮肤黏膜有时有出血点。呼吸困难，尿量减少并含有蛋白质。死亡前体温下降。用血液进行细菌培养有细菌生长，但在应用大剂量抗生素后血液中常培养不出细菌。

（二）治疗

治疗原则是彻底处理局部病灶，控制全身感染，提高机体抵抗力。

1. 局部治疗

化脓性感染创需彻底清除原发和继发病灶内的坏死组织，扩大创口，排除脓汁，畅通引流。用防腐消毒液彻底冲洗创腔，创围用盐酸普鲁卡因青霉素溶液封闭。

2. 全身疗法

早期应用广谱抗菌药物及增效药物，并配合补液强心，提高机体抵抗力。大动物可用5%葡萄糖氯化钠注射液1 000～2 000 mL、40%乌洛托品注射液40 mL、5%碳酸氢钠注射液500～1 000 mL，静脉注射。10%樟脑磺酸钠注射液20 mL，肌内注射。

中小动物酌减剂量。大量给予饮水，补充维生素。

【注意事项】

（1）脓肿切口应选择在波动最明显且容易排脓的部位；切开时一定要防止手术刀损伤对侧的脓膜；及时对出血的血管进行结扎或钳夹止血，以防脓肿内的致病菌进入血液循环，导致菌血症和转移性脓肿。

（2）外科感染时如果选择局部排脓要避免挤压，以防感染扩散，一个切口不能彻底排空脓汁时亦可根据情况做必要的辅助切口。

（3）静脉注射乌洛托品期间应加服氯化铵，使尿液呈酸性，可增强乌洛托品的作用。

材料准备

外科感染症状说明书、治疗方案等。

用具准备

外科感染模型。

任务筹划

任务流程如图 2-1-1 所示。

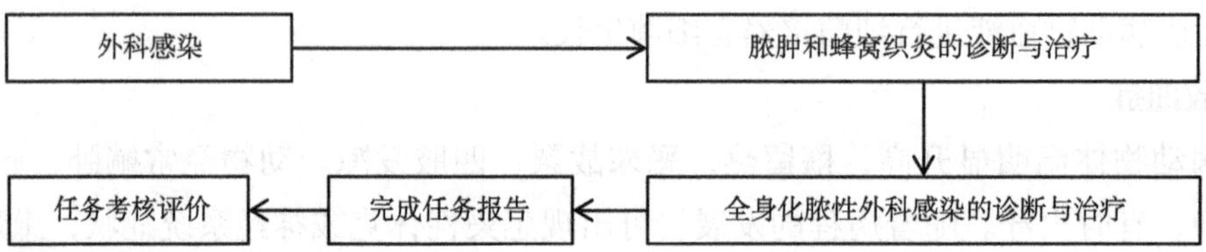

图 2-1-1　任务流程

任务实施

一、脓肿的诊断与治疗

（一）脓肿的诊断

1. 局部临床病症

（1）局部温度升高。

（2）潮红。

（3）肿胀（局限性）。

（4）疼痛。

（5）波动感。

（6）皮肤及皮下组织肿胀。

2. 全身病症

精神、食欲、体温。

（二）脓肿的治疗

1. 初期治疗

（1）治疗原则。消炎、止痛，增进炎性渗出物的吸收与消散。

（2）治疗方式。①周围封锁疗法。②抑制炎性渗出和止痛（可局部涂擦樟脑软膏，或用冷敷疗法，如复方醋酸铅溶液、鱼石脂酒精等冷敷）。

2. 中后期治疗

治疗方式：采用温热疗法；鱼石脂软膏。

3. 外科疗法

（1）脓汁抽出法。

（2）脓肿切开法。

（3）脓肿摘除法（适用于小脓肿）。

4. 全身疗法

抗生素、解热镇痛药。

二、蜂窝织炎的诊断与治疗

（一）蜂窝织炎的诊断

1. 全身病症

精神沉郁、体温升高、食欲消退、呼吸脉搏加速、白细胞数量升高。

2. 局部病症

局部增温、疼痛猛烈，呈弥漫性大面积肿胀，有明显功能障碍。

（二）蜂窝织炎的治疗

1. 治疗原则

排除病因、减少渗出、减轻组织内压、抑制感染扩散、增强机体抗病能力、局部与全身医治并重。

2. 方式

（1）局部疗法。初期冷疗，操纵后用温热疗法。

（2）封锁疗法。盐酸普鲁卡因青霉素，初期与冷疗法同用。中后期：热疗、理疗。

（3）手术疗法。切口必须足长、足深，切口位于患处最低点。

（4）全身疗法。抗菌消炎和对症疗法。

三、全身化脓性外科感染的诊断与治疗

1. 治疗原则

紧急救治，完成处置局部感染病灶，控制全身感染，提高机体抗病力，恢复组织、器官功能。

2. 治疗方式

（1）局部疗法。①清创、切除、引流、用防腐消毒液完成冲洗创腔。②局部封锁。

（2）全身疗法。①初期大量使用抗生素。②强心、输血、补液。③解热、镇痛。④避免酸中毒。⑤用激素疗法。肾上腺皮质激素。⑥对症疗法。强心、利尿。

任务报告

对本任务相关知识进行学习，根据任务实施流程及操作步骤认真完成任务报告（表 2-1-1）。

表 2-1-1　外科感染

<table>
<tr><td>姓名：</td><td>班级：</td><td>学号：</td></tr>
<tr><td colspan="3">1. 能够正确对脓肿及蜂窝织炎进行诊断与治疗，并指出在治疗过程中的注意事项。</td></tr>
<tr><td colspan="3">2. 能够正确对全身化脓性外科感染进行诊断与治疗，并指出在治疗过程中的注意事项。</td></tr>
</table>

任务评价

根据学生对脓肿和蜂窝织炎、全身化脓性外科感染的诊断，判断他们脓肿和蜂窝织炎、全身化脓性外科感染的治疗操作的准确性，根据任务报告的完成情况进行考核评价（表 2-1-2）。

表 2-1-2　外科感染考核评价细则

<table>
<tr><td>姓名：</td><td>班级：</td><td>学号：</td><td rowspan="2">教师签字：</td></tr>
<tr><td>自评：
□合格　□不合格
日期：</td><td>互评：
□合格　□不合格
日期：</td><td>师评：
□合格　□不合格
日期：</td></tr>
</table>

续表

序号	考核项目	考核标准	考核方式	分值	评分要求	得分
1	脓肿和蜂窝织炎的诊断与治疗	1. 正确进行脓肿的诊断 2. 正确进行脓肿的治疗 3. 正确进行蜂窝织炎的诊断 4. 正确进行蜂窝织炎的治疗	现场识别考核、问答考核	10 分	未完成 1 项扣 2 分，4 项均未完成扣 10 分	
2	全身化脓性外科感染的诊断与治疗	1. 正确进行全身化脓性外科感染的诊断 2. 正确进行全身化脓性外科感染的治疗		10 分	未完成 1 项扣 5 分	
3	任务报告	1. 完成认真，内容正确 2. 能正确进行外科感染的诊断与治疗	评阅考核	15 分	根据情况酌情扣分	
4	学习态度	1. 具有团队协作精神 2. 具备科学严谨的态度 3. 观察认真，发言积极 4. 遵纪守时，爱护公物	自评、互评和师评相结合	10 分	根据情况酌情扣分	

任务检测

请扫描二维码 2-1-1 进入在线测试，可反复多次答题，直到获得满意的结果。

二维码 2-1-1
项目二任务一检测

任务二　损　伤

任务导入

损伤一般都具有突然性、复杂性等特点，遇到动物损伤应当进行正确的诊断与救治，从而减轻疾病对动物的伤害，挽救动物生命。损伤的临床处理，一般都是从急救、治疗及护理等方面着手，兽医人员应具备正确判定损伤类型与程度的能力，具有无菌观念及熟练的外科手术基本操作技能，能够正确处理局部与全身关系。请学生完成损伤的诊断与治疗，并完成任务报告。

任务准备

知识准备

一、创伤的临床检查与治疗

（一）新鲜创的临床症状

新鲜创是指无菌手术创和 12 h之内的污染创。

1. 出血

由于受伤部位、受伤程度、血管受到损伤的种类及大小不同，出血量也有不同。毛细血管及小血管出血可自行停止，而动脉及较大的静脉的出血，则多呈持续性。

少量出血对机体的影响较小，急性大出血则可导致急性贫血，重者可继发休克或死亡。即使是少量出血，如果在创内形成血凝块后也可为微生物的生长繁殖创造条件，也是引起创伤感染的主要原因之一。因此，无论创伤发生后的出血量多少，在治疗时均应采取积极的止血措施。

2. 疼痛

动物机体受伤的同时也会损伤感觉神经纤维，神经损害越严重，疼痛越明显，特别是神经纤维分布较丰富的蹄冠、外生殖器、肛门、腹膜、骨及角膜等部位发生创伤后，可出现比较剧烈的疼痛反应。

3. 创口裂开

因受伤的组织发生断离和收缩，使创口裂开。活动性大的部位、深而长的创口裂开明显；长而深的创伤比短而浅的创口裂开大；肌肉和肌腱的横创比纵创裂开宽。

4. 功能障碍

由于疼痛和受伤部位的组织解剖学结构被破坏，则出现局部功能障碍。根据受伤部位及疼痛反应的程度不同，功能障碍表现也有所不同。四肢部位的创伤可引起跛行，严重的胸壁部创伤可引起呼吸困难。

5. 各种新鲜创的特点

由于导致新鲜创的物体种类及性质不同，其临床症状也有一定差异。

（1）擦伤。由于机体皮肤与致伤物体或地面之间强力、过度摩擦所形成的皮肤损伤。其特点是患部皮肤被擦破，被毛及表皮脱落，创面有淡黄色液体及少量血液。创面呈鲜红色，有明显的疼痛反应。

（2）刺创。由尖锐的物体刺入动物体内所引起的创伤。常见的致伤物体有钉子、铁丝、叉子、尖树枝、竹签等尖锐物。其特点是伤口较小，而创道较深，出血较少，常因创口被血污封闭，创道内留有血凝块及异物，使创伤易感染化脓，甚至形成化脓性窦道或引起厌氧菌感染。因此，要彻底地处理创伤，并及时注射破伤风类毒素或破伤风抗毒素。

（3）切割创。由各种锐利物体，如各种刀具、铁片、玻璃片等引起的创伤。其特征是创缘、创壁较整齐，组织损伤较轻，但出血量较大，常造成神经、肌肉、血管及腱的断裂。若污染较轻，经及时治疗后愈合较快。

（4）砍创。由斧、锹等砍劈动物所引起的创伤。其特征是组织损伤较重，伤口大，出血量较多，疼痛剧烈，常伴有骨膜组织的损伤。

（5）挫伤。由钝性外力作用于动物，如打击、冲撞、压挤、踢蹴、跌倒在硬地上，所引起的创伤。其特征是受伤面积较大，多伤及深部组织，疼痛剧烈。创缘不平整，组织肿胀并外翻。创伤内有较多的挫伤组织和血凝块。出血较少，但污染严重，易引起感染化脓。

（6）撕裂创。由铁丝、钉子、铁钩及树枝等尖锐物体将皮肤、组织撕裂而引起的创伤。其特征是创缘不平整，创壁、创底凹凸不平，伤口裂开明显，出血多，疼痛剧烈。

（7）压创。由车轮碾压或重物挤压所引起的组织损伤。其特征是创缘不平整，创伤内挫伤组织较多，往往伴发粉碎性骨折，一般出血较少，虽然疼痛不十分剧烈，但污染严重，易引起化脓。

（8）咬伤。由动物撕咬造成的创伤。其特征是被咬处呈管状创或呈组织缺损，创伤内有挫伤组织，出血较少，但容易感染，可引发蜂窝织炎。

（9）复合创。由两种以上的创伤同时并发造成的。

（二）感染创的临床症状

1. 化脓期（化脓创）

由于创伤感染而使组织发生充血、渗出、肿胀、剧痛和局部温度增高等急性炎症。随着病程的发展，受损伤的组织细胞发生坏死，分解液化，形成脓汁。引起化脓感染的细菌主要有金黄色葡萄球菌、溶血性链球菌、化脓棒状杆菌、铜绿假单胞菌、大肠杆菌。金黄色葡萄球菌感染时，脓汁浓稠，呈淡黄色或黄白色，无臭味；溶血性链球菌感染时，脓汁稀薄，呈微黄绿色或淡红色；化脓棒状杆菌感染时，脓汁黏、厚，呈灰白色；铜绿假单胞菌感染时，脓汁浓稠，呈黄绿色或灰绿色，带生姜味。兽医临床上的化脓创多为混合感染。

在化脓期由于机体从化脓病灶吸收有害的分解产物及毒素，常出现体温升高、呼吸加快、脉搏增数等一系列全身症状。严重的病例可继发败血症。

2. 肉芽期（肉芽创）

随着机体抵抗力增强，创伤向好的方向转化，在化脓后期急性炎症消退，化脓症状逐渐减轻，毛细血管内皮细胞和成纤维细胞不断增殖，形成了肉芽组织填充创腔。健康的肉芽组织质地坚实，呈粉红色，为米粒大的颗粒状。病理性肉芽组织质地脆弱，呈苍白或暗红色，颗粒不均，易出血，表面有大量脓汁。

在肉芽组织生长的同时，创缘上皮由周围向中央生长。当肉芽组织填充创腔时，上皮组织覆盖创面而愈合。当上皮组织生长缓慢而不能完全覆盖创面或创口较大时，则由结缔组织形成瘢痕而愈合。

二、创伤的检查方法

（一）一般检查

通过问诊，了解创伤发生的时间、致伤物的性状、发病情况及患病动物的表现等。再详细检查体温、脉搏、呼吸、可视黏膜颜色和精神状态等。注意检查受伤部位和救治情况，以及对全身其他部位及机体的影响。

（二）创伤的外部检查

观察创伤部位、大小、形状、方向、性质、伤口裂开程度，创围被毛是否脱落，炎症程度，出血量多少，创缘是否整齐，创伤有无感染等。再观察创壁是否整齐、平滑，有无肿胀及血液浸润，有无异物。然后对创围进行柔和而细致的触诊，以确定局部温度、疼痛情况、组织硬度、皮肤弹性及移动性等。

（三）创伤内部检查

检查前先将创围进行剪毛、消毒，检查过程中应遵循无菌原则。检查创壁是否平整、肿胀情况，创内有无异物、血凝块及挫伤的组织，创底的深度及方向，必要时可用探针或戴乳胶手套的手指进行探查。注意观察创腔内分泌物的颜色、气味、黏稠度、数量和排出情况。必要时可进行分泌物的酸碱度测定、脓汁涂片显微镜检查。

肉芽期应检查肉芽组织的数量、颜色和生长情况，区别是健康的肉芽组织还是赘生的肉芽组织，以便采取不同的治疗方法。也可做创面按压标本的细胞学检查，以了解机体的防卫功能状态。

1. 脓汁检查

用玻璃吸管吸取创伤深处的脓汁一滴，如果脓汁较为黏稠，可加少许生理盐水稀释后，做 3 ～ 4 张脓汁抹片，待干燥后，分别用革兰氏染色法和吉姆萨染色法进行染色，镜检观察脓细胞和细菌的形态特征，必要时进行细菌分离培养和药敏试验。

创伤炎症加剧时，经镜检可看到大量嗜中性粒细胞和其他炎性细胞，个别嗜中性粒细胞中含有未溶解的微生物。嗜酸性粒细胞和淋巴细胞较少。

肉芽生长良好时，可见到大量形态完整的嗜中性粒细胞，细胞内含有较多已被溶解的微生物。有较多的大淋巴细胞、单核细胞及巨噬细胞。

2. 创面按压标本检查

镜检创面按压标本，观察创面表层细胞形态学的变化及创面再生状态，以判断创伤治疗措施的合理程度。

采用生理盐水棉球清理创面上的脓汁，取 3 ～ 4 张已脱脂、灭菌的载玻片，将载玻片的平面依次直接触压在创面上，待按压片自然干燥后，放入甲醇中固定 15min。分别用革兰氏染色法和吉姆萨染色法进行染色、镜检。

创伤处于急性炎症期时，可观察到大量崩解的嗜中性粒细胞碎片。当创伤愈合良好时，可见细菌全部被嗜中性粒细胞吞噬并溶解。

当机体处在高度衰竭状态时，可观察到大量细菌，看不到嗜中性粒细胞的吞噬和溶解现象，嗜中性粒细胞完全崩解，看不到巨噬细胞。

三、创伤的治疗

（一）新鲜创的急救

新鲜创应当及时止血。将创伤周围剪毛、消毒后，清洁创面，撒布磺胺类药粉或青霉素粉，缝合创口，用绷带包扎创伤部。对严重创伤或污染严重的创伤，认为不能进行第一期愈合的创伤，可进行部分缝合，在创伤的下部留出 1 ～ 2 针不缝合，便于渗出物排出，并及时注射破伤风抗毒素。

（二）创伤治疗的程序

1. 清洁创围

用多层灭菌纱布覆盖创面，由外围向创缘方向剪除被毛。若被毛沾有血污时，可用3%过氧化氢溶液或其他消毒剂浸湿、洗净后再剪毛。距离创缘较远的皮肤，可用肥皂水和消毒液洗刷干净，但要防止洗刷液流进创口内。最后用 5%碘酊消毒创围，用 75%酒精脱碘。

2. 清洁创腔

（1）新鲜创。揭去覆盖创口的纱布，用消毒过的镊子清除创伤内的血凝块、被毛等异物。用生理盐水彻底冲洗创腔，用灭菌纱布擦干创腔内的残留药液。对污染严重的可用0.1% ～ 0.2%高锰酸钾溶液、0.1% ～ 0.5%新洁尔灭溶液、3%过氧化氢溶液或 0.1%雷佛奴尔溶液等消毒液冲洗创腔。按无菌操作的要求修整创缘、扩大创口、切除创内的挫伤组织，除去异物及血凝块后，再用消毒液冲洗创腔，用灭菌纱布吸净创腔内残留药液，最后，用生理盐水冲洗并用灭菌纱布吸干。

（2）化脓创。化脓创初期脓液呈酸性反应，应使用碱性药液冲洗创腔。揭去覆盖创口的纱布，应用生理盐水、2%碳酸氢钠溶液、0.1% ～ 0.5%新洁尔灭溶液等消毒液冲洗创腔。

若为厌氧菌、铜绿假单胞菌、大肠杆菌感染，可用0.1%～0.2%高锰酸钾溶液、2%～4%硼酸溶液或2%乳酸溶液等药物冲洗创腔。

（3）肉芽创。肉芽组织生长良好时，不可用强刺激性药物冲洗，可选用生理盐水、0.1%～0.2%高锰酸钾溶液洗去或拭去脓汁。冲洗的次数不宜过多，压力不宜过大。

3. 清创手术

用器械清除创内异物、血凝块，切除挫伤组织，清除创囊和凹壁，适当扩创以方便创液排出。化脓创的创腔过深时，可在低位做一切口，以方便排脓。使新鲜创变为手术创，争取创伤的第一期愈合。

修整创缘时，用手术剪除去破碎的创缘皮肤和皮下组织，形成平整的创缘以便于缝合；扩创时要沿创口的上角或下角切开组织，扩大创口，消灭创囊，充分暴露创底，除去异物和血凝块，以保证排液通畅或便于引流。对于创腔深、创底大和创道弯曲不便于从创口排液的创伤，可选择在创底最低处且靠近体表的健康部位（尽量在肌肉结缔组织处）做适当长度的辅助切口，必要时可做多个，以利排液。

4. 创伤用药

新鲜创经处理后，应用抗生素、碘仿磺胺粉等抗感染的药物；化脓创可采用高渗溶液清洗创腔，常用药物有8%～10%氯化钠溶液、10%～20%硫酸镁或硫酸钠溶液，以促进创伤的净化；肉芽创可应用10%磺胺鱼肝油、青霉素鱼肝油、磺胺软膏、青霉素软膏、金霉素软膏等药物促进肉芽的生长。对赘生的肉芽组织可用硝酸银、硫酸铜等将其腐蚀掉，当赘生肉芽较大时，可在创面撒布高锰酸钾粉，用厚棉纱研磨，使其重新生长出健康的肉芽组织。

创伤用药法有以下5种。

（1）撒布法。将粉剂均匀地撒布于创面或用喷粉器吹撒于创面，如撒布冰片散等。

（2）贴敷法。将膏剂或粉剂放置于数层灭菌纱布块上，再贴敷于创面，并用绷带固定，如贴敷碘仿磺胺粉（1∶9）、碘仿硼酸粉（1∶9）等。

（3）涂布法。将药液涂布于创面，如在创面涂布碘酊甘油、龙胆紫等。

（4）湿敷法。将浸有药液的数层纱布块贴于创面，并经常向纱布上浇洒药液。

（5）灌注法。将挥发性或油性药剂灌注于创道或创腔中，如向创道内灌注碘仿醚合剂等。

5. 引流疗法

引流疗法主要用于创腔深、创道长而弯曲、创腔内潴留脓汁而不能排出的创伤。可经引流物将药物导入创腔内，同时使创腔内炎性物质和脓汁沿着引流物排出体外。

引流法常用纱布条引流，也可用胶管和塑料管做被动引流。引流纱布是将适当长、宽的纱布条浸入药液（如青霉素溶液、中性盐类高渗溶液等）。具体方法是用长镊子将引流纱布条的两端分别夹住，先将一端疏松地导入创底，再将另一端游离于创口下角。

6. 缝合与包扎

对于创伤的缝合可根据其具体情况分为初期缝合、延期缝合和肉芽缝合等。初期缝合是对清洁创或经过彻底外科处理的新鲜污染创的缝合，适用于创伤内无严重污染，创缘和创壁完整等情况。延期缝合是对药物治疗后消除了感染的创伤进行缝合，适用于感染创或创伤部肿胀显著等。肉芽缝合是对生长良好的肉芽创进行缝合，可加快愈合，减少或避免瘢痕形成。

创伤包扎一般为三层，即从内向外由吸收层（灭菌纱布块）、接收层（灭菌脱脂棉块）和固定层（卷轴绷带、三角巾或复绷带等）组成。对创伤做外科处理后，根据创伤的解剖部位和创伤大小，选择适当大小的吸收层和接收层放于创伤部，再根据解剖部位选择适当的固定层材料。四肢部多用卷轴绷带和三角巾包扎，躯干部多用三角巾、复绷带或胶绷带固定。

7. 全身疗法

对局部化脓症状严重的患病动物，除局部治疗外，为了减少炎性渗出和防止酸中毒，大动物静脉注射10%氯化钙注射液150～200 mL，5%碳酸氢钠注射液300～500 mL。连续使用抗生素或磺胺类药物3～5 d，并需根据病情采取对症治疗。

【注意事项】

（1）清洁创围时，要防止动物被毛或其他污染物落入伤口内。

（2）用5%碘酊进行创围消毒和用75%酒精脱碘过程中，药液不能流入伤口内。

（3）在创缘修整和扩大创口时，要切除创口内所有的失活组织，形成新创壁。失活组织一般呈现暗紫色，刺激时不收缩，切割时不出血，无明显疼痛反应。对暴露在创腔内的神经和健康的血管要注意保护，防止止血。

（4）应用引流疗法时，当创伤炎性肿胀和炎性渗出物增加、体温升高、脉搏增数时，是引流受阻的标志，应及时取出引流物，做创内检查，并更换引流物。引流物也是创内的一种异物，长时间使用会刺激组织细胞，妨碍创伤的愈合。因此，当炎性渗出物很少时，要停止使用引流物。对于炎性渗出物排出通畅的创伤、已形成肉芽组织坚强防卫面的创伤、创内存有大血管和神经干的创伤以及关节和腱鞘创伤等，均不使用引流疗法。

（5）创伤的包扎应根据创伤具体情况而定。一般经外科处理后的新鲜创都要包扎。当创内有大量脓汁、厌氧性和腐败性感染以及炎性净化后而出现良好肉芽组织的创伤，一般可不包扎，采取开放疗法。

四、软组织非开放性损伤的临床检查与治疗

（一）挫伤的诊断与治疗

1. 诊断要点

挫伤部位出现被毛凌乱、脱落和皮肤不同程度的擦伤，表现为局部溢血、肿胀、疼痛和功能障碍。

（1）溢血。由于皮下组织中的血管破裂，血液积聚于组织间隙。在皮肤色素少的部位溢血斑较明显，指压不褪色。

（2）肿胀。皮下组织受伤后，因溢血、炎性渗出和淋巴液渗出、肌肉、组织纤维发生断裂而引起局部肿胀。轻微挫伤时肿胀较轻而质地坚实，局部温度升高；四肢部位挫伤时，在挫伤的下方呈捏粉样水肿；重剧挫伤可继发血肿或淋巴外渗。

（3）疼痛。组织受到挫伤的同时也会损伤神经末梢或因炎性渗出物刺激或压迫神经末梢而引起疼痛反应。

（4）功能障碍。根据挫伤发生部位和轻重程度不同，功能障碍的表现有所不同。挫伤不但可引起血肿，一旦发生感染还可继发蜂窝织炎或脓肿，引起全身症状。

2. 治疗

治疗原则是保持动物安静，防止感染、休克和酸中毒。

（1）轻度挫伤。将挫伤部位剪毛后，用消毒药液洗净，涂擦1%碘伏、2%碘酊或1%龙胆紫溶液。四肢下部的挫伤，可用卷轴绷带包扎，向绷带上浸透2%碘酊，2～3次/d，连用3～5 d。

（2）重剧挫伤。在局部使用上述方法治疗的同时，大动物经静脉注射5%葡萄糖氯化钠注射液500～1 000 mL、5%碳酸氢钠注射液300～500 mL，肌内注射30%安乃近注射液10～30 mL，并及时、适当地应用全身抗生素或磺胺类药物以预防感染。

（二）血肿的诊断与治疗

1. 诊断要点

动物受伤后，局部迅速形成肿胀并且很快增大。病初，患部有明显的波动感，皮肤紧张、有弹性。4～5 d后，肿胀周围较坚实，触诊有捻发音，而中央部波动感明显，经穿刺可流出血液。有时可见局部淋巴结肿大和体温升高等全身症状。

较小的血肿，血凝块可被蛋白酶分解、液化而被吸收；较大的血肿不能被吸收，一旦发生感染可继发脓肿，此时可出现一系列明显的全身症状。

2. 治疗

治疗原则是制止溢血、排出积血和防止感染。

（1）将患部剪毛、消毒，24 h内使用冷却疗法并装压迫绷带。同时，可配合应用止血药，肌内注射维生素K或0.5%止血敏注射液，也可选用10%氯化钙注射液静脉注射。

（2）对较小的血肿，可经无菌穿刺抽出积血后，装压迫绷带；对较大的血肿，在发病后4～5 d，采用无菌切开，如果继续出血，要及时结扎止血，并清除积血和挫伤组织，用生理盐水冲洗清创后，撒布青霉素粉，施行密闭缝合或施行开放疗法。

对较大的血肿经切开方法处置的，应配合3～5 d的全身抗生素或磺胺类药物治疗。

（三）淋巴外渗的诊断与治疗

1. 诊断要点

在受伤后3～4 d，局部才逐渐形成质地松软，有波动感的肿胀，患部热、痛轻微。穿刺后可抽出橙黄色透明而不易凝结的淋巴液，有的内含有少量血液。病程稍长者，可从淋巴液中析出纤维素块，患部质地变硬。用穿刺的方法抽出多量淋巴液后，经过一段时间患部又逐渐出现明显肿大。

2. 治疗

治疗原则是停止使役和减少运动，保持安静，以减少淋巴液渗出。

（1）少量的淋巴外渗。可用穿刺疗法。将患部剪毛、消毒后，施行无菌穿刺抽出淋巴液，之后注入95%酒精或酒精福尔马林溶液（95%酒精100 mL、福尔马林溶液1 mL、碘酊数滴），30 min后抽出创内药液，加装压迫绷带。达到淋巴液凝固，堵塞淋巴管断端，制止淋巴液流出的目的。使用1次无效时，可使用第2次。

（2）大量的淋巴外渗。可用切开法。无菌切开患病部位，排出淋巴液和纤维素；在创腔内填塞浸有酒精福尔马林溶液的纱布块，皮肤做假缝合。纱布块需2 d更换1次。当破裂的淋巴管完全闭塞后，可按创伤治疗。

五、物理化学损伤的临床检查与治疗

（一）烧伤的诊断与治疗

1. 诊断要点

（1）烧伤程度判定。烧伤程度指局部组织被损伤的深度（图2-2-1）。

一度烧伤。皮肤表层被损伤。受伤部位被毛烧焦，留有短毛，动脉性充血，毛细血管扩张，局部有轻微的肿、热、痛，呈浆液性炎症变化，7 d左右可自行愈合，不留疤痕。

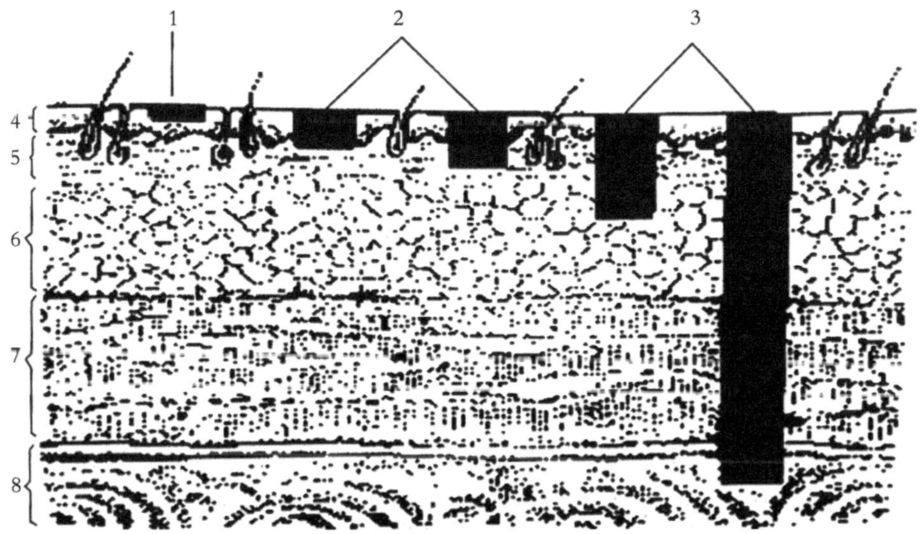

1—一度烧伤；2—二度烧伤；3—三度烧伤；4—表皮；5—真皮；6—皮下组织；7—肌肉；8—骨骼。

图2-2-1　各度烧伤示意

二度烧伤。皮肤表层和真皮层的一部分或大部分被损伤。损伤部位的被毛被烧光或烧焦。局部血管通透性明显增加，血浆大量外渗，积聚在表皮和真皮之间，出现明显水肿、疼痛。经过3～5周创面愈合，常遗留轻度疤痕。

三度烧伤。皮肤全层或深层组织被损伤。组织蛋白凝固，血管栓塞，形成焦痂，呈深褐色的干性坏死，有时出现皱褶。伤部疼痛反应不明显，局部温度下降。在1～2周内，坏死组织开始溃烂、脱落，露出红色创面，易感染化脓。较重的烧伤可在烧伤的当时或伤后1～2 h出现休克。动物表现出精神高度沉郁，反应迟钝，脉弱而小，呼吸快而浅，可视黏膜苍白，瞳孔散大，耳、鼻及四肢末端发凉，食欲、饮欲废绝，反刍动物反刍停止。从受伤后6 h开始因伤部血管通透性升高，血浆和血液蛋白大量渗出，造成微循环障碍，引起继发性休克。由于受伤部化脓感染，渗出物和坏死组织的分解产物被吸收，可继发败血症。

（2）烧伤面积。烧伤面积越大，伤势越重，全身反应越明显。临床上计算烧伤面积的方法有多种，一般采用烧伤部位占动物体表总面积的百分比来表示（表2-2-1）。

表2-2-1　烧伤程度判定

烧伤程度	一度、二度面积	三度面积	总面积	其他
轻度烧伤	10%以内	3%以内	10%以内，其中三度不超过2%	
中度烧伤	11%～30%	4%～5%	11%～20%，其中三度不超过4%	
重度烧伤	31%～50%	6%～10%	21%～50%，其中三度不超过6%	头部和四肢的关节部位为三度者，呼吸道烧伤、重度休克及其他并发症者
特重烧伤	50%以上	10%	50%以上	

2. 治疗

（1）现场急救，脱离现场。及时灭火和清除动物身体上的致伤物质，使动物脱离现场。保护创面，抢救窒息患病动物，及时应用镇静止痛药物，可选用氯丙嗪、派替啶（杜冷丁）、吗啡、盐酸普鲁卡因等。

（2）强心，防止休克。应用强心药物樟脑磺酸钠等，静脉输液，维护血容量，纠正酸中毒。除补充生理盐水外，同时，还需要输入血浆、右旋糖酐或血浆代用品，以恢复血浆胶体渗透压和增加血容量。伴发酸中毒的动物用5%碳酸氢钠等改善循环，维持水和电解质的平衡，纠正脱水、低血钾，补充各种维生素及微量元素等。

（3）创面处理。伤部周围剪毛、用生理盐水冲洗干净后再用70%酒精消毒。一度烧伤用生理盐水冲洗擦干后，保持干燥，可自行痊愈；二度烧伤，用5%～10%高锰酸钾溶液连续涂布 3 ～ 4 次，或用 3% 龙胆紫溶液、5% 鞣酸溶液涂布，隔 1 ～ 2 h 涂布一次；三度烧伤面积较大，伤部经处理后，肉芽期的创面应在早期实行皮肤移植手术，可加速创面愈合。

（4）防止败血症。二度以上的烧伤，对有可能发生感染的动物，要及时应用大剂量抗菌药物，并注意抗菌药物的联合应用，以控制和及时治疗败血症。

（二）冻伤的诊断与治疗

1. 诊断要点

根据复温后组织的炎症反应和愈合过程，将冻伤分为三度。

一度冻伤。皮肤和皮下组织出现水肿、疼痛。几天后局部反应消失，症状逐渐减轻。

二度冻伤。皮肤和皮下组织呈弥散性水肿，并扩展到周围组织，有的在患部出现水泡并充满乳光带血样液体。水泡破溃后形成溃疡。

三度冻伤。由于伤部血液循环障碍而引起不同深度的组织出现干性坏死。患部冷厥，皮肤或皮下组织发生坏死，继发感染后形成湿性坏疽。

2. 治疗

冻伤的治疗原则是消除寒冷作用，使冻伤组织复温，恢复血液和淋巴循环，预防感染。

（1）复温。病初用 18 ～ 20℃水进行温水浴，并不断加入热水，在 25 min 内使水温逐渐达到 38℃左右。也可用热敷的方法复温。复温后用肥皂水清洗患部，再用 75% 酒精涂擦后，包扎保暖绷带或覆盖保暖物。

（2）不同程度冻伤的治疗。一度冻伤时可使用樟脑酒精涂擦患部，涂布碘甘油后，装棉花纱布软垫保温。二度冻伤时在患部涂擦 5% 龙胆紫溶液或 5% 碘酊，并装以酒精绷带或施行开放疗法。静脉注射 0.25% 盐酸普鲁卡因注射液，并在早期使用抗生素疗法。三度冻伤时以预防发生湿性坏疽为主。发生湿性坏疽时，要加速坏死组织的清除，以利组织分解产物的排出，促进肉芽组织生长和上皮组织形成。治疗中应全身使用抗生素，及时注射破伤风类毒素或抗毒素。

（三）化学性损伤诊断与治疗

1. 诊断要点

酸性物质如硫酸、硝酸、盐酸等，可引起蛋白凝固，形成厚痂，患部呈致密的干性坏死。不同酸损伤所形成的焦痂的颜色有所不同。硫酸损伤时，焦痂呈黑色或棕褐色；硝酸损伤时，焦痂呈黄色；盐酸损伤时，焦痂呈白色或灰白色。

碱性物质如生石灰、氢氧化钠或氢氧化钾，可引起组织蛋白溶解，形成碱性蛋白化合物，能烧伤深部组织。患部局部疼痛较轻，但损伤程度一般较酸性损伤重。

磷类烧伤常见于战时磷手榴弹、磷炸弹导致的烧伤，磷所释放的热量对皮肤产生腐蚀和烧灼作用。

2. 治疗

因损伤的原因及症状不同，处理方法也有所不同。

酸性物质烧伤时要立即用大量清水冲洗，用5%碳酸氢钠溶液中和，苯酚烧伤时，可用酒精或甘油涂于伤部。

碱性物质烧伤时要用大量的清水冲洗或用食醋、6%醋酸溶液中和。氢氧化钠烧伤时，用5%氯化铵溶液冲洗；生石灰烧伤时，应在清除伤部生石灰后再清洗，避免冲洗时产生热量而加重烧伤。

磷类烧伤时应先用1%硫酸铜溶液涂于患部，待磷变为黑色的磷化铜后用镊子将其除去，再用大量清水冲洗，5%碳酸氢钠溶液湿敷，包扎1～2 h，中和磷酸后按烧伤治疗。

六、损伤并发症的处理

（一）休克的诊断与治疗

1. 诊断要点

（1）初期（微循环缺血期）。患病动物出现短暂的兴奋、烦躁不安，可视黏膜苍白，皮温降低，四肢末梢发凉。脉搏、呼吸加快。出冷汗，无意识地排尿、排粪，出现少尿或无尿。这个过程短则几秒钟即消失，长则不超过1 h，所以在临床上往往被忽视。

（2）中期（微循环淤血期）。精神沉郁，视觉、听觉、痛觉的反应微弱或消失。运动时后躯摇摆，站立时四肢无力，肌肉颤抖。可视黏膜发绀，脉搏加快而无力，心音弱。体温下降，四肢发凉。

（3）晚期（弥漫性血管凝血期）。患病动物呈昏迷状态，体温下降明显，四肢厥冷。痛觉、视觉、听觉消失，对刺激完全无反应。肌肉张力极度下降。瞳孔散大，可视黏膜呈暗紫色。脉搏快而微弱，呼吸快而浅，呈陈-施二氏呼吸，无尿。

2. 治疗

治疗原则是除去病因、改善血液循环、提高血压、恢复新陈代谢。

（1）除去病因。弄清引起休克的原因，采取相应的治疗措施以除去病因。如创伤制动、大出血止血、保证呼吸道畅通等，有条件可以给患病动物输氧。

（2）补充血容量，纠正酸中毒。静脉注射乳酸钠林格注射液，剂量按每千克体重计，大动物为20～40 mL，犬为90 mL，猫为50 mL；大动物静脉注射5%碳酸氢钠注射液300～500 mL。静脉注射或肌内注射洋地黄毒苷等强心药。

（3）皮质激素疗法。氢化可的松每千克体重50 mg，或强的松龙每千克体重40 mg，或泼尼松龙每千克体重30 mg，或地塞米松每千克体重15 mg。

（4）预防或控制感染。早期应用大剂量广谱抗生素或磺胺类药物。

发生休克的患病动物要加强管理，专人看管，使动物保持安静，要注意保温，保持通风良好，给予充分饮水，输液时保持药液温度与体温相同。

（二）溃疡的诊断与治疗

1. 单纯性溃疡

（1）诊断要点。溃疡表面覆盖有少量黏稠、灰白色的脓性分泌物，干涸后形成痂皮且易脱落，露出蔷薇红色、细颗粒状、表面平整的肉芽，上皮生长缓慢。溃疡周围的皮肤和皮下组织肿胀。

（2）治疗。治疗时要以促进肉芽的正常生长和上皮组织的形成为主。防止粗暴处置和禁止使用刺激性强的防腐剂冲洗，可使用鱼肝油软膏等膏剂消炎药。

2. 炎症性溃疡

（1）诊断要点。溃疡表面覆盖有大量脓性分泌物，肉芽呈鲜红色或微黄色。局部温度升高，周围肿胀，有痛感。

（2）治疗。治疗时禁止使用刺激强的防腐剂，可在溃疡周围用盐酸普鲁卡因青霉素溶液封闭。溃疡面涂布磺胺乳剂或用浸有 20% 硫酸镁溶液的纱布覆盖在创面上，以防止毒素被吸收。

3. 蕈状溃疡

（1）诊断要点。肉芽高于皮肤表面，呈凸凹不平的蕈状，表面覆盖有少量脓性分泌物。肉芽颜色发绀，易出血。病灶周围肿胀，上皮生长缓慢。

（2）治疗。治疗时可应用硝酸银棒等烧灼腐蚀剂除去赘生的肉芽组织，如赘生的蕈状肉芽组织超出表面很高，可切除或剪除，也可削刮后进行烧烙止血。在溃疡面涂以膏剂消炎药。

4. 褥疮性溃疡

（1）诊断要点。多发生在动物体突出部位，因局部受到长期压迫引起血液循环障碍导致皮肤坏疽。坏死的皮肤剥离、脱落后，露出不易愈合的创面，其表面覆盖有少量脓汁。较重的褥疮性溃疡，易继发败血症。

（2）治疗。平时要通过翻转患病动物的身体、局部按摩等措施，尽量预防褥疮的发生。治疗时可每天涂擦 3% ～ 5% 龙胆紫酒精或 3% 煌绿溶液，并配合紫外线、红外线、激光或磁疗，可缩短治愈时间。

（三）瘘管的诊断与治疗

1. 诊断要点

从瘘管内不断排出有腥臭味的脓汁。瘘管口位置较高且较深时，瘘管内潴留多量脓汁而流出较少，当患病动物活动或挤压患部时脓汁流出较多。瘘管若和某器官相通时，则排出该器官的分泌物或内容物（尿液、食糜、唾液、乳汁等）。

2. 治疗

治疗措施主要是清除瘘管内异物及坏死组织，破坏光滑管壁，引流。

（1）冲洗瘘管管道。清理创围后，用 0.2% 高锰酸钾溶液或 3% 过氧化氢溶液冲洗瘘管管道。

（2）破坏瘘管管道。使用硝酸银、硫酸铜、高锰酸钾等腐蚀药制成药捻，导入管腔，经 1 ～ 2 d，可破坏病理性管壁。或研磨高锰酸钾粉，然后按化脓创治疗。浅在性瘘管可经手术的方法摘除瘘管壁，术前 1 d 向瘘管内注入 5% 亚甲蓝溶液或 2% ～ 5% 龙胆紫溶液（着色管壁组织）。术者在探针指引下，切开管壁，切除或刮除瘘管壁，用消毒药冲洗后向创腔内灌注碘仿醚或注入魏氏流膏（由松馏油 3 份、碘仿 5 份、蓖麻油 100 份混合而成），定期换药。

瘘管与体腔相通时，先用纱布堵塞管口，用梭形切口切开瘘管周围组织，分离瘘管，在瘘管内口切断管壁并取出，用内翻缝合法缝合器官切口。

用生理盐水彻底冲洗创腔，用纱布拭净创腔内药液，撒布青霉素粉，缝合肌肉及其他组织，结节缝合皮肤切口。术后全身应用抗生素疗法 5 ～ 7 d。

材料准备

损伤症状说明书、治疗方案等。

用具准备

损伤模型。

任务筹划

任务流程如图 2-2-2 所示。

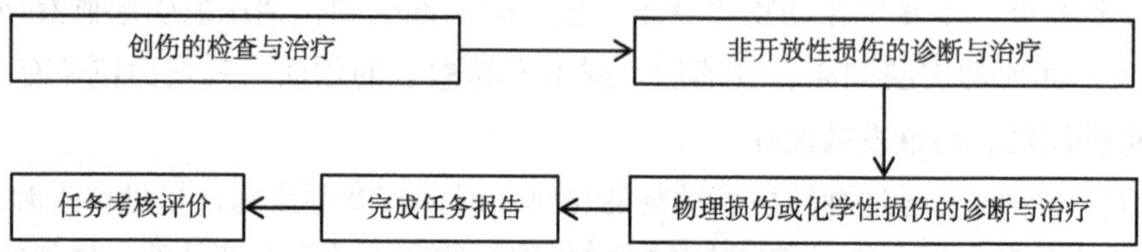

图 2-2-2　任务流程

任务实施

一、创伤的检查与治疗

（一）创伤的检查

1. 一般检查

（1）病史调查。发生的时间，致伤物的性状，发病情形。

（2）整体检查。体温、呼吸、脉搏、可视黏膜、精神状态。

2. 创伤外部检查

（1）损伤程度。大小、形状、性质，出血情形、裂开程度，边缘整齐性、挫伤程度。

（2）功能障碍。疼痛程度、发生部位、功能障碍。

3. 创伤内部检查

（1）形态。深度、宽度、弯曲程度、开放程度、有无创囊。

（2）污染情形。污染物的性质、数量。

（3）感染情形。疼痛、肿胀程度、化脓程度及坏死程度。

（二）创伤的治疗

创伤的治疗原则：抗休克；防止感染；纠正水与电解质失衡；排除阻碍创伤愈合的因素；增强饲养管理。

1. 新鲜创

（1）除去覆盖创口的纱布，清除创伤内的被毛及异物。

（2）用生理盐水完全冲洗创腔，用灭菌纱布吸净创腔内药液。

（3）对污染严重的可用消毒液冲洗创腔，用 0.1% ～ 0.5%新洁尔灭溶液、3%过氧化氢溶液等。

（4）清除异物。

2. 化脓创

（1）化脓初期呈酸性反应，用碱性药液（生理盐水、2%碳酸氢钠溶液、0.1% ～ 0.5%新洁尔灭溶液等）冲洗创腔。

（2）如果为厌气菌、铜绿假单胞菌、大肠杆菌感染，可用 2% ～ 4%硼酸溶液或 2%乳酸溶液等酸性药物。

3. 肉芽创

（1）肉芽组织生长良好时，不可用强刺激性药物冲洗，可选用生理盐水、0.1% ～ 0.2%高锰酸钾溶液洗去或拭去脓汁。

（2）冲洗的次数不宜过频、压力不宜过大。

二、非开放性损伤的诊断与治疗

1. 挫伤的诊断与治疗

（1）制止溢血和渗出，增进炎性产物吸收，镇痛消炎，避免感染、休克，加速修复。

（2）维持动物安静。

（3）注意全身状态。

（4）冷热疗法：热痛时冷却，不肿胀时热疗，冰袋冷敷。

（5）刺激疗法：慢性炎症时用刺激疗法氨擦剂、樟脑酒精、5%鱼石脂软膏、复方醋酸铅散。

2. 血肿的诊断与治疗

(1)制止溢血。压迫绷带、止血药物(维生素K_3、止血敏、10%氯化钙静注)。

(2)排出积血。穿刺或切开排血或凝血块及挫伤组织。

(3)防止感染。抗生素、局部消毒。

(4)闭合创口。清理创腔后，缝合创口或开放疗法。

3. 淋巴外渗的诊断与治疗

(1)在受伤后3～4 d，局部才逐渐形成质地松软，有波动感的肿胀，患部热、痛轻微。

(2)经穿刺可抽出橙黄色透明而不易凝结的淋巴液，有的内含有少量血液。

(3)停止使役和减少运动，保持安静，以减少淋巴液渗出。

三、物理或化学性损伤的诊断与治疗

(一)烧伤的诊断与治疗

1. 现场急救

(1)灭火。

(2)清除致伤物质。

(3)爱惜创面。

(4)抢救窒息动物。

2. 防止休克

(1)应用樟脑磺酸钠等药物强心，静脉补液，维护血容量，纠正酸中毒。

(2)除补以生理盐水外，同时，还需要输入血浆、右旋糖酐或血浆代用品，以恢复血浆胶体渗透压和增加血容量。

(3)伴发酸中毒的动物用5%碳酸氢钠等改善循环，维持水和电解质平衡，纠正脱水、低血钾，补充各种维生素及微量元素等。

3. 创面处置

一度烧伤：生理盐水清洗后不用药，维持干燥，即可自行痊愈。

二度烧伤：用5%～10%高锰酸钾溶液连续涂布3～4次，或用3%龙胆紫溶液、5%鞣酸溶液涂布，每隔1～2 h处理1次。

三度烧伤：面积较大，经伤部处理后，在肉芽期的创面应早期实行皮肤移植手术，可加速创面愈合。

(二)冻伤的诊断与治疗

1. 治疗原则

排除严寒，组织复温，恢复血液循环，预防感染。

2. 复温方式

18～20℃温水浴→加热水→38℃（25 min内）；复温后香皂水洗→75%酒精涂擦→绷带包扎。

3. 创面处置

一度冻伤：恢复血管的紧张力，排出淤血，增进血液循环和水肿的消退（樟脑酒精涂擦患部，涂碘甘油）。

二度冻伤：增进血液循环、预防感染、增高血管紧张力、加速疤痕和上皮组织的形成（患部涂擦5%龙胆紫溶液或5%碘酊）。

三度冻伤：防止湿性坏疽，加速坏死组织离开，增进肉芽组织生长，预防感染。

（三）化学性损伤的诊断与治疗

化学物质的性质不同，可判断出损伤发生的形态及类别。治疗时，因造成损伤的化学物质性质不同，处理方法也有所不同。

知识拓展：损伤（二维码2-2-1）。

二维码2-2-1 知识拓展：损伤

任务报告

对本任务相关知识进行学习，根据任务实施流程及操作步骤认真完成任务报告（表2-2-2）。

表2-2-2　损伤

姓名：	班级：	学号：
1. 能够正确对创伤进行诊断与治疗，并指出在治疗过程中的注意事项。		
2. 能够正确对非开放性损伤进行诊断与治疗，并指出在治疗过程中的注意事项。		
3. 能够正确对物理或化学性损伤进行诊断与治疗，并指出在治疗过程中的注意事项。		

任务评价

根据学生对创伤、非开放性损伤、物理或化学性损伤的诊断及治疗操作的准确性判断，结合任务报告的完成情况进行考核评价（表2-2-3）。

表 2-2-3　损伤考核评价细则

姓名：	班级：	学号：	教师签字：
自评： □合格　□不合格 日期：	互评： □合格　□不合格 日期：	师评： □合格　□不合格 日期：	

序号	考核项目	考核标准	考核方式	分值	评分要求	得分
1	创伤的诊断与治疗	1. 正确进行创伤的诊断 2. 正确进行创伤的治疗	现场识别考核、问答考核	10 分	未完成 1 项扣 5 分	
2	非开放性损伤的诊断与治疗	1. 正确进行挫伤的诊断 2. 正确进行挫伤的治疗 3. 正确进行血肿的诊断 4. 正确进行血肿的治疗 5. 正确进行淋巴外渗的诊断 6. 正确进行淋巴外渗的治疗		12 分	未完成 1 项扣 2 分，6 项均未完成扣 12 分	
3	物理或化学性损伤的诊断与治疗	1. 正确进行烧伤的诊断 2. 正确进行烧伤的治疗 3. 正确进行冻伤的诊断 4. 正确进行冻伤的治疗 5. 正确进行化学性损伤的诊断 6. 正确进行化学性损伤的治疗		12 分	未完成 1 项扣 2 分，6 项均未完成扣 12 分	
4	任务报告	1. 完成认真，内容正确 2. 能正确进行损伤的诊断与治疗	评阅考核	15 分	根据情况酌情扣分	
5	学习态度	1. 具有团队协作精神 2. 具备科学严谨的态度 3. 观察认真，发言积极 4. 遵纪守时，爱护公物	自评、互评和师评相结合	10 分	根据情况酌情扣分	

任务检测

请扫描二维码 2-2-2 进入在线测试，可反复多次答题，直到获得满意的结果。

二维码 2-2-2
项目二任务二检测

任务三　眼　病

任务导入

眼睛是动物的重要感觉器官。动物眼睛患病时，如果不及时进行诊治或治疗不当，会使眼病进一步恶化，甚至导致失明。眼病诊治时，应首先对患病动物进行眼部的临床检查，然后根据检查结果对眼部进行治疗。如果动物发生意外伤及眼睛，导致眼球脱出而被感染或发生坏死，则需要进行眼球摘除以达到解救患病动物的目的。请学生完成眼病的诊断和治疗，并完成任务报告。

任务准备

知识准备

一、结膜炎的诊断与治疗

(一)黏液性结膜炎

1. 诊断要点

可根据患眼羞明、流泪、结膜充血、肿胀、不断流出浆液性分泌物为诊断要点。

2. 治疗

除去病因，用 3% 硼酸水或 0.1% 利凡诺溶液清洗患眼。充血严重时可对患眼冷敷并用 0.5% ～ 1% 硝酸银溶液点眼，每天 1 ～ 2 次，用药 10 min 后用生理盐水仔细反复冲洗，以防银沉着在眼内，并保持眼部卫生。如果渗出物已减少，可用 0.5% ～ 2% 硫酸锌溶液点眼，每天 2 ～ 3 次，也可用 2% ～ 5% 蛋白银溶液点眼。

慢性结膜炎可对患眼进行温敷，后立即用较浓的硫酸锌或硝酸银溶液点眼，也可以用 2% 黄降汞眼药膏点眼。如果渗出物已变成脓性，就要进行细菌的分离培养和细菌的药敏试验，选择有效抗生素进行治疗。

（二）急性化脓性结膜炎

1. 诊断要点

根据患眼内流出分泌物，上下眼睑常黏在一起，化脓性结膜炎常波及角膜形成溃疡为诊断要点。

2. 治疗

在等待细菌与药物敏感试验结果期间，应使用广谱抗生素治疗。用新霉素和多黏菌素B配制点眼合剂，每天至少要点4次。在应用抗生素之前，应当将眼及附属器官用洗眼液进行洗涤。

当猫出现上呼吸道感染时，就经常会引起急性化脓性结膜炎，这是由于胸膜炎球菌引起的。有时是由病毒感染所致。此时应该积极治疗原发病，同时，用抗生素点眼剂每日点眼4～5次。此类疾病常波及角膜，故要经常检查角膜，如果引起继发性的角膜炎，就要积极治疗角膜炎。

（三）慢性化脓性结膜炎

1. 诊断要点

根据患病动物羞明、流出脓性分泌物，结膜呈现天鹅绒状，严重者继发溃疡性角膜炎为诊断要点。

2. 治疗

将眼内分泌的脓性分泌物进行细菌培养及药物敏感试验。为了防止并发眼睑炎，对患眼要采用热敷法。用0.1%利凡诺溶液洗眼。当结膜上存在溃疡时，可用抗生素配合类固醇类制剂进行治疗。如眼睑痉挛严重时，也可用阿托品点眼或眼睑皮下注射。在查明细菌培养结果后，用细菌敏感的特异性抗生素进行治疗。为了抑制结膜的慢性增生变化，延长治疗时间颇为重要。

二、角膜炎的诊断与治疗

（一）诊断要点

外伤性角膜炎在角膜表面常有外伤痕迹，损伤部粗糙不平，角膜的上皮损伤如果发生继发感染，则形成局部的白色隆起，称为角膜浸润。在炎性刺激因素继续存在的情况下，角膜因营养障碍而发生变质，可引起角膜上皮的脱落，引起组织缺损性溃疡，称为角膜溃疡。患病动物表现为羞明流泪、视物模糊，有时还发生眼睑痉挛等。若导致炎症的因素消失，则角膜溃疡的边缘会逐渐清洁，周围上皮细胞再生，将溃疡面完全覆盖，并留下浅在的混浊，称为角膜薄翳（浅在性混浊）或角膜斑翳（片状疤痕）或角膜白斑。

内在炎性刺激引起的角膜炎，不引发溃疡变化，由于浸润的细胞过多，角膜内部压力增高，造成角膜营养和代谢障碍，产生组织坏死，从而引起角膜深部的结缔组织增生使角膜混浊不清并发生进行性溃疡，炎性刺激因素持续存在，溃疡可侵入角膜的全层而达到角膜穿孔的阶段。在角膜发生穿孔的瞬间，房水急剧涌出，虹膜可被冲至伤口，引起虹膜局部脱出，从而引起虹膜与角膜的粘连；瞳孔缩小，房水流出受阻而发生继发性青光眼。

任何严重的角膜炎症，都可通过反射作用引起虹膜及睫状体的刺激，轻者形成角膜后面的沉淀物，重者产生脓样渗出物，其沉积于前房下部，造成前房的积脓状态。

角膜病变引起角膜周缘充血和新生血管，结膜血管伸达角膜表面形成波纹状分出旁支血管网，深层睫状血管向角膜周围伸入，形成毛刷样不分出旁支的血管网。

(二)治疗

角膜炎的治疗原则，首先是要了解炎症性质，然后除去病因。其次是促进溃疡愈合和基质浸润水肿的吸收，减少瘢痕形成以及预防并发症的发生。

1. 抗生素溶液的应用

应用抗生素溶液目的在于控制或预防角膜感染。给药方式及途径如下。

(1)一般浓度眼药水。主要用于轻度感染或预防感染，如0.6%～1%链霉素、0.5%～1%新霉素，0.25%氯毒素，0.5%四环素，每天点眼4～6次，每次1～2滴。

(2)高浓度眼药水。用于控制严重角膜感染，例如，4万U/mL青霉素，5%链霉素，4万U/mL多黏菌素或黏菌素(铜绿假单胞菌性角膜炎)，每半小时滴眼药水1～2滴。在炎症剧烈阶段，每天要求滴眼15～20次。

2. 球结膜下注射

球结膜下注射用于控制角膜严重感染。

(1)青霉素。犬一次用5万～10万U，猫2万～4万U。

(2)链霉素。犬一次用0.2～0.5 g，猫0.1～0.2 g。

(3)新霉素。犬一次用40 mg，猫10～15 mg。

(4)多黏菌素及黏菌素。犬一次用17万U，猫5万～10万U。

(5)庆大霉素。犬2万～4万U，猫1万～2万U，每天1次。

角膜炎症一般不用肌内注射或静脉注射抗生素，因为通过全身血液而达到角膜的抗生素浓度极低，不足以控制感染。

3. 抗生素眼膏的应用

在角膜溃疡修复阶段，为了保护溃疡面，结膜囊内每日应涂入抗生素眼膏3～4次。

4. 激素的应用

过敏性角膜炎、角膜深层的炎症及角膜溃疡愈合后，基质尚有浸润水肿时，可用激素治疗。常用的药物有可的松药水及眼膏和泼尼松龙眼膏。球结膜下应注射可的松或泼尼松龙0.1～0.3 mL，每周1～2次。激素在角膜溃疡阶段禁用，尤其对病毒性角膜溃疡，激素可能会促进炎症恶化。

5. 扩瞳剂的应用

0.5% ～ 1% 阿托品滴于结膜囊内，放大瞳孔，减轻虹膜刺激、防止虹膜粘连。瞳孔一经充分扩大，阿托品应立即停用。

6. 减少瘢痕

角膜溃疡可用腐蚀性化学药品，对溃疡面的灼烧，如 20% 硫酸锌，3% ～ 5% 碘酊，或纯石炭酸，或黄降汞眼膏，以促进角膜基质浸润和水肿吸收，减少瘢痕形成。用汞剂时，应注意过敏反应。

7. 促进混浊吸收

角膜炎症接近痊愈时，可用 1% ～ 2% 狄奥宁或 1% 白降汞或黄降汞眼膏，以减少瘢痕形成。但应注意防止过敏。

8. 全身治疗

内服维生素、激素，可改善角膜的刺激症状，促进溃疡愈合，减少瘢痕的形成。

三、眼球摘除术

（一）经球结膜眼球摘除术

适用于眼球脱出、严重角膜穿孔及眼球内容物脱出、角膜穿透创继发眼内感染但尚未波及眼睑的情况，具有操作简便、出血少、对动物外观影响小的优点，临床上最多采用。具体操作：用金属开睑器撑开眼睑或用缝线牵引开眼睑，必要时（如小眼球或小睑裂）可切开眦，以充分暴露眼球。用有齿组织镊夹持角膜缘的球结膜，在穹隆结膜上做环形切开。将弯剪紧贴巩膜向眼球赤道方向分离，分别剪断 4 条直肌和 2 条斜肌在巩膜的止端。继续用有齿镊夹持眼球直肌残端并向外牵引，用弯剪环形分离眼球深部组织，至眼球可以做旋转运动。然后将眼球继续前提，将弯剪伸入眼球后，剪断眼球退缩肌、视神经及其周围血管。摘除眼球后，立即将灭菌纱布条填塞眼眶并压迫止血，纱布条一端留在外眼角，眼睑行暂时性缝合（图 2-3-1）。术后 24 h，将纱布条经眼角抽出。

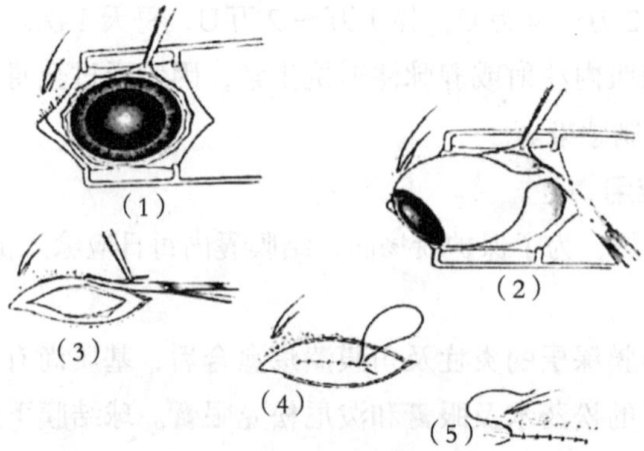

图 2-3-1　经球结膜眼球摘除术

注：（1）～（5）为操作顺序。

（二）经眼睑眼球摘除术

适用于眼球严重化脓性感染或眶内肿瘤已蔓延到眼睑的动物，切除部分眼睑有利于手术创取第一期愈合。具体操作：上、下眼睑常规剪毛、消毒后，将上、下睑缘连续缝合，闭合睑裂。在触摸眼眶和感知其范围基础上，环绕眼缘做一椭圆形切口，依次切开皮肤、眼轮匝肌至睑结膜，但需保留睑结膜完整。一边用有齿组织镊向外牵拉眼球，一边用弯剪环形分离眼球后组织，分别剪断所有直肌和斜肌。当牵拉眼球可做旋转运动时，用小弯止血钳伸入眼球后，紧贴眼球钳夹眼球退缩肌、视神经及周围血管，在止血钳上缘将其剪断，即可取出眼球。尽量结扎止血钳下面的血管，以减少出血。出血控制后，可将眼球后组织连同眼肌等组织一并结扎，以填塞眶内死腔。最后结节缝合眼睑皮肤切口，并做结系眼绷带或装置眼绷带（图 2-3-2）。

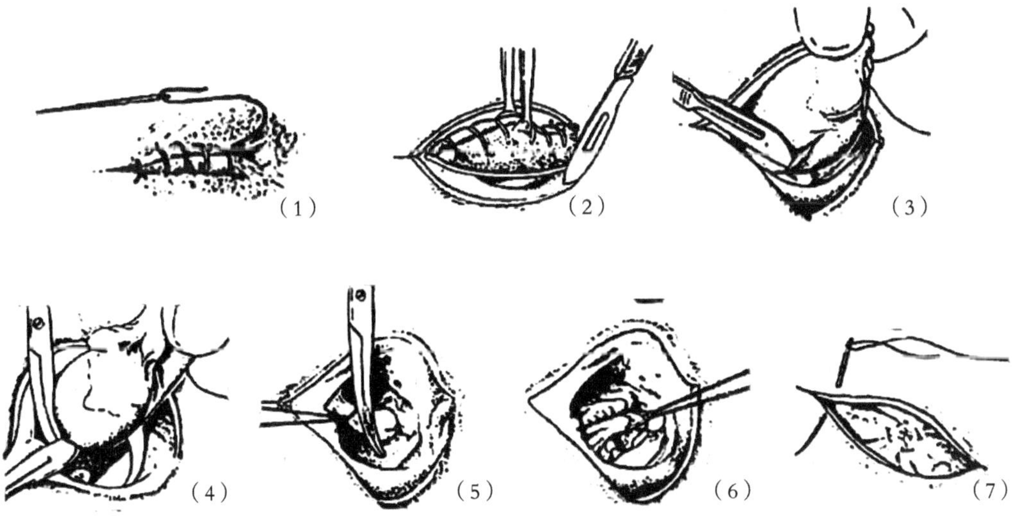

图 2-3-2 经眼睑眼球摘除术

注：(1)～(7)为操作顺序。

（三）术后护理

术后可因眶内出血而引起术部肿胀和疼痛，或从创口流出血样液体，所以，视动物具体情况全身使用止血药、止痛药等。发现眼部感染有扩散可能，应早期大量使用抗生素。术后 3 ～ 4 d 炎性渗出逐渐减少，可行眼部温敷以减轻肿胀和疼痛。

材料准备

结膜炎、角膜炎症状说明书、治疗方案等。

用具准备

眼病模型。

任务筹划

任务流程如图 2-3-3 所示。

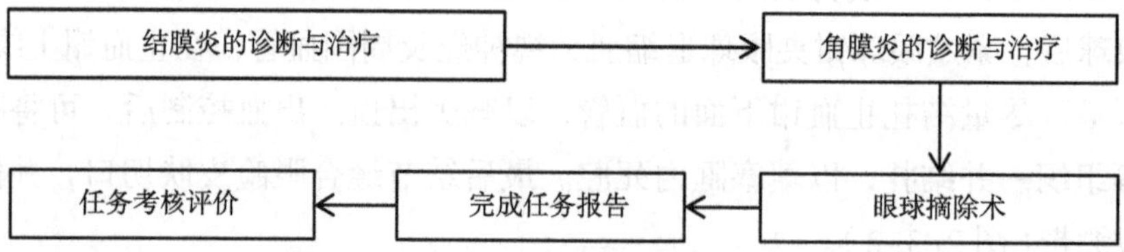

图 2-3-3　任务流程

任务实施

一、结膜炎的诊断与治疗

1. 黏液性结膜炎

根据羞明、流泪、结膜充血、肿胀、不断流出浆液性分泌物为诊断要点。去除病因，保持眼部清洁卫生，用冲洗眼球等方法治疗。

2. 急性化脓性结膜炎

根据眼中流出脓性分泌物，使上下眼睑黏在一起，疾病波及角膜形成溃疡为诊断依据。通过药敏试验确定病原微生物的种类，随后有针对性地使用抗生素眼膏或滴眼液进行治疗。在药敏试验还未出结果时，应当使用广谱抗生素进行治疗。

3. 慢性化脓性结膜炎

根据动物羞明、流出脓性分泌物，结膜出现天鹅绒状，严重的情况下继发溃疡性角膜炎为诊断依据。将脓性分泌物进行细菌培养及药敏试验。当结膜上有溃疡时，可用抗生素配合类固醇进行治疗。药敏试验结果确认后，应采取有针对性的特异性抗生素治疗。

二、角膜炎的诊断与治疗

1. 诊断

通过症状进行诊断，包括角膜浸润、角膜溃疡、角膜云翳、角膜斑翳或角膜白斑等。内在炎性刺激引起的角膜炎，不会产生溃疡变化，由于角膜内部压力升高，造成角膜营养代谢障碍，组织坏死，从而会引起溃疡。若角膜穿孔，则房水急剧流出，虹膜被冲到伤口处，引起虹膜脱出，导致虹膜与角膜粘连。

2. 治疗

（1）抗生素溶液的应用。主要应用于轻度的炎症或预防感染；球结膜下注射，可控制角膜的严重感染。

（2）抗生素眼膏的应用。为了保护溃疡面，结膜内可涂布抗生素眼膏。

（3）激素的应用。过敏性角膜炎或深层角膜炎愈合后，还有浸润水肿时，可用激素治疗。

（4）扩瞳剂的应用，可放大瞳孔，减轻虹膜刺激，减少虹膜粘连；溃疡面的灼烧，当角膜溃疡时可用腐蚀性的化学药品，促进角膜基质浸润和水肿吸收；促进混浊吸收的药物，使用此类药物可减少瘢痕形成，但要注意过敏的发生。

三、眼球摘除术

眼球摘除术主要分为两种方式，一是经球结膜眼球摘除术，二是经眼睑眼球摘除术。虽然两种方式的手术方法有所差异，但主要的手术方法均为切断眼球与球结膜及7条眼肌的联系，切断视神经及周围血管，分离眼球周围的脂肪组织，即可将眼球从眼眶中取出。

知识拓展：眼病（二维码2-3-1）。

二维码2-3-1
知识拓展：眼病

任务报告

对本任务相关知识进行学习，根据任务实施流程及操作步骤认真完成任务报告（表2-3-1）。

表2-3-1 眼病

姓名：	班级：	学号：
1. 能够正确对结膜炎进行诊断与治疗，并指出在治疗过程中的注意事项。		
2. 能够正确对角膜炎进行诊断与治疗，并指出在治疗过程中的注意事项。		
3. 能够正确进行眼球摘除术的操作，并指出在治疗过程中的注意事项。		

任务评价

根据学生对结膜炎与角膜炎的诊断和治疗操作的准确性和任务报告的完成情况进行考

核评价（表 2-3-2）。

表 2-3-2　眼病考核评价细则

<table>
<tr><td colspan="2">姓名：</td><td colspan="2">班级：</td><td colspan="2">学号：</td><td rowspan="2">教师签字：</td></tr>
<tr><td colspan="2">自评：
□合格　□不合格
日期：</td><td colspan="2">互评：
□合格　□不合格
日期：</td><td colspan="2">师评：
□合格　□不合格
日期：</td></tr>
<tr><th>序号</th><th>考核项目</th><th>考核标准</th><th>考核方式</th><th>分值</th><th>评分要求</th><th>得分</th></tr>
<tr><td>1</td><td>结膜炎的诊断与治疗</td><td>1. 正确进行黏液性结膜炎的诊断与治疗
2. 正确进行急性化脓性结膜炎的诊断与治疗
3. 正确进行慢性化脓性结膜炎的诊断与治疗</td><td rowspan="3">现场识别考核、问答考核</td><td>10 分</td><td>未完成 1 项扣 3 分，3 项均未完成扣 10 分</td><td></td></tr>
<tr><td>2</td><td>角膜炎的诊断与治疗</td><td>1. 正确进行角膜炎的诊断
2. 正确进行角膜炎的治疗</td><td>10 分</td><td>未完成 1 项扣 5 分</td><td></td></tr>
<tr><td>3</td><td>眼球摘除术</td><td>1. 正确进行经球结膜眼球摘除术的操作
2. 正确进行经眼睑眼球摘除术的操作</td><td>10 分</td><td>未完成 1 项扣 5 分</td><td></td></tr>
<tr><td>4</td><td>任务报告</td><td>1. 完成认真，内容正确
2. 能正确进行眼病的诊断与治疗</td><td>评阅考核</td><td>15 分</td><td>根据情况酌情扣分</td><td></td></tr>
<tr><td>5</td><td>学习态度</td><td>1. 具有团队协作精神
2. 具备科学严谨的态度
3. 观察认真，发言积极
4. 遵纪守时，爱护公物</td><td>自评、互评和师评相结合</td><td>10 分</td><td>根据情况酌情扣分</td><td></td></tr>
</table>

任务检测

请扫描二维码 2-3-2 进入在线测试，可反复多次答题，直到获得满意的结果。

二维码 2-3-2
项目二任务三检测

任务四
疝

任务导入

腹腔脏器从自然孔道或病理性破裂孔脱到皮下或邻近的解剖腔内称为疝，也称为赫尔尼亚。各种动物均可发生，以猪、牛和犬多见，常因诊治不及时而导致动物死亡。通过对发病动物的临床检查，结合发病部位和临床特点做出诊断。确诊后，根据疝的发病情况及时采取相应的治疗方法，进行处理、整复，恢复动物健康。请学生完成疝的诊断与治疗，并完成任务报告。

任务准备

知识准备

一、疝的组成

疝由疝轮（孔）、疝囊、疝内容物三部分组成（如图 2-4-1）。

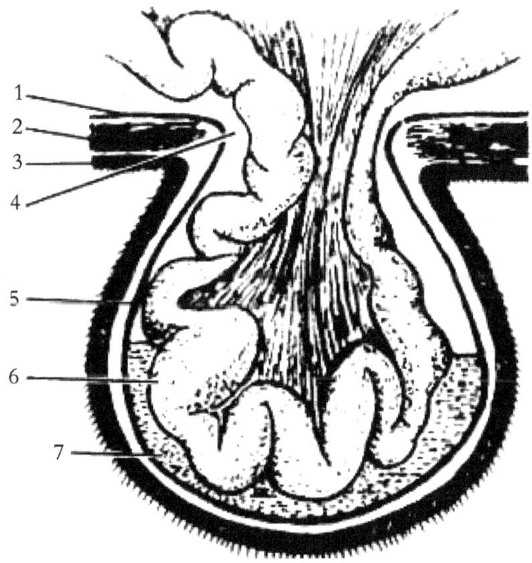

1—腹膜；2—肌肉；3—皮肤；4—疝轮；5—疝囊；6—疝内容物；7—疝液。

图 2-4-1　疝结构模式

1. 疝轮（孔）

天然孔（如脐孔、腹股沟环）或腹壁病理性破裂孔，腹腔脏器经此孔脱出至皮下或解剖腔内。

2. 疝囊

包围疝内容物的外囊，主要由腹膜、腹壁筋膜及皮肤等构成。

3. 疝内容物

通过疝轮脱出到疝囊的脏器（如小肠、网膜、子宫等）以及少量疝液。

二、疝的分类

1. 按疝是否突出体表划分

按疝是否突出体表，分为外疝和内疝。凡突出体表的疝称为外疝，不突出体表者称为内疝。

2. 按解剖部位划分

按解剖部位可分为腹股沟阴囊疝、脐疝和腹壁疝等。

腹腔脏器经腹股沟环脱出至腹股沟处形成局限性隆起，称为腹股沟疝。疝内容物多为网膜或小肠，母畜多发。腹腔脏器经腹股沟环脱出并下降至阴囊鞘膜腔内，称为腹股沟阴囊疝或阴囊疝。疝内容物最常见的是小肠，也可见网膜或前列腺脂肪，仔公猪、幼龄公犬多发。鞘膜内疝是指脏器脱出于鞘膜腔内，又称为假性阴囊疝。鞘膜外疝是指脏器经腹股沟前方腹壁破裂孔脱出于阴囊肉膜与总鞘膜之间，又称为真性阴囊疝。腹股沟疝指脏器通过腹股沟管内环脱入鞘膜管内，又称为鞘膜管疝。

脐疝是腹腔脏器通过闭合不全的脐孔进入皮下的现象，脱出的脏器常为小肠和网膜，多发于仔猪，一般为先天性的，在出生后数天或数周时发病较多。

由于钝性暴力作用于腹壁，使腹壁肌肉、腱膜及腹膜发生破裂，但皮肤完整性仍保持，腹腔脏器经腹肌的破裂孔脱至皮下形成的疝，称为外伤性腹壁疝，可发生于各种动物。

3. 按疝内容物活动性的不同划分

按疝内容物活动性的不同可分为可复性疝和不可复性疝。通过压迫或体位的改变，疝内容物可通过疝孔还纳到腹腔的称为可复性疝，反之称为不可复性疝。当疝内容物嵌闭在疝孔内，脏器受压迫，血液循环受阻而发生淤血、炎症，甚至坏死时，统称为嵌闭性疝。

4. 根据发生时间划分

根据发生时间分为先天性疝和后天性疝。

三、病因分析

（一）外伤性腹壁疝

主要是由强大钝性暴力所引起（如角顶撞、奔跑时冲撞、摔倒等），其次是因为腹内压过大（如妊娠后期和分娩中难产、努责等）。因皮肤的韧性及弹性较大，仍能保持其完整性，但皮肤下的腹肌和腱膜直至腹膜易被外力损伤，也见于手术缝合不当，导致腹壁肌肉愈合不良所致。

（二）腹股沟疝及腹股沟阴囊疝

腹股沟疝有先天性和后天性两类。先天性腹股沟疝的发生与遗传有关，即因腹股沟内环先天性扩大所致。后天性的腹股沟疝常发生于成年动物，多因妊娠、肥胖或剧烈运动等因素引起腹内压增高及腹股沟内环扩大，导致腹腔脏器落入腹股沟管而发生本病。阴囊疝的发生主要是腹股沟内环先天性扩大所致，一般认为与遗传有关。

（三）脐疝

病因是脐孔闭合不全、腹壁发育缺陷、脐部化脓、脐静脉炎、断脐不正确、腹压大等。

四、疝的诊断

（一）疝的一般诊断方法

（1）检查发病部位。局部视诊可见动物腹壁或阴囊、腹股沟、脐等部位出现异常囊状肿大，囊内容物为该部游动性较大的脏器。如发生在脐部的脐疝，发生在腹股沟阴囊部的腹股沟阴囊疝。

（2）询问疝是突发还是渐发。了解疝发生的时间，突然发生的多为外伤性腹壁疝或腹股沟疝，而脐疝及阴囊疝多为渐发性疝。

（3）检查疝囊的柔软度。发病初期触诊柔软有弹性，无热无痛，疝囊内容物柔软的多为可复性疝，而疝内容物坚实而伴有疼痛的多为粘连性或嵌闭性疝。

（4）检查疝内容物可否还纳。疝内容物可还纳的是可复性疝，而不能还纳的则是不可复性疝。

（5）探摸疝孔。检查疝孔是否可以摸到疝轮（疝环），如能摸到，多为可复性疝或新发生的外伤性腹壁疝。

（6）听疝内容物是否有肠蠕动音。用听诊器在疝囊上听诊，新发生的疝，如疝囊内有肠管，则可听到肠蠕动音，如蠕动音减弱或消失，则说明已成为不可复性疝。如果疝内容物中只是肠系膜或其他脏器，没有肠管，则听不到肠蠕动音。

（7）全身症状是否明显。一般先天性疝全身症状不明显，可复性全身症状不明显，而后天性疝和不可复性疝常伴有明显的全身症状。外伤性腹壁疝则局部疼痛明显，动物骚动不安，局部拒绝触摸。

（8）B超和X射线的鉴别诊断。对疝的检查可借助B超和X射线进行检查，与脓肿、淋巴外渗、血肿及肿瘤等进行鉴别。

（9）大动物可结合直肠检查。尤其是腹股沟阴囊疝，大动物可通过直肠检查腹股沟管内口是否有肠管或肠系膜嵌入。

（10）手术探查。必要时可行手术切开探查，是疝还是其他原因引起的肿胀。

（二）腹壁疝的诊断要点

（1）有外伤病史。

（2）腹壁受伤后局部突然出现一个局限性扁平、柔软的肿胀（形状、大小不同），触诊有疼痛，常为可复性，多数可摸到疝轮。

（3）伤后 2 d，炎性症状逐渐发展，形成越来越大的扁平肿胀并逐渐向下、向前蔓延，发病 2 周内常因大面积炎症反应而不易摸清疝轮，疝内容物经常和疝孔边缘的腹膜、腹肌或皮下纤维组织发生粘连，但很少发生嵌闭。

（4）在肿胀部位听诊时可听到肠蠕动音。

（5）患病动物腹痛。患病动物表现出不安、前肢刨地、时卧时起，有的甚至因抢救不及时继发肠坏死而死亡。

（三）腹股沟疝和腹股沟阴囊疝的诊断要点

（1）在股内侧腹股沟处出现大小不等的局限性卵圆形突起，突出于皮肤表面，疝内容物若是网膜或肠管，突起部位直径为 2 ～ 3 cm；若为子宫或膀胱，突起部位直径可达 10 ～ 15 cm。

（2）发病早期多具可复性，触诊柔软有弹性，无热无痛，如将患病动物（如猪、犬、猫）倒提，且上下抖动或挤压突起部位，疝内容物易还纳腹腔，突起随即消失，恢复正常体位或前躯稍高时局部突起再次出现。当压挤突起或如前改变动物体位都不能让突起缩小时，多是由于疝内容物已与鞘膜发生粘连或被腹股沟内环嵌闭所致。

（3）嵌闭性腹股沟疝一般少见，一旦发生肠管嵌闭，局部显著肿胀，皮肤紧张，疼痛剧烈，之后立即出现食欲废绝、体温升高等全身反应。如不及时修复，动物很快因肠管嵌闭而发生坏死，转入中毒性休克而死亡。

（4）阴囊疝多具可复性，多为一侧发生，两侧同时发生的情况比较少。临床可见患病一侧的阴囊明显增大，皮肤紧张，触诊柔软有弹性，无热无痛。提起两后肢并挤压增大的阴囊，疝内容物易还纳腹腔，阴囊随即缩小，但患病一侧阴囊皮肤与健侧相比，显得松弛、下垂。

（5）病程较长时，因肠壁或肠系膜等与阴囊总鞘膜发生粘连，即呈不可复性阴囊疝，但一般并无全身症状。嵌闭性阴囊疝发生较少，一旦发生，即表现出和嵌闭性腹股沟疝相同的临床症状，个别病例因嵌闭时间较久，阴囊肿胀较大，炎症反应明显。

（6）当疝内容物不可复时，要考虑在腹股沟处可能发生的其他肿胀（如血肿、脓肿、肿瘤、淋巴结肿大等），并进行鉴别诊断。

（7）必要时应用B超或X射线进行检查，有助于确定疝内容物的性质，可与阴囊积水、睾丸炎与附睾炎进行区别诊断。大动物可进行直肠检查触摸内环大小。

（四）脐疝的诊断要点

1. 可复性脐疝

脐部出现局限性球形肿胀，肿胀缺乏红、热、疼的炎性特征，按压柔软，囊状物大小不一，小的如核桃大，大的可下垂至地面，病初多数能在改变体位时将疝内容物还纳回腹腔。在饱腹或挣扎时，脐部肿得更大，可触摸到圆形的脐轮，听诊疝囊时有肠蠕动音。如果肠管与疝囊或皮肤发生粘连，常伴有全身症状。

2. 嵌闭性脐疝

脐部出现的局限性球形肿胀不能自行恢复或缩小，患病动物表现出不安、腹痛、食欲废绝、呕吐、臌气等症状。后期排粪停止，疝囊较硬，有热痛感，体温和脉搏增加，若不及时治疗，可发生肠管阻塞或坏死。

五、疝的整复

（一）疝的一般治疗

治疗原则：还纳内容物，密闭疝轮，消炎镇痛，严防腹膜炎和疝轮再次裂开。

1. 压迫绷带法治疗

本法适用于刚发生的，较小的，疝孔位于腹侧壁 1/2 以上，为可复性，尚未发生粘连的病例，根据疝囊大小，用木板、竹片或较厚且韧性好的胶皮制成压迫绷带，另外，准备一个厚棉垫。装置压迫绷带时，先在患部涂消炎药物，待将疝内容物送回腹腔后，将棉垫覆盖在患部。将压迫绷带压在棉垫上，再用绷带将腹腔缠绕固定，也可用橡胶轮胎制成压迫绷带进行压迫固定，随着炎性肿胀的消退，疝轮即可自行修复闭合。随时检查压迫绷带使其保持在正确位置上，经过 15 d的固定后，若疝孔已闭合即可解除压迫绷带。

2. 手术整复

手术疗法为本病的根治疗法。对不可复性疝、嵌闭性疝及疝孔较大病情复杂的疝，采用手术疗法进行疝的整复。

术前准备及麻醉同剖腹术。

（1）切开疝囊，还纳内容物。局部按常规处理，在疝囊纵轴上将皮肤提起形成皱襞，切开疝囊，用手指探查疝内容物是否粘连、坏死。将正常的疝内容物还纳腹腔。当脱出物与疝囊发生粘连时要细心剥离，用温生理盐水冲洗，并涂以抗生素软膏，再将脱出物送回腹腔。对嵌闭性疝，切开疝囊后，如肠管变为暗紫色，疝轮紧紧嵌住脱出的肠管时，可用手术剪扩大疝轮，用温生理盐水清洗并温敷肠管，若肠管颜色很快恢复正常，出现蠕动，则可将肠管还纳腹腔。若发现肠管失活或已坏死，则应切除失活或坏死的肠管，然后进行肠管吻合术，再将肠管还纳腹腔。

（2）闭锁疝轮，缝合皮肤切口。先用连续螺旋缝合法缝合腹膜，再用纽扣状缝合法缝合破裂的腹肌（疝轮），最后用结节缝合法缝合皮肤，安装结系绷带。

（二）腹股沟疝及腹股沟阴囊疝的治疗

1. 腹股沟管外环切开法

局部剪毛消毒并麻醉，先在患部表面将疝内容物还纳腹腔；然后在患侧腹股沟外环处与体轴平行切开皮肤，露出总鞘膜，将其剥离至腹底部尽量靠近内环处，然后采用结节或连续缝合法闭合腹股沟内环，用生理盐水冲洗后，结节缝合皮肤，涂碘酊。

2. 阴囊疝手术方法

常用囊底切开法：先还纳疝内容物，纵行切开阴囊底部皮肤，剥离总鞘膜至外环处，提起睾丸和总鞘膜；确认疝内容物全部还纳回腹腔后，在靠近外环处贯穿结扎总鞘膜和精索，在结扎下方 1 ～ 2 cm处剪断总鞘膜，除去睾丸和总鞘膜；将断端塞进腹股沟管内，然后用螺旋缝合法缝合外环，使其密闭；清理创部，缝合皮肤，涂碘酊。为防止潴留渗出液，可在阴囊底部切一个小口导流。当疝内容物发生嵌闭时，可切开疝囊和总鞘膜，按外伤性腹壁嵌闭和粘连的治疗方法进行处理，然后再用上述方法闭锁腹股沟外环。

（三）脐疝的手术治疗

术前停食 1 d，局部剪毛消毒，仰卧保定，局部麻醉；无菌操作，纵向皱襞切开皮肤，公猪避开阴茎，不要切开腹膜，把疝内容物还纳入腹腔，用纽扣状缝合法缝合疝轮，结节缝合法缝合皮肤。在手术中，若发现肠管、腹膜、脐轮、皮肤等发生粘连，要仔细剥离。若肠管已发生坏死，可切除坏死部肠管；术后要加强护理，不宜喂得过饱，要限制剧烈活动，防止腹压过高，术后可用绷带包扎，防止伤口感染。术后 7 ～ 10 d拆线。

另外，可复性疝要尽早发现尽早治疗，否则，随着动物的日龄增加，体重增加，腹压升高，疝内容物与疝囊之间位置相对固定而发生粘连，进而发展成为不可复性疝或嵌闭性疝，增加治疗难度。

材料准备

疝症状说明书、治疗方案等。

用具准备

不同类型的疝模型。

任务筹划

任务流程如图 2-4-2 所示。

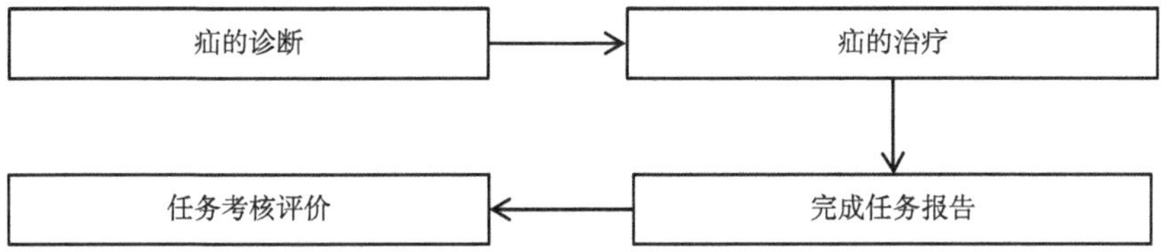

图 2-4-2　任务流程

任务实施

一、疝的诊断

1. 依照临床症状

（1）视诊。局部肿胀、全身转变。

（2）听诊。胃肠蠕动音。

（3）触诊。疝轮、疝囊、疝内容物。

（4）穿刺。检查穿刺液。

2. 辨别诊断

对血肿、脓肿、淋巴外渗、蜂窝织炎、肿瘤等进行鉴别诊断。凡是能摸到疝轮，听诊有胃肠蠕动音的肿胀可以确诊是疝；鉴别疝和恶性肿瘤时，可用穿刺法进行诊断；马牛的腹壁疝还可作直肠检查进行确诊。

二、疝的治疗

治疗原则：还纳内容物，密闭疝轮，消炎镇痛，严防腹膜炎和疝轮再次裂开。

1. 保守疗法

（1）适应证。初发，疝孔位置高于腹侧壁 1/2，疝孔小，可复，未粘连。

（2）方法。内置软垫（如脱脂棉），外压特制绷带。

（3）缺点。压迫不确实。

压迫绷带的制备：长 25 ～ 30 cm，宽 20 cm 的橡胶轮胎或 5 mm 厚的胶皮带，打孔 8 个，接 8 条固定带。

2. 手术疗法

（1）术前禁食。降低腹压。

（2）保定与麻醉。马侧卧保定，全身麻醉；牛站立保定或侧卧保定，局部浸润麻醉或腰旁神经传导麻醉。

（3）手术径路。未粘连可在疝轮周围切开；已粘连在疝囊处切开。①切开疝囊，还纳内容物。②闭锁疝轮。

（4）疝修补手术。

新患腹壁疝：疝轮小，腹壁张力不大，腹膜破裂者用 2 号或 3 号铬制肠线缝合腹膜和腹肌，用丝线缝合闭锁疝轮，皮肤结节缝合；疝轮大，腹壁张力大者用双纽扣状缝合法。

陈腐性腹壁疝：切除瘢痕，制造新鲜创面。

任务报告

对本任务相关知识进行学习，根据任务实施流程及操作步骤认真完成任务报告（表 2-4-1）。

表 2-4-1　疝

姓名：	班级：	学号：
1. 能够正确对疝进行诊断，并指出在诊断过程中的注意事项。		
2. 能够正确对疝进行治疗，并指出在治疗过程中的注意事项。		

任务评价

根据学生对疝的诊断以及对腹壁疝、腹股沟疝和脐疝的治疗操作的准确性及判断的准确性衡量，结合任务报告的完成情况进行考核评价（表 2-4-2）。

表 2-4-2　疝考核评价细则

姓名：		班级：		学号：		教师签字：
自评： □合格　□不合格 日期：		互评： □合格　□不合格 日期：		师评： □合格　□不合格 日期：		
序号	考核项目	考核标准	考核方式	分值	评分要求	得分
1	疝的诊断	1. 正确进行腹壁疝的诊断 2. 正确进行腹股沟疝的诊断 3. 正确进行脐疝的诊断	现场识别考核、问答考核	10 分	未完成 1 项扣 3 分，3 项均未完成扣 10 分	
2	疝的治疗	1. 正确进行腹壁疝的治疗 2. 正确进行腹股沟疝的治疗 3. 正确进行脐疝的治疗		10 分	未完成 1 项扣 3 分，3 项均未完成扣 10 分	
3	任务报告	1. 完成认真，内容正确 2. 能正确进行疝的诊断与治疗	评阅考核	15 分	根据情况酌情扣分	

续表

序号	考核项目	考核标准	考核方式	分值	评分要求	得分
4	学习态度	1. 具有团队协作精神 2. 具备科学严谨的态度 3. 观察认真，发言积极 4. 遵纪守时，爱护公物	自评、互评和师评相结合	10 分	根据情况酌情扣分	

任务检测

请扫描二维码 2-4-1 进入在线测试，可反复多次答题，直到获得满意的结果。

二维码 2-4-1
项目二任务四检测

任务五 跛行诊断

任务导入

动物因饲养管理不当、环境变化、成群打闹、撕咬、运动意外和病原微生物感染等多种因素导致正常行走时出现运动不协调。对动物跛行进行准确诊断，可增加动物的使役寿命。请学生完成跛行的诊断并完成任务报告。

任务准备

知识准备

一、病史调查

采用问诊的方式向动物主人或饲养管理人员了解有关动物跛行的情况。问诊时要重点了解以下内容。

（1）患病动物的饲养管理情况，其他同群动物情况如何？

（2）什么时候开始出现跛行？是突然出现还是缓慢出现？

（3）发病前是否受伤？是否出现打滑、跌倒的情况？是否与其他动物打斗？有没有发生机械撞击？

（4）出现跛行后的表现如何？发病后病情是加重，还是减轻？

（5）什么时候跛行最严重？是刚开始运动时，还是在运动过程中？

（6）是否经过治疗？如何治疗？效果如何？

在问诊时不能呆板地逐条询问，要根据具体情况有针对性地提出与疾病有关的问题。对动物主人所提供的情况要进行分析和判断，去伪存真地加以取舍判断。

二、确定患肢

在问诊基础上，以视诊为主，观察动物在站立或运动中所表现出的异常状态，进而确定患肢。

（一）站立检查

站立检查又称为驻立检查，使动物在平地上安静站立，从前、后、左、右对四肢的局部、负重状态、被毛和皮肤、肿胀和肌肉萎缩等方面做全面的、有比较的观察，尤其是对两前肢或两后肢同一部位进行比较。

（二）运动检查

轻度跛行必须通过运动检查才能发现异常，确定患肢，并有助于判定患部。运动检查主要观察内容如下。

（1）举扬和负重状态。判定是前方短步还是后方短步，听蹄音，来确定跛行的种类，找出患肢。

（2）点头运动。若某一前肢发生支跛时，健肢着地负重时，头向健侧低下；患病前肢着地负重时，则头向患侧高举，这种随运步而上下摆动头部的现象，称为点头运动，概括为“点头行，前肢痛”“低在健，抬在患”。

（3）臀部升降运动。若某一后肢发生支跛时，为使后躯重心移向对侧健肢，在健肢负重时，臀部显著下降，而患肢负重时臀部明显高举。将这种现象称为臀部升降运动，概括为“臀升降，后肢痛”“降在健，升在患”。

（4）运动量对跛行程度的影响。当有关节扭伤、蹄叶炎等带疼痛性疾患时、跛行程度会随着运动量的增加而加剧。患风湿病等疾病时，跛行程度会随着运动的增加而逐渐减轻甚至消失。

（5）增加患肢负荷，促使跛行明显。根据患病动物特点可选择下列方法，使患病动物跛行加剧，表现更加明显。

上下坡运动：前肢支跛时，下坡时症状明显加重；后肢支跛时，上坡时症状明显加重；前肢悬跛和后肢悬跛时，上坡时跛行都加重。

圆圈运动：患肢出现支跛时，在内圈时跛行明显；患肢出现悬跛时，在外圈时跛行明显。

急速回转运动：在快速直线运动中，动物突然向内急转，则支跛患肢在回转内侧时跛行明显，而悬跛患肢在外侧时跛行严重。

软、硬地运动：支跛在硬地运动时跛行明显，悬跛在软地运动时跛行加重。

（6）两前肢同时患病表现。前行时自然步样消失，病肢驻立时间缩短。前肢运步时提举不高，运步快，肩部强拘，头高扬、腰部弓起；后肢前踏，提举较平常高。在高度跛行时，快速运步比较困难，甚至不能运步。

（7）两后肢同时患病表现。运步步幅缩短，迈出快、运步笨拙，举肢比平时运步高，后退困难，头颈常低下，前肢后踏。

（8）同侧的前、后肢同时患病表现。头部及腰部呈摇摆状态，患前肢着地时，头部高举，并偏向健侧，健后肢着地时臀部低下；反之，健前肢着地时，头部低下，患后肢着地时臀部举起。

三、寻找患部

确定患肢后，还必须根据运动检查时所确定的跛行种类及程度，有步骤、有重点地进行肢蹄检查，以找出患病部位。检查过程中尤其注意与对侧肢进行比较。

（一）蹄部检查

（1）外部检查。主要检查蹄形有无变化，蹄壁有无裂缝或缺损，蹄底各部有无刺伤物及刺伤孔等。检查牛蹄时，应特别注意趾间韧带有无异常。

（2）蹄温检查。用手掌触摸蹄壁，感知蹄温，并应做对比检查。若蹄内有急性炎症，则蹄温升高。

（3）痛觉检查。先用检蹄钳敲打蹄壁、钉节和钉头，再钳压蹄匣各部，如动物拒绝敲打或钳压，或肢体上部肌肉呈收缩反应或者抽动患肢，则说明蹄内有疼痛性炎症存在。

（二）肢体各部检查

使患病动物自然站立，由腕关节开始逐渐向上触摸压迫各关节和骨骼。注意有无肿胀、增温、疼痛、变形等变化。

（三）被动运动检查

人为地使动物关节、腱及肌肉等做屈曲、伸展、内收、外转及旋转运动，观察活动范围及患病情况，有无异常声响，进而发现患病部位。

（四）外周神经麻醉诊断

利用2%～4%盐酸普鲁卡因溶液5～20 mL，采用局部浸润麻醉、传导麻醉或关节内和腱鞘内麻醉等方法，对可疑部位进行麻醉，再行检查。若注射10～15 min后，跛行消失，说明病变部位在注射点的下方，反之在上方。怀疑有骨裂和韧带、腱部分断裂时，不能应用麻醉诊断。传导麻醉检查对肢体下部单纯痛性疾病引起的跛行具有确诊意义。

（五）X射线检查

四肢疾病用X射线进行透视或照相检查，可以获得正确诊断，兽医临床广泛用于诊断关节脱位、骨折、骨化性骨膜炎、蹄部骨病及蹄内异物等。

四、做出诊断

将检查所得的材料进行认真对比分析，反复研究加以归纳总结，对疾病做出初步诊断，定出病名。诊断正确与否，还需在治疗过程中进行验证。把诊断—治疗—再诊断贯穿始终，不断深化对疾病的认识，提高确诊率。

材料准备

跛行诊断说明书、治疗方案等。

用具准备

跛行模型。

任务筹划

任务流程如图2-5-1所示。

跛行诊断 → 完成任务报告 → 任务考核评价

图2-5-1　任务流程

任务实施

1. 病史调查

采用问诊的方式对动物主人进行询问，通过主诉，从中得到跛行的大致原因及部位等信息。

2. 确认患肢

由站立检查和运动检查两部分组成，通过两部分结合检查的方法，可确定患肢。

3. 寻找患部

由蹄部检查、肢体各部检查、被动运动检查、外周神经麻醉诊断及X射线检查的方法组成，经过不同的检查方法，可确定跛行的患部。

4. 做出诊断

最后将以上检查得出的结论进行分析，并加以总结，从中得出最终跛行诊断的结果。

知识拓展：跛行诊断（二维码 2-5-1）。

二维码 2-5-1
知识拓展：跛行诊断

任务报告

对本任务相关知识进行学习，根据任务实施流程及操作步骤认真完成任务报告（表 2-5-1）。

表 2-5-1　跛行诊断

姓名：	班级：	学号：
1. 能够正确对跛行进行诊断，并指出在诊断过程中的注意事项。		
2. 能够正确对跛行进行患部诊断，并指出在诊断过程中的注意事项。		

任务评价

根据学生对跛行的诊断与治疗的操作情况以及任务报告的完成情况进行考核评价（表 2-5-2）。

表 2-5-2　跛行诊断考核评价细则

姓名：		班级：		学号：		教师签字：
自评： □合格　□不合格 日期：		互评： □合格　□不合格 日期：		师评： □合格　□不合格 日期：		
序号	考核项目	考核标准	考核方式	分值	评分要求	得分
1	跛行诊断	1. 正确进行确定患肢的诊断 2. 正确进行确定患部的诊断 3. 正确进行跛行的确定	现场识别考核、问答考核	10 分	未完成 1 项扣 3 分，3 项均未完成扣 10 分	

续表

序号	考核项目	考核标准	考核方式	分值	评分要求	得分
2	任务报告	1. 完成认真，内容正确 2. 能正确进行跛行的诊断与治疗	评阅考核	15 分	根据情况酌情扣分	
3	学习态度	1. 具有团队协作精神 2. 具备科学严谨的态度 3. 观察认真，发言积极 4. 遵纪守时，爱护公物	自评、互评和师评相结合	10 分	根据情况酌情扣分	

任务检测

请扫描二维码 2-5-2 进入在线测试，可反复多次答题，直到获得满意的结果。

二维码 2-5-2
项目二任务五检测

任务六 四肢疾病

任务导入

动物在饲养管理或使役过程中，由于某种外力或其他因素作用于动物关节而发生关节扭伤、关节脱位、关节挫伤、关节创伤或关节周围炎等疾病，从而出现关节肿胀、跛行、运动不协调等症状，如不能采取合理的治疗措施，常导致患病动物失去原有的经济价值，甚至因疼痛等引起休克，导致动物死亡。骨折是指在外力作用下，致使动物骨骼断、裂、碎等现象，早诊断、早治疗是保证动物健康的关键，通过多种诊断方法，确定发病部位，并采取合理的治疗方案，完成动物诊治流程。请学生完成四肢疾病的诊断和治疗，并完成任务报告。

任务准备

知识准备

一、关节扭伤的诊断与治疗

（一）诊断要点

1. 疼痛

受伤后患部立即表现疼痛，患肢运动时表现更明显，触诊被损伤的关节侧韧带有明显压痛点，局部明显增温。

2. 跛行

扭伤后突然发生跛行，伤后 12 ～ 24 h表现更明显。上部关节扭伤时为混跛，下部关节扭伤时为支跛。

3. 肿胀

扭伤初期因出血、渗出而发生炎性肿胀。但四肢上部关节扭伤时，因肌肉丰满而肿胀不明显。

4. 骨赘

当关节扭伤转为慢性经过时，可继发骨化性骨膜炎，常在受损伤韧带、关节囊与骨的结合部形成骨赘。

（二）治疗

治疗原则：制止溢血和渗出，促进吸收，镇痛消炎，防止组织增生，恢复关节功能。

1. 制止溢血和渗出

发病初期 1 ～ 2 d内，用压迫绷带配合冷敷疗法，如用饱和硫酸镁盐水、10% ～ 20%硫酸镁溶液或 2%醋酸铅溶液等制止溢血和渗出。可以用冷醋泥贴敷（黄土用醋调成泥，加 20%氯化钠）。必要时可以静脉注射 10%氯化钙溶液或肌内注射维生素K等。

2. 促进吸收

当急性炎症缓和，渗出减轻后，应及时改用温热疗法，如温敷、温脚浴等，2 ～ 3 次/d，每次 1 ～ 2 h。可用鱼石脂酒精溶液、10% ～ 20%硫酸镁溶液、热酒精绷带等，也可涂抹中药“四三一合剂”（处方：大黄 4 份、雄黄 3 份、冰片 1 份，研成细末，用蛋清调和）、扭伤散（膏）、鱼石脂软膏或热醋泥等。如关节内积血过多而不能吸收时，在无菌条件下，关节腔穿刺排出，同时，向腔内注入 0.5%氧化可的松溶液或 0.25%盐酸普鲁卡因溶液 2 ～ 4 mL，加入青霉素 40 万U，然后进行温敷，配合压迫绷带。选择不穿刺排液时，直接向关节腔内注入上述药液即可。

3. 镇痛消炎

局部疗法同时配合封闭疗法，用0.25%～0.5%盐酸普鲁卡因溶液30～40 mL，并加入青霉素40万～80万U，在患肢上方穴位（前肢的抢风、后肢的巴山和汗沟等）注射；也可肌内注射或穴位注射安痛定或安乃近20～30 mL。可内服跛行镇痛散或舒经活血散。当局部炎症转为慢性时，除继续使用上述疗法外，可涂擦刺激剂，加碘樟脑醚合剂（处方：碘片20 g、95%酒精100 mL、乙醚60 mL、精制樟脑20 g、薄荷脑3 g、蓖麻油25 mL）、松节油等，用毛刷在患部涂擦5～10 min，如能配合温敷，则效果更好。

韧带断裂时，可安装固定绷带，此外，用红外线、氦-氖激光照射、碘离子透入及特定电磁波疗法等均有良好效果。

二、关节脱位的诊断与治疗

（一）诊断要点

1. 关节变形

因关节的骨端位置改变，使正常的关节部位出现隆起或凹陷。

2. 异常固定

因关节的骨端离开原来的位置而被卡住。使相应的肌肉和韧带高度紧张，关节被固定不动或者活动不灵活，被动运动后又恢复异常的固定状态，出现抵抗。

3. 关节肿胀

由于关节的异常变化，造成关节周围组织受到破坏、出血形成血肿及比较剧烈的局部急性炎症反应，引起关节肿胀。

4. 肢势改变

患肢呈现内收、外展、屈曲或伸张的状态。全脱臼时患肢缩短，不全脱臼时患肢延长。

5. 功能障碍

伤后立即出现跛行。由于关节骨端变位和疼痛，患肢发生不同程度的运动障碍，甚至不能运动。

应注意与关节骨端骨折进行鉴别，也可利用X射线检查做出正确的诊断。

（二）治疗

治疗原则：整复、固定和恢复功能。

1. 整复

整复就是复位，越早越好，整复前肌内注射二甲苯胺噻唑或进行传导麻醉，以减少肌肉或韧带紧张、疼痛引起的抵抗，再灵活运用按、揣、揉、拉和抬等整复方法，使脱出的骨端复原，恢复关节的正常活动。大动物关节脱位整复时，常用绳子将患肢异常固定的患病关节拉开，然后按照正常解剖位置，使脱位的关节端复位，当复位时会有一定声响。此后，患病关节恢复正常形态。为了达到整复的效果，整复后应当让动物保持安静 1 ～ 2 周，限制活动。在实施整复时，一只手应当按在被整复关节处，可以比较好地掌握关节骨的位置和用力方向。犬、猫在麻醉状态下整复关节脱位比马、牛相对容易一些。整复后应当进行X射线检查。对于一般整复措施整复无效的病例，可进行手术治疗。

2. 固定

为防止复发，四肢下部关节可用石膏或者夹板绷带固定，3 ～ 4 周后去除绷带。在固定期间用热敷疗法效果更好。由于四肢上部关节不便用绷带固定，可采用 5% 的灭菌盐水 5 ～ 10 mL、酒精 5 mL 或者自体血液 20 mL 向脱位关节处皮下做数点注射，引发关节周围组织炎症性肿胀，因组织紧张而起到生物绷带的作用。

三、骨折的诊断与治疗

肢体完全骨折可依据骨折的特有症状，开放性骨折可依创口外露的骨断端而确诊。不完全骨折可查找骨折压痛线。此外，进行X射线透视或摄片检查可清楚了解骨折形状和位移情况。大动物髋骨和腰椎骨折时，可通过直肠内检查进行辅助诊断。

（一）特有症状

1. 异常活动

肢体完全骨折时，活动远心端，可呈屈曲、旋转等异常活动。但肋骨、椎骨、蹄骨等部位骨折时异常活动不明显或缺乏。

2. 肢体变形

完全骨折时，因骨折断端位移，使骨折部位外形或解剖位置发生改变，患肢呈弯曲、缩短、延长等异常姿势。开放性骨折时，创口裂开，骨折断端外露。

3. 骨摩擦音

骨折两端互相触碰时，可听到骨断端的摩擦音或感知骨摩擦感。但在不完全骨折、骨折部肌肉丰厚、局部肿胀严重或断端嵌入其他组织时，通常听不到骨摩擦音。

（二）局部一般症状

1. 疼痛

骨折发生后疼痛剧烈，局部肌肉颤抖，出汗，自动或被动运动时表现更加不安和闪躲。触诊有明显疼痛部位。

2. 肿胀

因局部软组织发生炎症、出血及渗出，骨折部呈明显肿胀。

3. 功能障碍

肢体骨折时，患肢突然发生重度跛行，表现为不能屈伸或负重，呈三肢跳跃前进（不完全骨折时跛行较轻)。肋骨骨折时呼吸困难，脊椎骨折时可发生神经性麻痹及肢体瘫痪。

(三)全身症状

轻度骨折一般全身症状不明显。重度骨折症状一般伴有内出血、肢体肿胀或内脏损伤，可并发急性大失血或休克等。闭合性骨折于损伤2～3 d后，出现轻度体温升高，食欲下降。开放性骨折可发生继发感染。

(四)常见四肢各部位骨折的特点

1. 肩胛骨骨折

肩胛骨骨折多为复杂性骨折。以悬跛为主，站立时病肢不敢负重，各关节保持屈曲，蹄尖轻轻着地。运步时病肢常拖曳前进。若伤及肩胛骨上神经，可迅速出现冈上肌、冈下肌等萎缩，肩胛冈、肩胛前角和后角骨折，病肢可能尚能负重，跛行较轻。

2. 臂骨骨折

臂骨骨折常为斜骨折和螺旋状骨折。突然发生高度支跛，站立时病肢不能负重，肩关节下沉，病肢似乎变长，以蹄尖着地，不愿走动，强迫驱赶时呈三脚跳。动物卧下时，患肢常在上面。局部发生严重肿胀。被动运动时异常活动明显，同时伴有剧痛，多因肿胀不易听到骨摩擦音。

3. 桡、尺骨骨折

桡骨和尺骨骨折，桡骨发生全骨折时常并发尺骨骨折。发生中段骨折时，容易出现重叠移位，病肢变短，呈现重度支跛，病肢不能负重，呈三脚跳，骨折部可见到钟摆 状异常活动，触诊局部疼痛明显，可听到骨摩擦音。不完全骨折时，出现中度或重度支跛，站立时肢体呈半弯曲状，以蹄尖轻触地面，系关节屈曲，沿骨折线触诊有疼痛性肿胀。

4. 尺骨全骨折

尺骨骨折站立或运步时，可见患肢肘关节下沉，前臂部向前下方倾斜，腕关节稍屈曲，蹄前踏以减负体重。斜的和纵的不完全骨折，在前臂上部掌侧出现疼痛性肿胀，呈现支跛。临床触诊不易确定，最好借助X射线诊断。

5. 掌(跖)骨骨折

掌(跖)骨完全骨折时，局部症状明显，表现支跛，骨折端移位。容易出现开放性骨折。

6. 指(趾)骨骨折

系骨和冠骨常发生粉碎性骨折，且多累及关节，大多数为闭合性骨折。局部疼痛明显，借助X射线检查容易确诊。

7. 髋骨骨折

髋骨由髂骨、耻骨和坐骨组成，由于骨折发生部位不同，临床症状各有特点。

(1)髂骨骨折。以髋关节和髂骨体骨折最为常见，表现为病部塌陷，两侧不对称，患病一侧髋结节和荐结节间距较健侧短。运步时可出现悬混跛。

（2）髋臼骨折。动物突然出现重度支混跛，后躯步态踉跄，常伴发髋关节脱位，被动运动范围增大，关节活动异常，出现骨摩擦音。站立时后躯向健侧倾斜，病肢外展。

（3）坐骨骨折。病侧肿胀，会阴部水肿，运步时呈现悬跛，蹄尖拖地前进，后退困难。

（4）耻骨骨折。腹股沟和腹下部出现大面积肿胀，表现支跛，有时病肢内收。将病肢向侧方或后下方转动时动物表现出剧烈疼痛。

8. 股骨骨折

多发生于股骨的中、下段，但病部肿胀明显，不易摸到断裂部。站立时患肢悬垂、变短、不敢负重。运步时表现重度悬跛。活动患肢可感知骨摩擦音和患部异常活动。

9. 胫骨骨折

胫骨完全骨折时患肢悬垂，驱赶运动时呈重度支跛或三脚跳。触诊患部疼痛，有骨摩擦音，屈伸患肢有异常活动。不完全骨折时患肢屈曲、外展，中度支跛。胫骨近端发生骨折时常并发腓骨骨折。

（五）骨折的治疗

治疗原则：正确整复，合理固定，促进愈合，恢复功能。

1. 急救措施

首先，使动物安静，不让动物走动，防止断端活动引起二次损伤或并发症。可先用镇静剂，再用简易夹板临时固定包扎骨折部，注意止血和预防休克。对开放性骨折，在创口内消毒止血、撒布抗菌药物后，固定包扎骨折创口，以防感染。

2. 整复

将移位的骨折段恢复正常或接近正常解剖位置，重建骨骼支架结构称为整复。整复可分为闭合性整复和开放性整复两种。

（1）闭合性整复。将动物侧卧或仰卧保定，全身浅麻醉或局部浸润麻醉，必要时还可同时使用肌肉松弛剂，按“欲合先离，离而复合”的原则。先轻后重，沿着肢体纵轴做对抗牵引，然后使骨折的远端靠近近侧端，采用旋转或屈伸以及提、按、捏、压断端的方法，使两端正确对接，恢复正常的解剖学位置。此法适合新鲜且较稳定的骨折，容易触摸的动物，如猫、小型犬的骨折治疗。

整复时，术者手持近侧骨折端，助手沿纵轴牵引远侧端，保持一定的对抗牵引力，使骨断端对合复位，有条件者，可在X射线透视监视下进行整复。

（2）开放性整复。在发生开放性骨折和某些复杂的闭合性骨折时，如粉碎性骨折、嵌入骨折等，通过手术切开骨折部的软组织，暴露骨折端，在直视状态下采用各种技术，并依据骨轴线进行复位。此法适用于骨折不稳定和较复杂、骨折数天以上、骨折已累及关节面及需要内固定的骨折。

整复时，利用某些器械发挥杠杆作用，或利用抓骨钳直接作用于骨断端上，或将两个骨断端用力向相反方向牵拉和矫正、转动等，使断端恢复到正常或接近正常解剖位置。再加以固定，最后闭合切开的软组织，必要时还需配合外固定。

新鲜开放性骨折或闭合性骨折进行开放处理时，要在良好的麻醉条件下，及时、彻底地清除创内完全游离并失去血液供应的小骨片及凝血块等；大块的游离骨片应在彻底清除污染后重新植入，以免造成大块骨缺损而影响愈合。

陈旧开放性骨折应按感染创处理，清除坏死组织和死骨片，撒布大量抗菌药物（如青霉素或青霉素鱼肝油乳剂等），并根据骨折具体情况采用内固定或暂时性外固定。要保留开放的创口，便于手术后清洗处理。

3. 固定

用固定材料在对接好的骨折处加以固定，以维持整复后的位置，使骨折愈合牢固。固定有外固定和内固定两种。

（1）外固定。完成整复后，尤其是闭合性骨折整复后，必须立即进行外固定，以限制关节活动，减少骨折断端离位、形成角度和维持正常解剖状态。外固定主要用于闭合性骨折，也可用于开放性骨折。外固定的方法有多种，常用夹板绷带、石膏绷带、金属支架等，固定范围一般包括骨折部上、下两个关节。

（2）内固定。凡实施骨折开放复位的，原则上应使用内固定。内固定需要各种特殊器械，包括髓内针、骨螺钉、金属丝、接骨板等。

髓内针固定：适用于长骨干骨折，如股骨、胫骨、臂骨、桡骨、尺骨和某些小骨的单纯性骨折。髓内针依针的横断面可分为圆形、菱形、三叶形和“V”形四种类型，有不同的直径和大小，圆形髓内针使用最广泛。

髓内针固定有非开放性固定和开放性固定两种。对于稳定、容易整复和单纯闭合性骨折，一般用非开放性髓内针固定，即整复后，针头从体外骨近端钻入。对某些稳定、非粉碎性长骨开放性骨折也可采用开放性髓内针固定，有两种钻入方式：一种是髓内针从体外骨的一端插入；另一种则是髓内针从骨折近端先逆行钻入，再顺行钻入（图 2-6-1）。髓内针的直径与骨折腔内径最狭窄部相当，有针的挤压力才能产生良好固定作用。

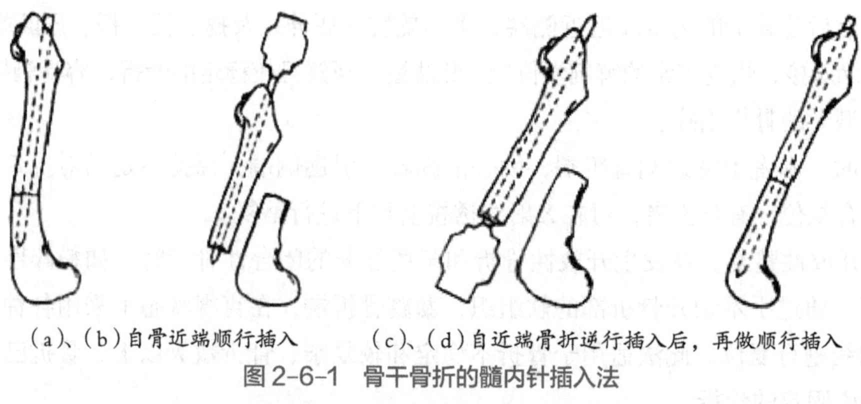

（a）、（b）自骨近端顺行插入　　（c）、（d）自近端骨折逆行插入后，再做顺行插入

图 2-6-1　骨干骨折的髓内针插入法

骨螺钉固定：适用于骨折线长于骨直径 2 倍以上的斜骨折、螺旋骨折、纵骨折及干骺端的部分骨折。有松骨质骨螺钉和皮质骨螺钉两种。松骨质骨螺钉的螺纹较深，螺纹距离

较宽，能牢固固定松骨质，在靠近螺帽的1/3～2/3长度缺螺纹，多用于骺端和干骺端骨折。皮质骨螺钉的螺纹密而浅，多用于骨干骨折固定。

应用骨螺钉时，先用骨钻打孔，再用螺纹攻丝旋出螺纹，安装螺钉固定，当螺钉越过骨折线后，再继续拧紧。螺钉的插入方向应在皮质垂直线与骨折面垂直夹角的二等分处。

金属丝结扎固定：主要用于长斜骨折或螺旋形骨折以及某些复杂的骨折，为辅助固定或帮助使骨断端稳定在整复的解剖位置上。操作时要有足够的强度，又不得因力量过大而将骨片压碎。如遇长的斜骨折需多个环形结扎时，环与环之间应保持1～1.5 cm的距离。

接骨板固定：用不锈钢接骨板和螺丝钉固定骨折段的内固定法。接骨板的种类很多（图2-6-2）。临床应用可使断端紧密相接，增加断端的压力，防止骨断端活动，从而促进骨愈合。

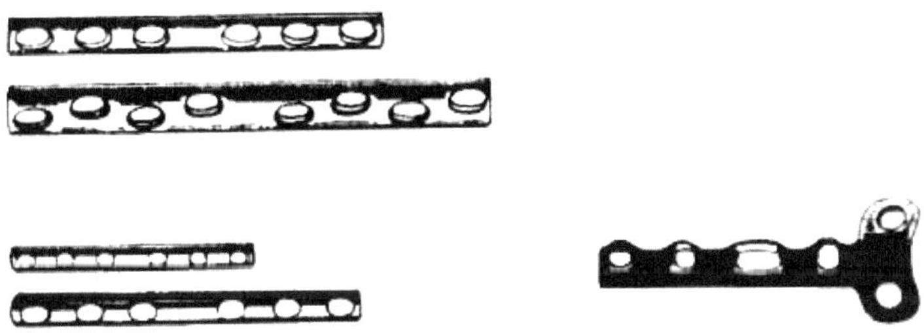

图2-6-2　各种类型的接骨板

4. 药物疗法和物理疗法

整复固定后，可注射抗菌、镇痛、消炎药物。在开放性骨折的治疗中，必须全身应用足量敏感的抗菌药物2周以上。补充钙制剂，补充维生素A、维生素D或鱼肝油，配合内服中药接骨散。为防止肌肉萎缩、关节僵硬等后遗症，可进行局部摩擦、搓擦，增加功能锻炼，同时配合物理疗法、温热敷疗法及紫外线疗法等，以促进早日恢复功能。

5. 功能恢复

为了加速骨折愈合和恢复患肢的功能，应处理好“动”（患肢的早期活动）和“静”（骨折部的固定）的关系。既要保持患部相对固定，保持断端对位，有效地控制对骨折愈合不利的活动，又要为整个患肢和全身活动创造条件，使患肢在此期间进行适当的功能锻炼。一般幼龄动物安装固定后可让其自由活动。成年动物必须在柱栏内限制活动，对患肢适当按摩或人工活动患肢，3～4周后开始牵遛运动，每天1～2次，每次持续10～30 min，随着病情好转，运动次数和运动量逐渐增加。

【注意事项】

（1）诊断时注意骨折的程度和触诊时的力度，避免加剧病情。

（2）注意动物体重，固定骨折部位时，确保采用的固定材料稳固可靠。

（3）进行骨折内固定操作必须严格执行无菌操作，包括动物准备，手术室、手术器械、手术人员准备，术后护理等。

（4）钻入固定针时不能损伤软组织。正确的做法是在皮肤上切一个小口（2～3 mm），可用止血钳插入肌肉钝性分离出一通道，针旋转时不易损伤软组织。如需穿过肌肉，然后张开止血钳以便固定针通过该通道抵至骨头，这样针旋转时不易损伤软组织。

（5）钻针技术是关键。应使用低速钻头钻入固定针，高速钻会产生过多热量，引起骨坏死及固定针松动。

（6）骨螺钉固定时必须穿透两层皮质骨。固定针未全部插入两层皮质骨，其针会松动，不能达到固定的目的。一般针尖穿透至对侧皮质骨手可触摸到为止。

（7）骨折治疗初期应适当限制动物运动，防止因运动不当，加剧病情或发生新的损伤。

材料准备

关节疾病及骨折诊断说明书、治疗方案等。

用具准备

骨折模型。

任务筹划

任务流程如图 2-6-3 所示。

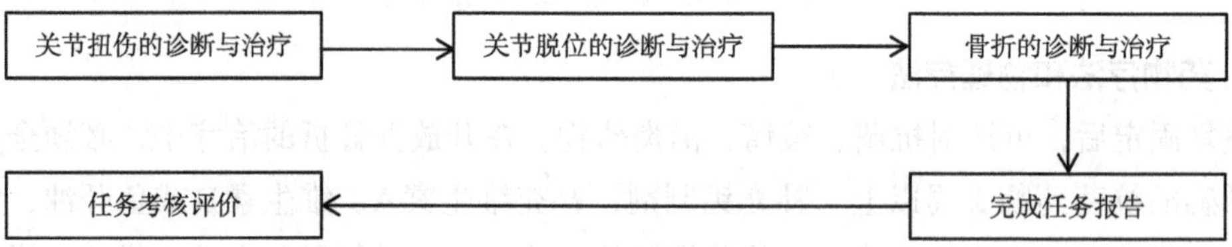

图 2-6-3　任务流程

任务实施

1. 关节扭伤的诊断与治疗

（1）诊断。通过疼痛、跛行、肿胀、骨赘等症状进行诊断。

（2）治疗。通过制止溢血和渗出，促进吸收，镇痛消炎，防止组织增生，恢复关节功能的方式进行治疗。

2. 关节脱位的诊断与治疗

（1）诊断。通过关节变形、关节肿胀、肢势改变、功能障碍等症状进行诊断。

（2）治疗。关节脱位的治疗较简单，通过整复、固定和恢复功能的方式进行治疗。

3. 骨折的诊断与治疗

（1）诊断。分为特有症状、局部一般症状和全身症状三部分，通过三部分症状结合的方式，对骨折进行诊断。

> 知识拓展：四肢疾病（二维码 2-6-1）。
>
> 二维码 2-6-1
> 知识拓展：四肢疾病

（2）治疗。通过正确整复，合理固定，促进愈合，恢复功能的方式进行治疗。

任务报告

对本任务相关知识进行学习，根据任务实施流程及操作步骤认真完成任务报告（表 2-6-1）。

表 2-6-1　四肢疾病

姓名：	班级：	学号：
1. 能够正确对关节扭伤进行诊断与治疗，并指出在治疗过程中的注意事项。		
2. 能够正确对关节脱位进行诊断与治疗，并指出在治疗过程中的注意事项。		
3. 能够正确对骨折进行诊断与治疗，并指出在治疗过程中的注意事项。		

任务评价

根据学生对关节扭伤关节脱位和骨折的诊断与治疗的操作及判断的准确性和任务报告的完成情况进行考核评价（表 2-6-2）。

表 2-6-2　四肢疾病考核评价细则

姓名：		班级：		学号：		教师签字：
自评： □合格　□不合格 日期：		互评： □合格　□不合格 日期：		师评： □合格　□不合格 日期：		
序号	**考核项目**	**考核标准**	**考核方式**	**分值**	**评分要求**	**得分**
1	关节扭伤的诊断与治疗	1. 正确进行关节扭伤的诊断 2. 正确进行关节扭伤的治疗	现场识别考核、问答考核	10 分	未完成 1 项扣 5 分	
2	关节脱位的诊断与治疗	1. 正确进行关节脱位的诊断 2. 正确进行关节脱位的治疗		10 分	未完成 1 项扣 5 分	
3	骨折的诊断与治疗	1. 正确进行骨折的诊断 2. 正确进行骨折的治疗		10 分	未完成 1 项扣 5 分	
4	任务报告	1. 完成认真，内容正确 2. 能正确进行四肢疾病的诊断与治疗	评阅考核	15 分	根据情况酌情扣分	

续表

序号	考核项目	考核标准	考核方式	分值	评分要求	得分
5	学习态度	1. 具有团队协作精神 2. 具备科学严谨的态度 3. 观察认真，发言积极 4. 遵纪守时，爱护公物	自评、互评和师评相结合	10分	根据情况酌情扣分	

任务检测

请扫描二维码 2-6-2 进入在线测试，可反复多次答题，直到获得满意的结果。

二维码 2-6-2
项目二任务六检测

项目三

产科疾病的诊断与治疗技术

项目摘要

在兽医临床工作中，动物产科不仅涉及动物的产仔及助产方法，也涉及妊娠期、分娩期、产后期发生的疾病，还包括乳腺疾病、不孕症等疾病的诊治。对动物常见产科疾病的诊断、治疗方案的制订、实施治疗及护理等是兽医必备技能；兽医同时还应具备对产科疾病发生经过准确判定，找出疾病发生原因的能力，从而指导生产，并对常见产科疾病进行预防。

本项目共设置了10个任务，介绍了妊娠检查、产前检查与接产、流产、产前截瘫、难产的检查与助产、胎衣不下、生产瘫痪、阴道脱出、子宫内翻及脱出以及子宫扭转的相关技能。要求学生能够掌握妊娠检查、产前检查与接产等知识，能够对流产、产前截瘫、难产、胎衣不下等疾病做出正确的诊断与治疗，学生在生产实践中能够运用到该部分内容，为今后的工作打好基础。

知识目标

1. 掌握妊娠诊断的知识。
2. 掌握产前检查的知识。
3. 掌握接产的知识。
4. 掌握妊娠期疾病的诊断与治疗的知识。
5. 掌握难产的知识。
6. 掌握产后疾病的诊断与治疗的知识。
7. 掌握阴道和子宫疾病的知识。

技能目标

1. 能对妊娠动物进行妊娠诊断。
2. 能给妊娠动物进行产前检查。

3. 会进行牛及猪的接产。
4. 能对动物妊娠期疾病进行诊断，并实施治疗。
5. 能正确判定难产，并会进行助产。
6. 能进行动物产后疾病的诊断，并实施治疗。
7. 会进行阴道及子宫疾病的诊治。

素养目标

养成关爱动物生命和维护公共卫生的职业素养。

任务一 妊娠诊断

任务导入

妊娠诊断即判断母畜是否妊娠，即配种后，在尽可能短的时间内，通过观察母畜行为表现或用仪器、试剂等对母畜是否妊娠进行诊断。未妊娠母畜若不能及时诊断，就会影响其下一个发情期配种任务的安排，导致产仔间隔延长、繁殖率降低、产乳量降低等问题，增加非繁殖期饲养管理时间而增加了饲养管理成本，直接影响养殖经济效益。确定妊娠后，便于加强对妊娠母畜的饲养管理，可以有效地防止流产，减少因误淘、误宰所造成的经济损失。目前，兽医临床上重要的妊娠诊断技术概括起来包括三大类，即临床诊断法、实验室诊断法和特殊诊断法。请学生完成妊娠诊断，并完成任务报告。

任务准备

知识准备

一、临床诊断法

临床诊断方法至今仍在兽医临床妊娠诊断方法中占主导地位，包括外部检查和内部检查两种方法。

（一）外部检查

1. 问诊

在妊娠诊断时，问诊应着重询问如下内容。

（1）最后一次配种日期。在不同的妊娠阶段，动物生殖器官及体态的变化各有区别，通过询问最后一次配种时间，可以确定相应的检查项目和检查方法。例如，对牛通过直肠检查进行妊娠诊断时，在妊娠 21 d 以内，主要靠检查卵巢的黄体状态进行妊娠诊断；21 d 以后，可通过检查子宫角形态确诊；5 个月以后，可以通过直肠触摸子叶、胎儿及子宫中动脉等进行妊娠诊断。

（2）最后一次配种后是否再发情。如果最后一次配种后再未发情，则说明该动物可能妊娠；如果配种后出现过发情，则没有妊娠。

（3）既往配种、受胎及产后情况。通过询问了解既往配种、受胎及产后情况，尤其注意产后恶露的排出情况，可以对母畜的繁殖器官状况及性能做出评估，为妊娠诊断提供既往的参考资料。

（4）食欲、膘情及行为方面的变化。母畜妊娠后一般变得性情温驯，喜静恶动；食欲显著增加；在妊娠前半期膘情明显好转，被毛变得光亮。这些都是妊娠的表现，相反则可能没有妊娠。

2. 视诊

视诊内容也是妊娠诊断的一个重要参考资料，在妊娠诊断时，视诊主要内容如下。

（1）观察动物行为。一般妊娠后的动物性情温驯，不再接受其他动物爬跨。

（2）腹围变化。妊娠母畜早期腹围变化不明显，但后期腹围会有明显变化。

（3）乳房变化。动物妊娠后，随着妊娠时间的延长，其乳房逐渐增大。

3. 触诊

就是用手隔着腹壁去触摸胎儿，能触摸到胎儿则认为妊娠，否则认为未妊娠。触诊一般适用于妊娠中后期的妊娠诊断，其触诊部位和方法也因动物不同而有所区别，牛的触诊部位一般在右侧膝褶前方，马在左腹壁最突出的下方、乳房稍前部，羊在右腹下方，犬、猫在下腹部。对于不肥胖的大动物多用冲击触诊的手法，将漂浮于胎水中的胎儿从体壁推离，之后检查胎儿是否还会弹回，再次碰撞到停留在腹壁的拳头。对于小动物则多用触摸子宫角内胚胎的方式进行触诊。

（二）内部检查

内部检查包括阴道检查和直肠检查。

1. 阴道检查

阴道检查是通过观察阴道黏膜色泽、阴道黏液性状及子宫颈外口变化来判定动物是否妊娠的一种临床诊断方法，只能作为一种辅助诊断方法。动物妊娠后，由于生殖激素水平的变化导致阴道黏膜苍白、干涩，阴道黏液量少而黏稠；子宫颈口紧闭，子宫颈口内及附近黏液黏稠、量少。当动物子宫颈、阴道存在病理变化及有持久黄体存在时，易导致误诊、误判。阴道检查的操作步骤如下。

（1）保定动物。

（2）固定动物尾巴，对器械、手臂及动物外阴部进行清洗消毒。

（3）将相应型号的消毒过的开腔器涂上润滑剂后，插入动物阴道。

（4）转动开腔器，使开腔器裂和阴门裂吻合，打开开腔器，观察阴道黏膜、阴道黏液及子宫颈变化。

（5）检查完毕，闭合开腔器后将其抽出。

2. 直肠检查

直肠检查是牛和马妊娠诊断常用的一种诊断方法，即隔着动物直肠壁，通过用手触摸动物卵巢上有无黄体、子宫变化、子宫颈变化、有无妊娠动脉、子宫位置、胎儿等情况来判断是否妊娠（图 3-1-1）。

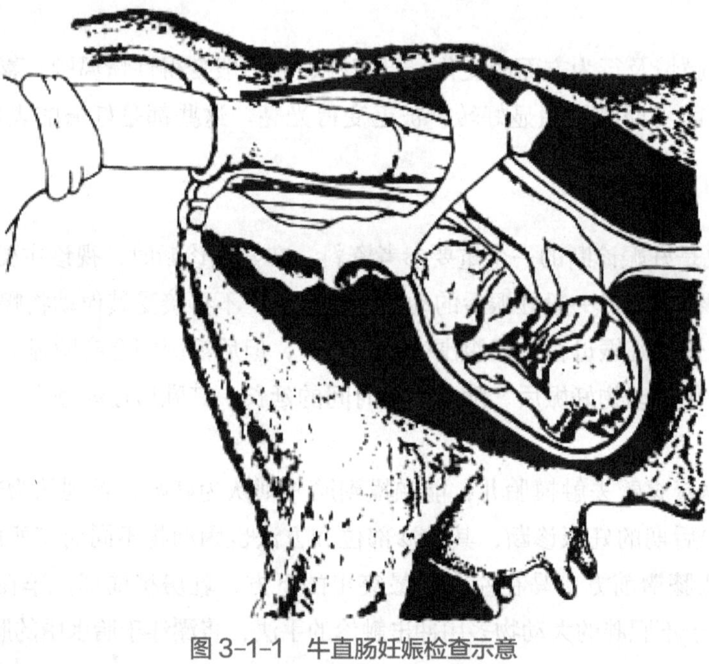

图 3-1-1　牛直肠妊娠检查示意

（1）牛直肠妊娠检查的方法和步骤如下所示。①保定好牛体，固定好尾巴。②术者戴上一次性长臂手套，清理直肠内粪便。③手和手臂涂以润滑剂，手指集拢成圆锥状，缓缓插入牛肛门，牛努责时停止前进不要用力，不努责时徐徐前进。④先摸到子宫颈，再向下滑找到角间沟，然后向前、向下触摸子宫角。⑤摸到子宫角后，在子宫角尖端外侧下方寻找卵巢，然后触摸卵巢。

（2）牛直肠妊娠检查的内容及判定如下所示。①牛妊娠 20 ～ 25 d，排卵侧卵巢上有突出于表面的妊娠黄体、卵巢的体积大于对侧，两侧子宫角无明显变化，触摸时感到子宫壁增厚而有弹性。②牛妊娠 30 d，两侧子宫角不对称，怀孕子宫角变粗、松软、有波动感、弯曲度变小，而空子宫角仍维持原有状态。用手轻握怀孕子宫角，从一端滑向另一端，似有胎泡从指间滑过，若用拇指和食指轻轻提起子宫角，然后放松，可感到子宫壁内似有一层薄膜滑开，这就是尚未着床的胎囊。③牛妊娠 60 d，怀孕子宫角明显增粗，相当于空子宫角的 2 倍。怀孕子宫角波动明显，子宫角开始垂入腹腔，但仍可摸到整个子宫。④牛妊娠 90 d，子宫颈被牵拉至耻骨前缘，怀孕子宫角大如排球，波动感明显，空子宫角也明显增粗，孕侧子宫动脉基部开始出现微弱的特异搏动。⑤牛妊娠 120 d，子宫及胎儿全部沉入腹腔，子宫颈已越过耻骨前缘，一般只能触摸到子宫的局部及该处的子叶，如蚕豆大小，子宫动脉的特异搏动明显。⑥此后直至分娩，子宫进一步增大，沉入腹腔，子宫动脉变粗，并出现更明显的特异性搏动，用手触及胎儿，有时会出现反射性的胎动。

（3）马的直肠妊娠检查方法与牛相似，但对马进行直肠检查时，一般先触摸卵巢，然后再触摸子宫角、子宫体、子宫颈。马在妊娠 5 个月内，卵巢上仍有卵泡发育，并有多个黄体存在。

（4）猪的直肠妊娠检查受体形影响，只适用于大白猪、长白猪等大型品种的经产母猪。可以在母猪配种后 25 d进行妊娠诊断，准确率高达 95% ~ 100%。可选择身材娇小的女性操作员，把手伸入母猪直肠，掏出粪便，触摸子宫，妊娠母猪子宫内有羊水，子宫动脉搏动有力；而尚未妊娠母猪子宫无羊水，弹性差，子宫动脉搏动很弱。

二、实验室诊断法

动物妊娠诊断的实验室诊断方法也比较多，在此仅将几种比较实用的实验室诊断方法和具有一定应用前景的诊断方法进行简要介绍。

（一）牛乳孕酮诊断法

牛在妊娠早期（配种后 18 ～ 24 d）就表现出外周血液和乳汁中孕酮浓度升高。通过精确定量分析可以确定妊娠早期（配种 21 d后）母牛乳汁中孕酮的临界值，根据此临界值则可对应调节测定系统，使其满足定性测定的要求，再通过显色反应或乳胶凝集特征判定是否妊娠。配种后 23 d是牛早期妊娠诊断的最佳时间。

1. 孕酮 ELISA（P-ELISA）诊断法

P-ELISA 诊断法利用抗原（孕酮）、酶标抗原（酶标记孕酮）与抗体（孕酮抗体）的饱和竞争性结合反应原理，来监测乳样中孕酮浓度的高低，依据反应系统中所产生的颜色（蓝、黄和粉红）深浅程度，用肉眼定性孕酮在乳样中的浓度范围，确诊妊娠。国外已有商品性 P-ELISA 诊断试剂盒，用此方法进行早期妊娠诊断的准确率为 84.5%，但成本较高。

2. 孕酮乳胶凝集抑制试验

孕酮乳胶凝集抑制试验是一种利用孕酮单克隆抗体和孕酮包被胶珠进行乳汁孕酮快速定性测定的免疫学方法。其诊断原理是将孕酮包被在特化的乳胶珠上，使乳样中的游离孕酮和乳胶珠上的孕酮竞争与单克隆抗体上的有限位点相结合，以此来定性显示乳样中孕酮水平的高低。此诊断方法操作简便，设备简单，成本也低。

（1）方法。将等量乳样、孕酮单克隆抗体和孕酮包被乳胶珠混合在一起，并涂于反应玻板上，当混合物在狭槽中扩散横过玻片时，乳胶珠与溶液相互作用，形成乳汁薄膜。

（2）结果判定。如果乳样中孕酮含量高，游离态孕酮竞争与孕酮抗体非凝集性结合，在玻板小室内形成平滑状乳膜；相反，如果样品中孕酮含量低，乳胶珠上的孕酮则与孕酮抗体结合得多，造成胶珠凝集，在玻板上形成粒状乳膜。

3. 妊娠相关糖蛋白测定

妊娠相关糖蛋白（PAG）是由妊娠母牛胎盘滋养层双核细胞所表达。母牛妊娠后，外周血液中妊娠相关糖蛋白浓度开始缓慢上升，妊娠 22 d达到 2 mg/mL以上，与空怀母牛体内的妊娠相关糖蛋白浓度差异显著。目前，检测妊娠相关糖蛋白主要采用放射免疫分析法（RIA）、酶联免疫法（ELISA）。RIA由于存在核污染等问题，在生产上不适合推广应用，目前只是作为实验室的检测手段。检测母牛配种 28 d后妊娠相关糖蛋白浓度的ELISA试剂盒已被商业开发，准确率达到93%以上。

（二）母猪孕马血清促性腺激素诊断法

利用孕马血清促性腺激素（PMSG）对配种后的母猪进行妊娠诊断，此诊断方法安全、简单、诊断时间早，同时，还具有诱导发情的功效。用此方法进行妊娠诊断的准确率高达100%，不引起流产，产仔数及胎儿发育正常。对猪而言，是一种很好的妊娠诊断方法。

1. 方法

给配种 14 d以后的母猪肌内注射孕马血清促性腺激素 700 ～ 800 IU。

2. 结果判定

在 5 d内未出现正常发情、不接受公猪交配者，则可确诊为妊娠；相反则为未妊娠。

三、特殊诊断法

特殊诊断法指利用特殊仪器设备或较复杂的技术进行的妊娠诊断方法。特殊诊断法包括阴道活体组织检查法、X射线诊断法、胎儿心电图诊断法、超声波诊断法等，重点对目前应用较多且有推广应用前景的超声波妊娠诊断方法进行介绍。

超声波诊断仪包括A型超声波诊断仪、D型超声波诊断仪、B型超声波诊断仪三种类型，其中，B型超声波诊断仪在兽医临床上应用最为广泛。

（一）A型超声波诊断仪

A型超声波诊断仪以一维波的形式显示超声回声信号，波幅的高低代表回声的强弱，无回声信号则出现平段。均匀液体介质不产生反射，显示呈现液体平段；均匀实质器官或肌肉等在仪器增益后，其中组织结构会产生小的反射波幅，显示实性平段；据此可以诊断妊娠、未妊娠和子宫积液等，但不如B型超声波诊断仪所显示的图像直观，目前在兽医妊娠诊断上应用较少。

（二）D型超声波诊断仪

D型超声波诊断仪即多普勒超声波诊断仪，其原理是当探头和反射界面之间有相对运动时，反射信号的频率会发生变化，即出现多普勒频移，用检波器将此频移检出、处理后，变成音频信号输出，以此来进行妊娠诊断。D型超声波诊断仪主要用于检测体内的活动器官，可通过监听子宫动脉血流音、胎儿心音、脐带血流音、胎盘血流音等来判断动物是否妊娠。

（三）B型超声波诊断仪

B型超声波诊断仪采用的是辉度调制，以光点的亮暗反映信号的强弱。应用B型超声波诊断仪能实时显示被查部位的二维断层图或切面显像，反映该部位的活动状态，所以，B型超声波诊断仪又称为实时超声断层显像诊断仪，简称B超。在兽医临床上，目前利用B超对妊娠期动物子宫和胎儿进行监测使用非常广泛。

1. B型超声波诊断仪的原理

B超是通过脉冲电流引起超声探头晶体振动发射出多束超声波，在一个断面上探测，并利用超声波在各组织中传播时的反射强度差异，将其转换为脉冲信号，在显示屏上以明暗不同的光点显示出被测部位组织断面的图像。例如，当探测到液体时，声波无反射，显示无回声的黑色；当探测到致密组织或空气时，声波反射加强，显示强回声的白色。

2. B型超声波诊断仪的主要组成

B超主要由带有显示屏的扫描仪和探头组成，扫描仪分为实时线阵扫描仪和实时扇形扫描仪，分别配有线阵扫描探头和扇形扫描探头。前者扫描图像为矩形，后者扫描图像为扇形。

目前，兽医临床上使用的超声扫描探头有体外用超声扫描探头、直肠用超声扫描探头、阴道用超声扫描探头。探头频率多为3.5 MHz、5.0 MHz和7.5 MHz。探头频率越高则分辨率越高，所得图像就越清晰，但探查深度有限，所以探查精细结构时用高频探头，进行较深部探查时用低频探头。

3. 牛B超妊娠诊断

常采用5.0 MHz或7.5 MHz直肠探头，探查时先掏出直肠中的宿粪，将探头涂上超声耦合剂，然后用手带入直肠中，隔着直肠壁将探头放在牛生殖器官的相应部位，即可看到相应的超声图像。

妊娠10～17 d，在妊娠侧子宫角中开始出现圆形或长形胚泡超声图像，直径大约2.0 mm，长度4.5 mm；妊娠20 d左右，出现胚体图像，胚体长3.8 mm，并可探测到胚体的心搏动；妊娠30 d左右，在胚体周围开始出现羊膜回声图像；妊娠35 d左右，可探查到子宫壁上的子叶；妊娠42 d左右，可观察到胎动；妊娠60 d左右，胚体长约66 mm；用B超进行牛妊娠早期诊断的最适宜时间为妊娠28 ～ 30 d，妊娠诊断准确率为90% ～ 94%。

4. 羊B超妊娠诊断

利用B超对羊进行妊娠诊断时，一般采用直肠探查和体外探查配合进行的方法，但在实际工作中以直肠探查为主。

直肠探查时，将羊站立保定，用手指排除直肠内的宿粪，将直肠探头涂上超声耦合剂或蘸温水后送入直肠，直肠探头在骨盆腔入口处向下呈45° ～ 90°移动、探查，然后通过显示屏观察超声图像，判定是否妊娠。

体外探测部位为羊乳房两旁和后肢之间无毛区域。将母羊侧卧保定，在探头上涂上超声耦合剂后，将探头与皮肤垂直压紧，以均匀的速度或适当改变角度紧贴皮肤移动，然后通过显示屏观察超声图像，判定是否妊娠。

用B超进行羊妊娠诊断时，所观察的主要内容是胎囊、胎体、胎心搏动、子叶胎盘，一般可在妊娠20 d后做出确诊。

5. 犬、猫B超妊娠诊断

犬、猫的B超妊娠诊断常通过体外腹壁探测进行，常用探头为5.0 ～ 7.5 MHz的线阵或扇形探头，大型犬有时也用直肠探头。犬、猫做妊娠诊断时多采用侧卧或仰卧姿势，也可采用站立姿势。一般在配种21 d后对犬、猫进行B超妊娠诊断，猫最早时间可以在18 d。探测部位为腹底壁或腹侧壁，在耻骨前缘的腹中线及乳腺两侧。探查前必须剪毛，尤其是绒毛较厚者。在探测部位前后做横向、纵向和斜向三个方位的平扫切面观察。

妊娠20 d，胚泡呈壶腹形，内径10 ～ 20 mm；妊娠23 ～ 25 d，可见胚体（在绒毛膜囊内出现强回声的光亮团块）；妊娠30 d，胎心内可见心跳，能分辨出头和躯干；妊娠31 ～ 35 d，能辨认四肢和脑脉络；妊娠35 ～ 40 d，开始骨化。

犬早孕阴性判断需慎重，因为犬子宫角在未妊娠和妊娠20 d之前均很细（一般直径不到1 cm），且几乎看不到管腔，故B超难以探查到。当怀疑早孕阴性时，应在配种后23 ～ 25 d（甚至更晚）多次细致复查，怀仔数很少时更易误判断为早孕阴性。

【注意事项】

（1）腹壁触诊进行妊娠诊断时，动作要轻柔，尤其是对子宫内胚胎进行触压时，用力一定要适度。

（2）直肠检查时应注意动物的保定及自身防护，检查过程要细致。

（3）阴道内检查时，操作人员及所用器材要注意无菌。

（4）B超妊娠诊断时要熟练掌握卵巢、子宫的超声特点。

（5）实验室妊娠诊断检查时应熟知各种方法的原理，操作要规范。

（6）有少数18月龄以前的妊娠小母猪，在用孕马血清促性腺激素（PMSG）处理后48 h

左右会出现短时间的微弱发情（外阴稍红肿、黏膜潮红，阴道排出少量黏液，精神稍有不安），但不接受公猪交配。

材料准备

临床检查基本方法、实验室检查说明书、长臂手套。

用具准备

妊娠的动物、B型超声波诊断仪。

任务筹划

任务流程如图 3-1-2 所示。

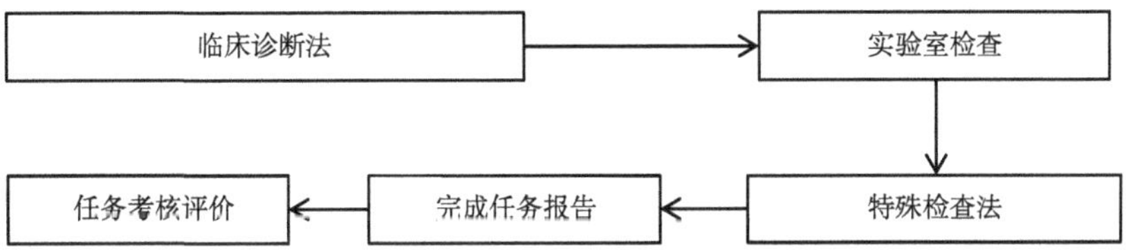

图 3-1-2　任务流程

任务实施

1. 临床诊断法

临床诊断法分为外部检查和内部检查两部分，其中，外部检查包括问诊、视诊、触诊等方法。通过外部检查可区分母畜是否妊娠。同时，结合内部检查，内部检查包括阴道检查和直肠检查两种方法。内部检查可确认妊娠母畜的妊娠天数以及胎儿的发育状况等内容。

2. 实验室诊断法

实验室诊断法主要测定母体孕酮的含量，根据母体孕酮含量高低，确定该母畜是否妊娠。

3. 特殊诊断法

特殊诊断法主要通过超声检查，可用A超、D超、B超等方式，但B超在诊断当中最为常用。通过B超检查可观察到母体内胎儿的大小以及形态，还可判断胎儿是否存活。不同动物在做B超检查时所用的检查方法大致相同。

> 知识拓展：妊娠诊断（二维码 3-1-1）。
>
> 二维码 3-1-1
> 知识拓展：妊娠诊断

任务报告

对本任务相关知识进行学习，根据任务实施流程及操作步骤认真完成任务报告（表 3-1-1）。

表 3-1-1　妊娠诊断

姓名：	班级：	学号：
1. 通过临床诊断法进行妊娠诊断，并指出临床诊断法的注意事项。		
2. 通过实验室诊断法进行妊娠诊断，并指出实验室诊断法的注意事项。		
3. 通过特殊诊断法进行妊娠诊断，并指出特殊诊断法的注意事项。		

任务评价

根据学生对妊娠诊断的临床诊断法、实验室诊断法及特殊诊断法操作的准确性及熟练程度以及任务报告的完成情况进行考核评价（表 3-1-2）。

表 3-1-2　妊娠诊断考核评价细则

姓名：		班级：		学号：		教师签字：
自评： □合格　□不合格 日期：		互评： □合格　□不合格 日期：		师评： □合格　□不合格 日期：		
序号	考核项目	考核标准	考核方式	分值	评分要求	得分
1	临床诊断法	1. 能正确进行问诊 2. 能正确进行视诊 3. 能正确进行触诊 4. 能正确进行阴道检查 5. 能正确进行直肠检查	现场识别考核、问答考核	10 分	未完成 1 项扣 2 分，5 项均未完成扣 10 分	
2	实验室诊断法	1. 能正确进行孕酮 –ELISA 诊断法的操作 2. 能正确进行孕酮乳胶凝集抑制试验的操作 3. 能正确进行妊娠相关糖蛋白测定的操作		10 分	未完成 1 项扣 3 分，3 项均未完成扣 10 分	

续表

序号	考核项目	考核标准	考核方式	分值	评分要求	得分
3	特殊诊断法	1. 能正确进行牛B超检查法的操作 2. 能正确进行猪B超检查法的操作	现场识别考核、问答考核	10分	未完成1项扣5分	
4	任务报告	1. 完成认真，内容正确 2. 能正确进行妊娠的诊断	评阅考核	15分	根据情况酌情扣分	
5	学习态度	1. 具有团队协作精神 2. 具备科学严谨的态度 3. 观察认真，发言积极 4. 遵纪守则，爱护公物	自评、互评和师评相结合	10分	根据情况酌情扣分	

任务检测

请扫描二维码3-1-2进入在线测试，可反复多次答题，直到获得满意的结果。

二维码 3-1-2
项目三任务一检测

任务二
产前检查与接产

任务导入

产前检查指为妊娠期母畜进行分娩前的检查，可以预防和发现并发症，减少其不良影响，及时选择干预措施，纠正异常胎位，减少分娩过程中母畜与新生畜的死亡率。不同动物分娩预兆、分娩过程都有不同特点，掌握这些知识对判断动物分娩启动的时机、分娩的阶段、分娩的影响因素非常重要，更有助于提早判断动物是否会难产，便于及时采取措施。给动物进行正确合理的产前检查和接产可以预防难产，保护母体和胎儿安全。请学生完成产前检查和接产操作，并完成任务报告。

任务准备

知识准备

一、临产前产道检查

除能查出胎儿的异常情况外，还可查明母畜的骨盆有无异常，阴门、阴道、子宫颈等软产道的松弛、润滑和开放程度，据此判断有无难产的可能性，从而及时做好助产准备工作。

二、分娩

妊娠期满，胎儿发育成熟，母体将胎儿及其附属物排出体外的生理过程称为分娩。分娩是动物繁育过程中的一个重要环节，充分了解动物正常的分娩过程，科学、及时做好接产工作，不仅可提高动物出生成活率，还可减少母畜分娩期疾病和产后疾病的发生。

三、分娩预兆

随着分娩日期临近，妊娠动物在生理和形态上会发生一系列的变化，称为分娩预兆。通过观察分娩预兆，可预测分娩时间，做好相应的接产准备。动物的分娩预兆主要表现在乳房、外阴、骨盆韧带和行为四个方面。

(一)牛

奶牛的乳房变化较明显，初产牛在妊娠 4 个月时乳房开始变大，经产牛在分娩前 10 d 乳房开始肿大。产前 2 d乳房极度肿大，乳房中充满黄色初乳。有的奶牛会出现漏乳现象，如果出现漏乳则一般在漏乳开始后数小时至 1 d内分娩。

(1)从分娩前 1 周开始，阴唇开始肿胀、柔软，色泽变红。分娩前 1 ～ 2 d，子宫颈开始松弛，子宫颈管中的黏液栓软化、外流。

(2)分娩前 1 ～ 2 周，荐坐韧带开始软化，至分娩前 12 ～ 26 h荐坐韧带变得非常松软，荐椎两旁组织明显塌陷。

(3)妊娠母牛的体温从产前 1 个月开始发生变化，产前 7 ～ 8 d缓慢升到 39 ～ 39.5℃，产前 12 h(有些为 3 d)下降 0.4 ～ 1.2℃。

(二)猪

(1)产前 3 d左右乳头向外伸展，中部两对乳头可挤出少量清亮液体。

(2)产前 1 d左右可以挤出 1 ～ 2 滴白色初乳。随着分娩期临近，母猪前腹部大而下垂。

(3)在产前数天(或 6 ～ 12 h)有衔草做窝现象。

（4）产前 3 ～ 5 d阴唇开始肿大，有些在产前数小时排出黏液。

（三）马

（1）马在产前数天乳头变粗大、二乳头向外开张呈“八”字形，开始漏乳后往往于当天或次日夜间分娩。

（2）产前 10 h左右阴唇肿大、松软、变红。荐坐韧带也变松软，因臀肌肥厚，尾根活动不明显。

（四）犬

（1）犬分娩前 2 周乳房开始变大，分娩前数天乳房分泌乳汁，外阴肿大、充血。子宫颈口流出水样透明黏液，同时伴有少量出血。

（2）分娩前 1 ～ 1.5 d，精神不安，主动寻找黑暗安静的地方开始筑窝。

（3）产前 24 ～ 36 h，食欲大减，行动急躁，不断地用爪刨地，啃咬物品等。

（4）临产前 3 d左右体温下降，临产时体温回升。

（5）分娩前 3 ～ 10 h开始出现阵痛，不安、起卧不定，频频排尿，常发出怪声呻吟或尖叫。

（五）羊

（1）羊临产前 2 个月乳房开始变大。荐坐韧带软化十分明显，尾根上下可明显活动，尤其是山羊。

（2）产前数小时阴唇显著增大，从产道中开始向外排出少量黏液。

四、分娩过程

分娩指从子宫开始阵缩到胎衣完全排出的整个过程。分娩本身是一个完整复杂的生理过程，可人为地将其分为三个阶段，即开口期、胎儿产出期和胎衣排出期，见表 3-2-1。

表 3-2-1　动物分娩各期时间

动物类别	开口期	胎儿产出期	胎儿产出间隔	胎衣排出期
牛	2 ～ 8 h （0.5 ～ 24 h）	3 ～ 4 h （0.5 ～ 6 h）	20 ～ 120 min	4 ～ 6 h （<12 h）
水牛	19 min	4 ～ 5 h	—	—
绵羊	4 ～ 5 h （3 ～ 7 h）	1.5 h （0.25 ～ 2.5 h）	15 min （5 ～ 60 min）	0.5 ～ 4 h
山羊	6 ～ 7 h （4 ～ 8 h）	3 h （0.5 ～ 4 h）	5 ～ 15 min	0.5 ～ 2 h

续表

动物类别	开口期	胎儿产出期	胎儿产出间隔	胎衣排出期
猪	2 ～ 12 h	—	2 ～ 3 min（中国猪种） 11 ～ 17 min（引进猪种）	30 min 10 ～ 60 min
马	10 ～ 30 min	10 ～ 20 h	20 ～ 60 min	5 ～ 90 min
犬	4 h（6 ～ 12 h）	3 ～ 4 h	10 ～ 30 min	5 ～ 15 min/ 仔
猫	—	2 ～ 6 h	5 ～ 60 min	—
骆驼	—	8 ～ 15 min	—	21 ～ 77 min

（一）开口期

开口期也称为子宫颈开张期，开口期从子宫出现阵缩开始到子宫颈口充分开张为止。这一时期一般只有阵缩，没有努责。动物寻找安静的地方独处待娩，由于阵缩可导致腹疼，所以，动物会表现出一定程度的不安，表现为叫、来回走动、时起时卧、前蹄刨地等，初产动物在这一时期的不安尤其明显。另外，动物间也有差别，马最为敏感。开口期的中期其阵缩为每次 15 min，每次 15 ～ 30 s；随后阵缩频率加强，可达每次 3 min。

（二）胎儿产出期

从子宫颈口充分开张到将胎儿排出的这一时期为胎儿产出期。努责是这一阶段开始的标志，将胎儿完全排出是这一阶段的终止标志。在这一阶段中，阵缩和努责同时存在。当子宫颈口充分开张后，胎囊及胎儿的前置部分对子宫颈及阴道发生刺激，使垂体后叶素的释放增加，就可引起腹肌和膈肌的强烈收缩，从而导致阵缩出现。

胎儿产出期各种动物的主要表现是极度不安，时起时卧、前蹄刨地、后蹄踢腹、拱背努责、哞叫等显著增强。当胎头通过骨盆腔时，分娩的动物一般会侧卧，因为侧卧可增加腹压、加强产出的力量。胎头最宽处通过骨盆腔时，母畜努责表现最为强烈，有的母畜甚至表现出张口伸舌、呼吸紧促、眼球转动、四肢痉挛样伸直等。当胎头出了骨盆腔出口后，分娩母畜会稍作休息，然后继续努责，当胎儿胸部出骨盆腔出口后，努责会显著缓和。倒生时，胎儿的最宽处为胎儿臀部，当胎儿臀部通过骨盆腔时会呈现类似于正生的表现。

（三）胎衣排出期

胎膜俗称胎衣，但胎衣不包括母体胎盘。胎衣排出期就是从胎儿产出到胎衣完全排出的时期。当母体产出胎儿后，经过几分钟的短暂休息，子宫又开始阵缩，此时一般无努责或只有轻微努责，通过阵缩使子宫和胎膜分离，最后将其排出体外。胎膜是胎儿发育过程中的一个暂时性器官，当胎儿出生后胎衣将被母体视为一种异物，必须将其排出，否则将会导致胎衣不下。牛、羊的胎盘属于上皮结缔绒毛膜胎盘，其母体胎盘和胎儿胎盘结合紧密，所以，胎衣排出所需时间较长。牛和羊虽属同一类型胎盘，但羊的母体胎盘和胎儿胎盘结合不如牛紧密，所以，羊的胎衣排出时间要短于牛。由于子宫的阵缩是由子宫角尖端开始的，所以，胎衣与子宫黏膜的分离也开始于子宫角尖端，然后外翻而出，从而导致尿膜绒毛膜的内膜翻于外面。牛怀双胎时，胎衣在两个胎儿排出后排出。山羊怀多胎时，胎衣在全部胎儿排出后，分次或一起排出。马的胎盘属于上皮绒毛膜胎盘，母体胎盘和胎儿胎盘结合较为疏松，胎衣排出期较短。猪的胎衣排出期稍长于马，但猪为多胎动物，其胎衣可分两堆或几堆排出。犬有吃胎衣的习惯，如果胎儿数目较多，应该限制。

五、决定分娩过程的要素

分娩过程能否顺利完成，主要取决于产力、产道和胎儿三个因素。在分娩过程中，如果这三个因素正常，而且三者之间能相互适应，就可保证分娩正常完成，否则，就可能导致难产发生。

（一）产力

母体将胎儿从子宫中排出到体外的力量就是产力。产力由阵缩和努责两种力量构成，阵缩是子宫肌的节律性收缩，努责是腹肌和膈肌的节律性收缩。阵缩和努责对分娩过程中胎儿的顺利产出起十分重要的作用。

1. 阵缩

阵缩是子宫壁的纵行肌和环形肌发生的蠕动性收缩和分节收缩。动物的分娩过程启动后就开始出现阵缩，当胎衣排出后阵缩停止。分娩初期，动物呈现的腹部阵痛就是阵缩引起的临床表现，阵缩是一阵一阵、有节律的收缩。起初，阵缩短暂而无规律，力量弱，持续时间短，间歇时间长；之后，则逐渐变得持久有力，间歇时间变短。每次阵缩都是由弱变强，持续一段时间后又减弱消失，两次阵缩之间有一定的时间间隔。单胎动物的阵缩从孕角尖端开始，向后移行；多胎动物的阵缩先由靠近子宫颈的部分开始，子宫角的其他部分仍呈安静状态。

阵缩对保证分娩过程中胎儿的安全及调整胎位、胎势有着重要意义。子宫收缩时，子宫上的血管受到挤压，胎盘上的血液供给受到限制；子宫收缩间歇时，子宫的挤压解除，血液循环又得以恢复。如果子宫持续收缩，无间歇期，胎儿就会因缺氧而发生窒息。每次收缩间歇期，子宫肌的收缩虽然暂停，但并不完全弛缓，因此子宫壁逐渐变厚、子宫腔逐渐变小。

2. 努责

努责的力量大于阵缩的力量，伴随着努责动作动物腹部会出现明显的起伏。当子宫颈口开张、胎囊经过子宫颈口后，动物开始努责，胎儿排出后努责停止。

（二）产道

产道是胎儿产出的通路，包括软产道和硬产道两部分。

1. 软产道

由子宫颈、阴道、阴道前庭和阴门组成。妊娠期间，子宫颈质地紧张、子宫颈口紧闭；分娩开始后，子宫颈变得松弛、柔软，子宫颈口开张，以保证胎儿在分娩过程中顺利通过。分娩过程中子宫颈口的开张程度，是动物难产检查中的一个重要指标。阴道、前庭和阴门为了适应分娩过程中胎儿顺利排出的需要，在临分娩前和分娩时也会变得松弛、柔软。

2. 硬产道

就是骨盆，由荐椎、前三个尾椎、髋骨（髂骨、坐骨、耻骨）和荐坐韧带组成。骨盆可分为四个部分，即入口、出口、骨盆腔和骨盆轴（图 3-2-1 至图 3-2-3，图中虚线代表胎儿通过硬产道的路径）。

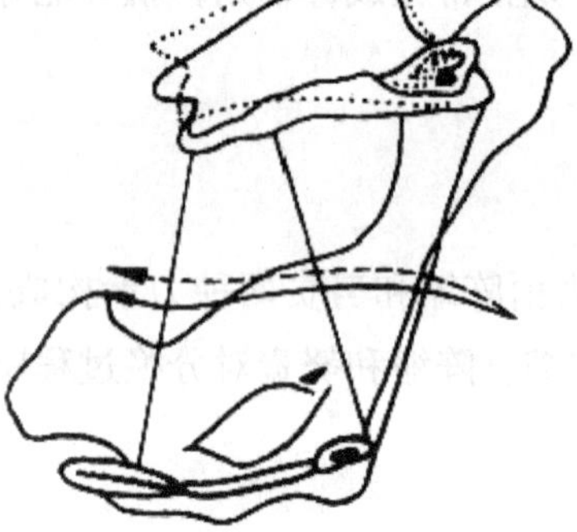

图 3-2-1　牛的骨盆轴

图 3-2-2　羊的骨盆轴

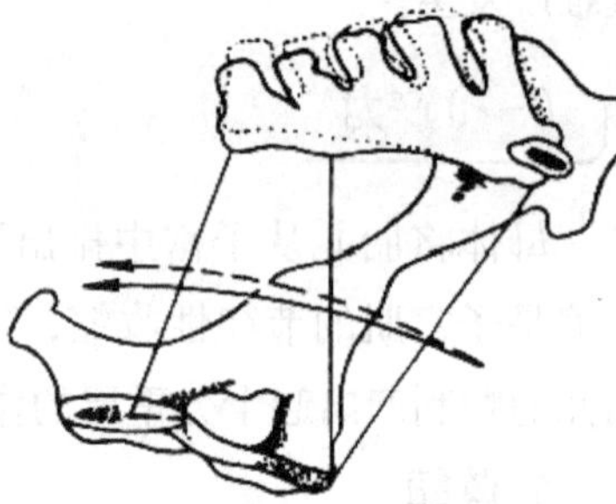

图 3-2-3　马的骨盆轴

骨盆轴是由入口荐耻径、骨盆垂直径、出口上下径三条线的中点所连成的一条曲线。骨盆轴是分娩过程中，胎儿在盆腔中运行的轨迹，骨盆轴越短、越直，胎儿就越易顺利通过骨盆轴。骨盆轴还提示了牵引助产过程中不同阶段的牵引用力方向。

（三）胎儿

用来描述胎儿和母体产道关系的术语：胎向、胎位、胎势和前置。

1. 胎向

就是胎儿的方向，也就是胎儿纵轴与母体纵轴的关系，胎向有 3 种。

（1）纵向。纵向指胎儿纵轴和母体纵轴平行。纵向包括正生和倒生两种情况。正生是指胎儿纵轴和母体纵轴平行，但方向相反，即头和前肢先进入产道。倒生是指胎儿纵轴和母体纵轴平行，但方向相同，即胎儿后肢或臀部先进入产道。

（2）横向。横向指胎儿横卧于子宫内，胎儿纵轴和母体纵轴呈水平垂直。背部向着产道的称为背部前置横向（背横向）；腹底面向着产道的（四肢伸入产道）称为腹部前置横向（腹横向）。

（3）竖向。竖向指胎儿纵轴和母体纵轴上下垂直。背部朝向产道的称为背竖向；腹部朝向产道的则称为腹竖向。

纵向是正常的胎向，横向和竖向均属于不正常的胎向。

2. 胎位

胎位，即胎儿的位置，它描述的是胎儿背部和母体背部或腹部的关系，胎位也有三种。

（1）上位（背荐位）。胎儿伏卧在子宫内，背部在上，靠近母体背部。

（2）下位（背耻位）。胎儿仰卧在子宫内，背部朝下，靠近母体腹部。

（3）侧位（背髂位）。胎儿侧卧在子宫内，背部位于一侧，靠近母体腹侧壁及髂骨。

上位属于正常胎位，下位和侧位均属于不正常的胎位。轻度的侧位可归于上位或下位。

3. 胎势

胎势，即胎儿的姿势，描述的是胎儿各局部呈现的屈伸状态。

4. 前置

前置，也称为先露，描述的是胎儿某一部分和产道的关系，哪一部分朝向产道或先露出产道，就称为哪一部分前置。通常情况下，常用"前置"这一名词来描述胎儿的反常情况。例如，胎儿头颈部向一侧弯曲，颈侧面朝向产道，就可描述为颈部前置。

分娩时胎儿的正常方向应该是纵向，否则难产概率很高；正生和倒生均属于正常，但相对而言倒生的难产率要高。

分娩时胎儿的正常胎位应该是上位，但轻度侧位一般也不会引起难产，所以也可以认为是正常的。

一般而言，正常的胎势应该是两前腿及头颈伸直、头颈放在两条腿上或两后腿伸直。

六、产前检查

（一）牛、马的产前检查

牛、马的产前检查主要是直肠或产道内检查。首先将直肠内粪便清理后，消毒手臂及母畜的外阴部，把手伸入阴门，隔着羊膜（羊膜未破时）或伸入羊膜腔内（羊膜已破时）触摸胎儿。羊膜完整时，不要撕破，以免胎水过早流失，影响胎儿的排出。如果胎儿为正生，前置部分三件（唇及二蹄）俱全，而且姿势位置正常，可暂不做处理。胎儿的姿势位置如有异常，则应立即进行矫正。因为此时胎儿的躯体尚未进入盆腔，异常部分的异常程度不大，胎水尚未流尽，子宫内润滑，而且子宫还没有紧裹住胎儿，进行矫正比较容易。例如，牛、马的头颈侧弯是很常见的，在分娩初期胎儿开始排出时，这种异常一般只是头稍微斜偏，未伸入骨盆入口。这时只要稍加牵引，即可将头拉直，继而把胎儿拉出，避免发生难产，同时还能提高胎儿的存活率。

（二）犬、猫的产前检查

犬、猫不适合使用产道内检查法进行产前检查。除视诊之外，可以用超声检查胎儿的心率、胎儿体腔横径等生理指标评估胎儿活力，也能通过胎位、胎向等信息初步判断是否会难产。犬出现心率低于 180 次/min 可能导致缺氧，进一步造成窒息死亡。

【注意事项】

（1）进行全身状态的观察时，动物应当不予任何保定和限制措施，并让动物适当适应环境，避免人为的干扰，有条件的最好直接进入动物圈舍进行观察。

（2）对门诊患病动物，应使其适当休息并安静后再行检查，并有动物主人或饲养人员在旁协助为好。

七、接产

（一）接产准备

（1）根据配种日期做好预产期推算工作，分娩前 7 ～ 15 d将母畜转入产房，并仔细观察护理，做好观察待产工作。

（2）冬天产房应具有一定的温度，夏季产房要保证通风良好，有专职人员昼夜值班。产房还应该具备一定的助产用具和药品。基本的药物和器械包括消毒液、催产药物、70%酒精、2% ～ 5%碘酊、丝线、助产绳、纱布、剪刀、毛巾、肥皂、水桶或脸盆等。

（3）接产人员应该进行专业培训，熟悉正常分娩过程，严格按接产的操作程序进行接产处理。

（二）接产处理

接产应该在严格消毒的情况下进行，在接产过程中防止产道感染是控制生殖系统疾病发生的一个重要环节，接产者应该对其手臂和所用器械进行认真消毒。现以牛为例介绍接产步骤和方法。

（1）动物开始分娩后，用绷带或细绳系住尾巴，将其拉向一侧，另一端系于颈部。用消毒液清洗外阴周围及乳房，然后将动物置于产房仔细观察，以待接产或助产。

（2）当胎儿的嘴巴露出阴门外时，如果胎膜尚未破裂，应将胎膜人为撕破，并将胎儿鼻孔中的黏液擦干净，以防胎儿在分娩过程中吸入羊水或发生窒息。

（3）掌握产道检查时机，及时助产。根据分娩过程中母子状况，适时进行产道检查，及时进行助产，对保证胎儿成活和防止母畜产后疾病有着重要意义。当母体努责微弱、分娩过程延长、阴门外只有一条腿、大动物阴门外只露嘴巴而不见两前肢或只有两前肢而不露嘴巴、两蹄掌心相反、外露的两肢异常，这时就应该及时进行产道检查确定相应的助产方法。牛胎膜破裂后 1 h胎儿的前置部分仍未出产道时，应该及时进行产道检查；羊胎膜破裂后 40 min胎儿的前置部分仍未出产道时，应该及时进行产道检查。过早助产易导致人为难产，过早检查易对产道造成感染，但贻误助产时机则会对胎儿的生命安全造成威胁。所以，在进行产道检查及助产时，应该认真观察分娩过程，做到适时检查、适时助产。

八、新生仔畜处理

（一）擦干羊水

当胎儿产出后要及时擦干其鼻腔及口腔周围的羊水，并观察呼吸是否正常，如果呼吸异常或无呼吸则必须进行相应的救治处理。对吸入少量羊水的胎儿应该将其倒置或采用相应的治疗措施以促进其排出。

要将刚出生的仔畜身上的黏液及时擦干，并注意保温。对于牛、羊，可让母畜舔干仔畜身上的黏液，由于羊水中含有雌激素、前列腺素等物质，可促进母体子宫收缩、促进胎衣排出。

（二）处理脐带

为了防止脐带感染、促进脐带干燥，要正确处理脐带。大多数动物出生后脐带会被自行扯断，只有马等少数动物的脐带不易自行扯断。断脐时，脐带不可留得过长或过短，过长易导致脐带感染，过短易导致“漏脐”，一般以 3 ～ 6 cm 为宜。断脐后将脐带断端外涂碘酊或碘伏，如有出血则应该进行结扎。

（三）假死新生动物的抢救

对于假死犊牛、羔羊和仔猪，先用药棉或纱布拭净口鼻内的黏液和羊水，然后倒提幼畜，使后躯抬高，用手轻轻拍打腰部数次，有节奏地按压胸腹部。配合使用尼可刹米等呼吸中枢兴奋的药物进行肌内注射。犊牛也可用缝衣针在牛犊尾部背侧正中线上，从尾尖穴向上，每隔 2 cm 刺一针，共刺 7 ～ 12 针。生产上可向假死幼畜的一侧耳内灌入少量凉水或酒精，因动物平衡耳内压出现甩头动作而被激活。

另外，在寒冷季节，因对临产母羊观察不细或放牧离舍过远，羔羊可能生产在室外或野外。遇有羔羊因受冻呼吸迫停，周身冰凉，称为“冻僵”羔羊，应立即将其移入暖室进行温水浴。洗浴时将羔羊头部露出水面，以免呛水。水温从 38℃逐渐升至 42℃，洗浴时间为 20 ～ 30 min。同时结合急救假死羔羊的办法，使其复苏。

（四）辅助哺乳

仔畜出生后，应擦洗分娩母畜的乳头、协助仔畜尽早吃上初乳。对于活力较差无法自行吮食乳汁的仔畜，应该及时进行人工哺乳，尽量保证在出生 1 h 内让仔畜吃上初乳。

对于不足月的仔畜或特别虚弱的仔畜，应该注意保温（有条件者可人工吸氧，新生的犬、猫可以放入急救监护仓），进行人工哺养。当母畜无哺乳能力时，应做好保姆代乳工作。

（五）称重登记

对某些养殖场或某些家畜来说，还应该做好出生仔畜的登记、称重、编号及免疫注射等工作。

（六）观察胎衣排出情况

胎儿出生后，还要仔细观察母体胎衣排出情况，对于胎衣未及时排出或未完全排出者，要进行相应的治疗处理，防止胎衣不下造成子宫感染。对排出的胎衣要及时处理，牛、羊、兔吃食胎衣后可引起消化不良，猪吃惯胎衣后易导致食仔癖。

【注意事项】

（1）动物检查正常时，尽量不要人为干预分娩过程。

（2）进行接产时，应当给予动物适当的保定和限制措施，防止受到意外伤害。

（3）接产前必须做好各项准备工作，防止出现意外时措手不及。

（4）接产时，接产人员要做好自身防护工作。

材料准备

分娩表现挂图、分娩启动时间、产前检查方法表、消毒液、温水、消毒毛巾、长臂手套、肥皂。

用具准备

妊娠母畜、水盆、产科器械、手术剪、体重秤。

任务筹划

任务流程如图 3-2-4 所示。

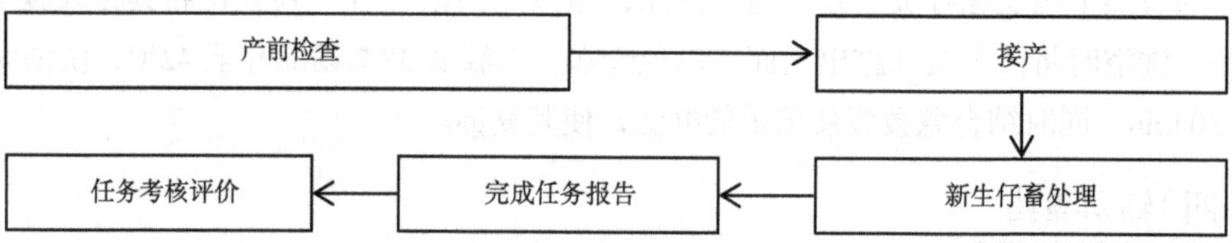

图 3-2-4　任务流程

任务实施

1. 产前检查

产前检查就是在动物生产之前对动物进行产道检查，对是否能够正常分娩做出早期判断，以便尽早对各种可能引起难产的异常情况进行及时处理，减少母畜和新生仔畜的死亡率。

在产前检查中，各种动物在生产前的表现会各不相同，因此，在检查过程中，应当根据不同动物的妊娠特点进行检查。

2. 接产

当妊娠期满，动物即可生产。此时应当做好接产准备，随时准备接产。在动物分娩时，应当仔细观察分娩过程，根据动物的分娩过程及表现，及时参与助产及接产，接产工作必须根据动物分娩的生理特点进行，不可过早干预或盲目助产。接产前必须做好充分准备，给动物进行细致全面的产前检查以判断是否会发生难产等异常情况，接产后能正确处理胎儿，防止胎儿窒息造成的死亡。

3. 新生仔畜处理

随着母体的生产，新生仔畜的处理也至关重要。当胎儿产出后我们要及时擦干其身上的羊水，并吸干口腔和鼻腔中的羊水，以免出现窒息。为了防止脐带感染，促进脐带干燥，应当正确处理脐带。在胎儿出生后应当断脐，大多数动物可自行扯断脐带，但有小部分动物无法自行扯断脐带。胎儿出生后，应当尽快辅助站立，以便吃到初乳。若胎儿无法站立，应当人为辅助哺乳。胎儿出生后要称重并且标记，同时要观察母体胎衣排出的情况，若胎衣未及时排出，应当及时治疗。

任务报告

对本任务相关知识进行学习，根据任务实施流程及操作步骤认真完成任务报告（表 3-2-2）。

表 3-2-2　产前检查与接产

姓名：	班级：	学号：
1. 能够正确进行各种动物的产前检查，并指出在产前检查中的注意事项。		
2. 能正确进行接产，并指出接产的注意事项。		
3. 能正确进行新生仔畜的处理工作，并指出新生仔畜处理的注意事项。		

任务评价

根据学生对各种动物产前检查的操作及判断、接产操作的准确性及新生仔畜处理的熟练程度，以及任务报告的完成情况进行考核评价（表 3-2-3）。

表 3-2-3　产前检查与接产考核评价细则

<table>
<tr><td colspan="2">姓名：</td><td colspan="2">班级：</td><td colspan="2">学号：</td><td rowspan="2">教师签字：</td></tr>
<tr><td colspan="2">自评：
□合格　□不合格
日期：</td><td colspan="2">互评：
□合格　□不合格
日期：</td><td colspan="2">师评：
□合格　□不合格
日期：</td></tr>
<tr><th>序号</th><th>考核项目</th><th>考核标准</th><th>考核方式</th><th>分值</th><th>评分要求</th><th>得分</th></tr>
<tr><td>1</td><td>产前检查</td><td>1. 能正确进行牛、羊的产前检查
2. 能正确进行猪的产前检查</td><td rowspan="3">现场识别考核、问答考核</td><td>10 分</td><td>未完成 1 项扣 5 分</td><td></td></tr>
<tr><td>2</td><td>接产</td><td>1. 能正确进行接产准备
2. 能正确进行接产处理</td><td>10 分</td><td>未完成 1 项扣 5 分</td><td></td></tr>
<tr><td>3</td><td>新生仔畜处理</td><td>1. 能正确进行擦干羊水的操作
2. 准确进行处理脐带的操作
3. 准确进行辅助哺乳的操作
4. 准确进行称重标记的操作</td><td>10 分</td><td>未完成 1 项扣 2 分，4 项均未完成扣 10 分</td><td></td></tr>
<tr><td>4</td><td>任务报告</td><td>1. 完成认真，内容正确
2. 能正确进行产前检查与接产描述</td><td>评阅考核</td><td>15 分</td><td>根据情况酌情扣分</td><td></td></tr>
<tr><td>5</td><td>学习态度</td><td>1. 具有团队协作精神
2. 具备科学严谨的态度
3. 观察认真，发言积极
4. 遵纪守时，爱护公物</td><td>自评、互评和师评相结合</td><td>10 分</td><td>根据情况酌情扣分</td><td></td></tr>
</table>

任务检测

请扫描二维码 3-2-1 进入在线测试，可反复多次答题，直到获得满意的结果。

二维码 3-2-1
项目三任务二检测

任务三 流 产

任务导入

妊娠期指母畜从妊娠至分娩的这一段时间。孕畜在妊娠期间易发生一些常见病，统称为妊娠期疾病。通常需要对就诊动物进行问诊后，还要对其进行临床检查，有的还需要进行直肠检查及产道检查。根据检查的实际情况来判断疾病，根据病情来制订治疗方案，采取合理的治疗方法，以达到治疗疾病的目的。妊娠期疾病可影响胎儿发育，导致流产，而且还会影响到母体的生产性能和繁殖性能。兽医临床中常见的妊娠期疾病包括流产、产前瘫痪等。请学生完成流产的诊断与治疗并完成任务报告。

任务准备

知识准备

一、流产的概述

流产是由于胎儿或母体异常而导致妊娠生理过程发生紊乱，或它们之间的正常关系遭到破坏，导致妊娠中断，胎儿被母体吸收或排出体外的病理现象。流产可分为隐性流产、早产、小产及延期流产。

（一）隐性流产

妊娠初期胚胎在子宫内被母体吸收或受精卵跟随脱落的子宫内膜一起流出体外称为隐性流产。隐性流产发生于妊娠初期的胚胎发育阶段，胚胎死亡后，胚胎组织被子宫内的酶分解、液化而被母体吸收，或在下次发情时以黏液的形式被排出体外。

（二）早产

有与正常分娩类似的预兆和过程，排出不足月的活胎儿，称为早产。

(三)小产

小产又称为死产，指孕畜妊娠期未满，提前排出已经死亡但尸体没有发生变化的胎儿。

(四)延期流产

胎儿死亡后由于卵巢的黄体功能仍然正常，子宫收缩轻微，子宫颈口不开张，胎儿死亡后长期停留于子宫中，这种流产称为延期流产，也称为死胎停滞。

二、流产的病因分析

流产可以是妊娠动物某些疾病的一个临诊症状，也可以是饲养管理不当的一个结果，还可以是胎盘或胎儿受到损伤而导致的一种直接后果。流产的原因十分复杂，概括起来可分为传染性流产和非传染性流产。

(一)传染性流产

传染性流产是由病原微生物侵入妊娠动物机体而引起的一种流产，可以是某些传染病发展过程中的一般症状，也可以是某些传染病的一个特征性症状。如布鲁氏菌、衣原体、毛滴虫及马媾疫锥虫等病原体在胎盘、子宫黏膜及产道中造成病理变化，所以，流产是这些传染性疾病的一个特征性症状。猪瘟病毒、李斯特菌、沙门菌、梨形虫、附红细胞体等病原感染妊娠动物时，流产则是这些传染病发展过程中的一个非特异性临诊症状。当某种传染病导致妊娠动物或胎儿的生理功能紊乱到一定程度时，都可以引起流产。

(二)非传染性流产

非传染性流产是由非传染性因素所引起的一类流产，大致可归纳为如下几种。

1. 胚胎发育停滞

精子(卵子)衰老或有缺陷、染色体异常和近亲繁殖均是导致胚胎发育停滞的主要原因，这些因素可降低受精卵的活力，使胚胎在发育途中死亡。胚胎发育停滞所引起的流产多发生于妊娠早期。

2. 胎膜异常

胎膜是维持胎儿正常发育的重要器官，如果胎膜异常，胎儿与母体间的联系及物质交换就会受到限制，胎儿不能正常发育，从而引起流产。先天性因素可以导致胎膜异常，如子宫发育不全、胎膜绒毛发育不全，从而引起胎盘结构异常或胎盘绒毛数量不足。后天性的子宫黏膜发炎变性，也可导致胎膜异常。

3. 饲养不当

饲料严重不足或矿物质、维生素缺乏，饲料发霉、变质或饲料中含有有毒物质，贪食或暴饮冷水均可引起流产。

4. 管理不当

动物妊娠后由于管理不当，可使子宫或胎儿受到直接或间接的物理因素影响，引起子宫反射性收缩而导致流产。地面光滑、急轰急赶、出入圈舍时过于拥挤等引起的摔跌或冲撞，可使胎儿受到过度振动而发生流产。妊娠动物和未妊娠动物混群饲养会由于互相争斗而造成流产。妊娠动物在运输及上车或卸车过程中要倍加小心，否则，也会造成流产。另外，强烈应激、粗暴对待妊娠动物等不良管理措施也是造成动物流产的一个重要原因。

5. 医疗错误

粗鲁的直肠检查和不正确的产道检查可引起流产；误用促进子宫收缩药物可引起流产（如毛果芸香碱、氨甲酰胆碱、催产素、麦角制剂等）；误用催情或引产药可导致流产（如雌性激素、三合激素、前列腺素类药物、地塞米松等）；大剂量使用泻剂、利尿药、驱虫剂；错误注射疫苗；不恰当的麻醉也可导致流产。

6. 继发于某些疾病

一些普通病发展到一定程度时也可导致流产。例如，子宫内膜炎、宫颈炎、阴道炎、胃肠炎、肺炎、疝痛、代谢病等。

三、流产的预防

科学的饲养管理是预防流产的基本措施，对于群发性流产要及时进行实验室确诊，预防传染性流产是畜牧生产中的一个重要工作。

四、诊断要点

（一）共同症状

妊娠动物未到预产日期，但出现分娩征兆，如腹痛不安、拱腰、努责，从阴道中排出多量分泌物或血液或污秽恶臭的液体。

（二）隐性流产

妊娠动物无明显的临诊症状，其典型表现是配种后诊断为妊娠，但过一段时间后却再次发情，并从阴门中流出较多数量的分泌物。配种后，下一个发情周期未出现发情表现，可判断为妊娠，但经过一个或数个发情周期后，却再次发情，这是隐性流产的主要临床诊断依据。

（三）早产

孕畜未到预产期，分娩预兆不明显，产出体弱且不足月的活胎儿。孕畜多在流产发生前 2～3 d，出现乳房突然胀大，阴唇轻度肿胀，乳房内可挤出清亮液体，牛阴门内有清亮黏液排出等类似分娩预兆。早产胎儿若有吮吸反射时，进行人工喂养，可以养活。

（四）小产

孕畜提前产出死亡而尸体未发生变化的胎儿。这是最常见的一种流产类型。妊娠前半期的小产，流产前常无预兆或预兆轻微；妊娠后半期的小产，其流产预兆和早产相同。胎儿未排出前，直肠检查摸不到胎动，妊娠脉搏变弱。阴道检查发现子宫颈口开张，黏液稀薄。小产时如果胎儿排出顺利，预后良好，一般对母体繁殖性能影响不大。如果子宫颈口开张不好，胎儿不能顺利排出时应该及时助产，否则，可导致胎儿腐败，引起子宫内膜炎或继发败血症，出现全身症状。

（五）延期流产

延期流产根据子宫颈是否开放，可表现为两种形式，一种是胎儿干尸化，另一种是胎儿浸溶。对延期流产可借助直肠检查、产道检查及B超进行确诊。

1. 胎儿干尸化

胎儿死亡后，胎儿组织中的水分及胎水被母体吸收，胎儿体积变小、变为棕黑色的干尸，这就是干尸化胎儿。干尸化胎儿可在子宫中停留相当长的时间。母牛一般是在妊娠期满后数周，黄体作用消失后，才将胎儿排出。排出胎儿也可发生于妊娠期满以前，个别干尸化胎儿则长久停留于子宫内而不被排出。胎儿干尸化多见于猪，也常见于牛、羊。对胎儿干尸化的牛进行直肠检查，可感到子宫呈圆球状，其大小依胎儿死亡时间不同而异，且较妊娠月份应有的体积小得多。一般大如人头，但也有的较大或较小。内容物硬，即胎儿，在硬的部分之间较软的地方，是胎体各部分之间的空隙。子宫壁紧包着胎儿，摸不到胎动、胎水及子叶。有时子宫与周围组织发生粘连。卵巢上有黄体。摸不到妊娠脉搏。

2. 胎儿浸溶

胎儿死亡后其软组织被分解、液化，形成暗褐色黏稠的液体流出，而骨骼则滞留于子宫内，这就是胎儿浸溶。胎儿浸溶现象比胎儿干尸化现象要少，有时见于牛、羊，猪也可发生。胎儿浸溶时，阴道检查可发现子宫颈开张，在子宫颈内或阴道中可以摸到胎骨。视诊时还可看到阴道及子宫颈黏膜红肿。直肠检查可以帮助诊断，并和胎儿干尸化进行鉴别。子宫的情况一般和胎儿干尸化时相同，子宫颈粗大，子宫壁增厚，可摸到胎儿的骨片，轻轻捏挤子宫可以感到骨片互相摩擦。如在分解开始后不久检查，则摸不到骨片摩擦；但这时借助阴道检查，仍能和胎儿干尸化及正常妊娠区别开来。

五、治疗

动物出现流产症状时，经检查发现子宫颈口尚未开张，胎儿仍活着时，应该以安胎、保胎为原则进行治疗。肌内注射盐酸氯丙嗪（以每千克体重计），马、牛 1 ～ 2 mg，羊、猪 1 ～ 3 mg，犬、猫 1.1 ～ 6.6 mg；或肌内注射 1%硫酸阿托品注射液（以每千克体重计），马、牛 1 ～ 3 mg，犬、猫 0.5 mg；或肌内注射黄体酮（以每千克体重计），马、牛 50 ～ 100 mg，羊、猪 10～30 mg，犬、猫 2～5 mg，隔天 1 次。

动物出现流产症状，子宫颈口已开张，胎囊或胎儿已进入产道，流产已无法避免时，应该以尽快促进胎儿排出为治疗原则。及时进行引产，可肌内注射催产素以促进胎儿排出，或肌内注射前列腺素类药物以促进子宫颈口进一步开张。

发生延期流产时，如果仍然未启动分娩机制，则要进行人工引产，肌内注射氯前列烯醇，羊 0.2 mg、牛 0.4～0.8 mg、猪 0.1～0.2 mg。也可静脉或肌内注射地塞米松磷酸钠注射液，马 2.5～5 mg，牛为 5～20 mg，羊和猪 4～12 mg，犬 0.25～1.0 mg，猫 0.125～0.5 mg，每天 1 次；或肌内注射三合激素（本品为苯甲酸雌二醇、黄体酮、丙酸睾酮的复方制剂，每毫升含苯甲酸雌二醇 1.5 mg、黄体酮 12.5 mg、丙酸睾酮 25 mg），奶牛或黄牛为 1 mL（每 100 kg 体重）、水牛或骆驼为 2 mL（每 100 kg 体重）、山羊为 0.5～1.0 mL、猪 1～2 mL。上述药物可单独或配合使用用于引产，采取上述措施不见效时，可采用手术取出子宫内的干尸化胎儿或胎儿骨骼。

材料准备

流产症状挂图、治疗方法说明、黄体酮。

用具准备

流产动物、引产器械等。

任务筹划

任务流程如图 3-3-1 所示。

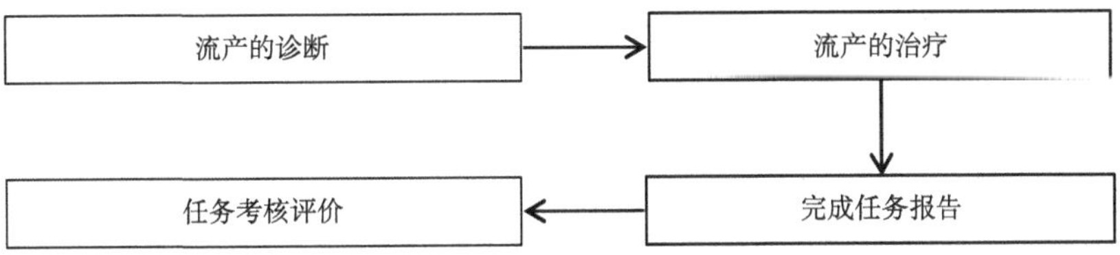

图 3-3-1　任务流程

任务实施

1. 流产的诊断

通过症状作为诊断要点，症状中，当动物出现腹痛不安、拱腰、努责，从阴道中排出多量分泌物或血液或污秽恶臭的液体等情况时，应当注意动物是否有流产预兆。流产的特征症状有四种，分别为隐性流产、早产、小产及延期流产。隐性流产一般不表现临床症状，仅在配种确认流产后一段时间动物重新出现发情症状。早产一般表现为妊娠期未满，母体即出现分娩预兆，产出活胎的情况。小产一般表现为未达到妊娠期，但胎儿已在腹中死亡，母体将死胎作为异物排出体外的过程。延期流产一般表现为胎儿已在母体腹中死亡，但子宫颈口尚未开张，因此胎儿无法排出体外，在母体中出现胎儿干尸化或胎儿浸溶的现象。

2. 流产的治疗

治疗流产的过程要根据实际情况来进行，若子宫颈口尚未开张，则以保胎为主。若子宫颈口已开张，流产的症状已无法挽回，则以引产为主。若在检查过程中发现延期流产的症状，应尽早进行引产的治疗，以免死胎在母体中时间太长而对母体造成损害。

任务报告

对本任务相关知识进行学习，根据任务实施流程及操作步骤认真完成任务报告（表 3-3-1）。

表 3-3-1　流产

姓名：	班级：	学号：
1. 能够正确进行各种动物的流产的诊断，并指出在流产诊断中的注意事项。		
2. 能够正确进行流产的治疗，并指出流产治疗中的注意事项。		

任务评价

根据学生对流产的检查的操作及判断、流产治疗的准确性及熟练程度以及任务报告的完成情况进行考核评价（表 3-3-2）。

表 3-3-2　流产考核评价细则

姓名：	班级：	学号：	教师签字：
自评： □合格　□不合格 日期：	互评： □合格　□不合格 日期：	师评： □合格　□不合格 日期：	

续表

序号	考核项目	考核标准	考核方式	分值	评分要求	得分
1	流产的诊断	1. 能正确进行隐性流产的诊断 2. 能正确进行早产的诊断 3. 能正确进行小产的诊断 4. 能正确进行延期流产的诊断	现场识别考核、问答考核	10 分	未完成 1 项扣 2 分，4 项均未完成扣 10 分	
2	流产的治疗	1. 能正确进行流产的治疗 2. 能正确进行延期流产的治疗		10 分	未完成 1 项扣 5 分	
3	任务报告	1. 完成认真，内容正确 2. 能正确进行流产的诊断	评阅考核	15 分	根据情况酌情扣分	
4	学习态度	1. 具有团队协作精神 2. 具备科学严谨的态度 3. 观察认真，发言积极 4. 遵纪守时，爱护公物	自评、互评和师评相结合	10 分	根据情况酌情扣分	

任务检测

请扫描二维码 3-3-1 进入在线测试，可反复多次答题，直到获得满意的结果。

二维码 3-3-1
项目三任务三检测

任务四　产前截瘫

任务导入

一农户饲养的一头高产荷斯坦奶牛，妊娠后期，离预产期 30 d左右。

主诉：病牛前些天起立困难，走路后躯摇晃，两后腿无力，于早晨卧地无法站立。

临床症状：病牛体温、脉搏均正常，体弱，消瘦，被毛粗乱无光，营养不良。病初喜卧，起立困难，站立时后躯摇晃，两后肢频频交换负重，无力，运步时步样不稳，严重时卧地不起。请学生完成产前截瘫的诊断与治疗，并完成任务报告。

任务准备

知识准备

一、产前截瘫的概念

产前截瘫是妊娠末期动物既无导致瘫痪的局部病理变化，又无明显的全身症状，却不能站立的一种疾病。牛和猪发病率较高，马也可发生此病。牛多发生于产前1个月左右，猪多在产前几天至数周发病。

二、产前截瘫的病因分析

产前截瘫的病因十分复杂，到目前为止尚未研究清楚。初步研究表明，以下因素可导致产前截瘫。

（1）钙、磷与维生素D不足是引起产前截瘫的原因之一。当血钙浓度下降时，为了维持血钙浓度相对恒定，甲状旁腺功能增强，骨钙动用加速，骨的结构因此受到损害，而导致截瘫。

（2）产前截瘫是妊娠负担过重，动物年老、机体瘦弱及某些轻度全身性疾病综合作用的结果，即产前截瘫可能是妊娠末期许多疾病的一个临诊症状。

（3）营养不良，阳光不足，缺乏运动等因素是引起该病的重要诱因。

三、产前截瘫的预防

科学饲养，保证妊娠动物饲料中有足够的钙、磷、维生素及微量元素。科学管理，保证动物有充足的光照和运动量。还可用人为控制分娩季节的方法来预防产前截瘫。

四、诊断要点

发病初期可见动物站立不稳，两后肢交替负重；行走谨慎，后躯摇摆，步态不稳；后期则不能站立，卧地不起。后躯痛觉反射正常，无导致瘫痪的病理变化；食欲、精神等无明显变化，一般无明显的全身症状；卧地时间较长时会出现肌肉萎缩或褥疮。

五、治疗

发病时间距预产期较近且病情较轻，经适当治疗，产后多能很快恢复，否则，可能因为褥疮而继发败血症死亡。对于由钙缺乏而引起的产前截瘫可用静脉注射钙剂的方法进行治疗。如牛可静脉注射10%氯化钙100～300 mL、5%葡萄糖500 mL，隔天1次。猪可静脉注射10%氯化钙20～30 mL、5%葡萄糖200～300 mL，隔天1次。也可用钙磷镁注射液进行治疗，还可配合维生素D、维丁胶性钙注射液进行治疗。对于病情较重，又距分娩日期较近的患病动物，可进行人工引产。对于病因复杂的病例，在进行对症治疗的同时，要细心护理，可采用按摩、针灸、电针等中医方法来进行治疗。还可选用后躯肌内注射脊髓兴奋药物的方法进行治疗。

【注意事项】

(1)对动物进行诊断之前，一定要通过问诊的方式先了解动物的病史，然后再细致地临诊检查。

(2)在诊疗过程中，一定要保定好动物，以防动物和动物周边人员发生意外。

(3)在诊疗过程中，要注意检查人员自身的防护，防止人兽共患病的传染，尤其对流产动物检查和治疗时更为重要。

材料准备

产前截瘫症状挂图、治疗方法说明、氯化钙溶液、葡萄糖溶液、维生素D。

用具准备

产前截瘫动物。

任务筹划

任务流程如图3-4-1所示。

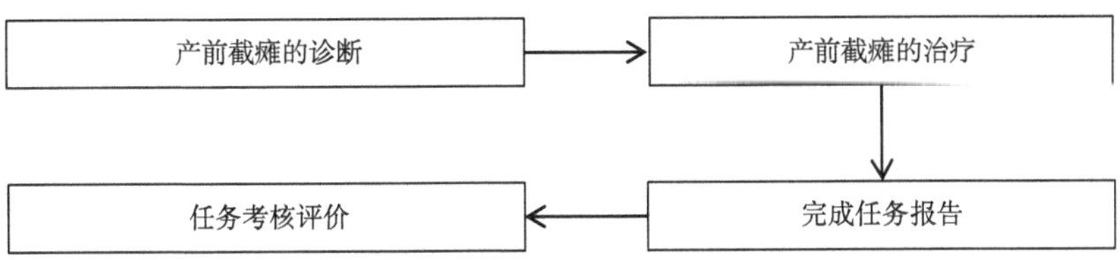

图3-4-1　任务流程

任务实施

1. 产前截瘫的诊断

产前截瘫可通过症状作为诊断要点，发病初期可见动物站立不稳，两后肢交替负重；行走谨慎，后躯摇摆，步态不稳；后期则不能站立，卧地不起。后躯痛觉反射正常，无导致瘫痪的病理变化；食欲、精神等无明显变化，一般无明显的全身症状；卧地时间较长时会出现肌肉萎缩或褥疮。

2. 产前截瘫的治疗

产前截瘫主要是由于母体在妊娠期内大量缺钙导致的站立不稳、行走摇摆不定等症状的疾病。因此，在治疗过程中应当注意补充钙质，同时，对于无法站起的动物要注意照顾，按时翻身，可以进行针灸或按摩，以免发生褥疮或肌肉萎缩。

任务报告

对本任务相关知识进行学习，根据任务实施流程及操作步骤认真完成任务报告（表 3–4–1）。

表 3–4–1　产前截瘫

姓名：	班级：	学号：
1. 能够正确进行各种动物产前截瘫的诊断，并指出在产前截瘫诊断中的注意事项。		
2. 能够正确进行各种动物产前截瘫的治疗，并指出在产前截瘫治疗中的注意事项。		

任务评价

根据学生对产前截瘫的检查的操作及判断、产前截瘫治疗的准确性及熟练程度，以及任务报告的完成情况进行考核评价（表 3–4–2）。

表 3–4–2　产前截瘫考核评价细则

姓名：		班级：		学号：		教师签字：
自评： □合格　□不合格 日期：		互评： □合格　□不合格 日期：		师评： □合格　□不合格 日期：		
序号	**考核项目**	**考核标准**	**考核方式**	**分值**	**评分要求**	**得分**
1	产前截瘫的诊断	能正确进行产前截瘫的诊断	现场识别考核、问答考核	10 分	未完成扣 10 分	
2	产前截瘫的治疗	能正确进行产前截瘫的治疗		10 分	未完成扣 10 分	

续表

序号	考核项目	考核标准	考核方式	分值	评分要求	得分
3	任务报告	1. 完成认真，内容正确 2. 能正确进行产前截瘫与接产	评阅考核	15 分	根据情况酌情扣分	
4	学习态度	1. 具有团队协作精神 2. 具备科学严谨的态度 3. 观察认真，发言积极 4. 遵纪守时，爱护公物	自评、互评和师评相结合	10 分	根据情况酌情扣分	

任务检测

请扫描二维码 3-4-1 进入在线测试，可反复多次答题，直到获得满意的结果。

二维码 3-4-1
项目二任务四检测

任务五　难产的检查与助产

任务导入

难产的检查和助产技术是动物产科疾病中必须掌握的内容，救治难产动物的主要目的是确保母体的健康和繁殖力，挽救胎儿的生命。难产的检查一定要进行病史调查、全身检查、产道检查和胎儿检查，只有在术前进行详细的检查，确定母体及胎儿的情况，并通过全面的分析和判断，才能正确拟订切实可行的助产方案，采取合适的助产方法。难产的助产技术需要掌握产科常用器械及使用方法、手术助产的原则及助产准备和手术助产的基本方法。需要掌握的助产方法有牵引术、矫正术、截胎术和剖腹取胎术。请学生完成难产检查及助产的操作，并完成任务报告。

任务准备

知识准备

一、难产的检查

（一）病史调查

（1）了解母畜是初产还是经产，妊娠是否足月或超过预产期。一般初产母畜，可考虑产道是否狭窄，胎儿是否过大；经产母畜考虑是否胎位、胎势不正或胎儿畸形或单胎动物怀双胎等。如果预产期未到，可能发生早产或流产。

（2）了解分娩开始的时间，努责的强度及频率，胎水是否流出，综合分析判断是否难产。

（3）分娩前是否患过阴道脓肿、阴门裂伤以及骨盆骨折及其他产科疾病，患过上述疾病可引起产道或骨盆狭窄，影响胎儿产出。

（4）分娩开始后是否经过治疗，如何治疗？治疗前胎儿的方向、位置及胎势如何？经过何种处理，胎儿是否死亡，以便在此基础上确定下一步救治措施。

（5）多胎动物还需了解两个胎儿之间娩出相隔的时间、努责强度、产出胎儿的数量与胎衣排出的情况。如果分娩过程中突然停止产出，很可能是发生难产。

（二）全身检查

注意检查母畜的全身状况，作为选择助产方法、确定全身综合治疗及判断预后的依据。首先，检查母畜的体温、脉搏、呼吸、可视黏膜、精神状态，以及母畜能否站立，如结膜突然苍白，表明有内出血的可能，预后慎重。其次，还要检查阴门及尾根两旁的荐坐韧带是否松软，向上提尾根时荐椎后端的活动程度如何，以便估计骨盆及阴门扩张的程度。

（三）产道检查

产道的检查主要是查明软产道的松软和滑润程度，有无损伤、水肿和狭窄，并要注意产道内液体的颜色和气味，子宫颈松软和开张程度（特别是牛、羊），有无瘢痕、肿瘤及骨盆畸形等。如果难产时间已久，母畜因产程过长，软产道黏膜往往发生水肿，导致产道狭窄，妨碍助产。有时虽然难产时间不长，但由于胎水过早流失，造成黏膜表面干燥，亦可导致产道水肿，甚至损伤或出血。产道的损伤一般可以触摸到，流出的血液颜色要比胎膜血管中的血新鲜（鲜红）。产道水肿或损伤将给助产工作带来很大困难，有时甚至使检查者手臂无法伸入宫腔（即使是大动物）。强行助产往往会造成产道更大的损伤，应及时调整助产方法。

（四）胎儿检查

胎儿检查应检查胎势、胎向和胎位有无异常，胎儿是否存活、体格大小和进入产道的深浅等；同时，应注意胎儿是否畸形，是否发生了气肿或腐败等。检查前，术者手臂及母畜外阴部均需消毒。如果胎膜未破，应隔着胎膜用手触摸胎儿的前置部分；如果胎膜已破，手要伸入胎膜内直接触诊，这样既可检查胎儿在宫腔内的状况，又能感觉出胎儿体表的滑润程度以及胎儿的死活。胎儿检查的内容主要包括以下 4 个方面。

1. 胎儿是否异常

通过触诊其头、颈、胸、腹、臀或前后肢，清楚胎儿的胎势、胎向和胎位如何，以确定产出时是否会出现异常。

2. 胎儿的大小

检查胎儿的大小时应将其和产道的大小相比较，以确定是否容易矫正和拉出。

3. 胎儿进入产道的程度

如胎儿进入产道很深，不能推回，且胎儿较小，异常不严重，可试行拉出；进入尚浅时，如有异常，则应先矫正后再拉。

4. 胎儿死活的判定

正生时，术者可将手指伸入胎儿口腔，注意有无吸吮动作，或轻拉舌头，注意是否收缩。或以手指轻压眼球，注意有无反应。或牵拉、刺激前肢，注意有无向相反方向退缩。也可触诊颌外动脉或心区，检查有无搏动；倒生时，最好是触诊脐带是否有动脉搏动。也可牵拉或刺激后肢，注意有无反射活动。或将食指轻轻伸入肛门，检查有无收缩反射。在判定胎儿死活时，只要确实检查到了上述各项中某一项生理性活动，即可确定是活的胎儿。但判断胎儿死亡时，却不能单纯依据某一种生理活动的消失，而必须在可查的各种活动全部消失时，方能确定。

二、手术助产前的准备

根据对分娩母畜及胎儿检查的结果，及时制订出助产计划及实施方案，并做好以下准备工作，以确保助产工作的顺利进行。

（一）保定

大动物以站立保定为宜，取前低后高姿势，以便于使胎儿能够向前推入子宫，不致楔入于骨盆腔内，妨碍操作。如果母畜不能站立，则可使其侧卧，至于侧卧于哪一侧，主要以便于操作为原则。如胎儿头颈位于左侧者，母畜必须右侧卧，反之则取左侧卧姿势。侧卧保定时，也应将后躯垫高。

（二）麻醉

为了抑制产畜努责，便于操作，大动物可给予镇静剂或硬膜外腔麻醉。犬、猫则选择全身麻醉。

（三）消毒

助产必须对产房、产畜外阴部、胎儿外露部分，助产所用器械和术者手臂进行严格消毒，消毒按外科手术常规消毒方法进行。

（四）润滑产道

为了便于推回、矫正和拉出胎儿，尤其当胎水流尽、产道干燥、胎衣及子宫壁紧包着胎儿时，必须向产道及子宫内灌注温肥皂水或润滑油。避免强行推拉、矫正，造成子宫脱出或产道破裂。

三、手术助产的基本方法

救治难产患畜时，可选用的助产方法有很多，但大致可分为两类，一类适用于胎儿，主要有牵引术、矫正术和截胎术；另一类适用于母体，主要有剖腹取胎术。

（一）胎儿牵引术

先用产科绳将胎儿前置部分捆缚拉紧。正生时，捆缚胎儿头部或两前肢；倒生时，捆缚两后肢。拉出时要配合母畜阵缩和努责，用力要缓，并上下左右反复活动胎儿。术者保护胎儿及产道，令助手按照骨盆轴方向，强行拉出胎儿，当胎儿胸部通过子宫颈、阴门时，要稍作停留以利于这些地方充分扩张，并用手保护阴门，以防造成阴门裂伤。

该法适用于胎儿过大、母畜努责、阵缩微弱、产道扩张不全等。

（二）胎儿矫正术

1. 保定

以站立保定为宜，这样子宫向前垂入腹腔，腹压小，胎儿活动范围大，容易矫正。拉出胎儿时，以侧卧保定为好，侧卧时腹壁托起子宫，腹压增大，有利于拉出胎儿。不能站立的产畜，要根据胎儿异常部位的位置，确定侧卧的方向。如胎儿右侧肩关节屈曲，母畜宜左侧卧保定。这样胎儿异常部位不被母体压迫，易于进行矫正。

2. 操作方法

徒手配合器械矫正胎儿的异常部分。除使用产科绳外，可配合使用绳导、产科梃、产科钩等。矫正时，首先，应将胎儿用产科梃或手推回子宫内，产科梃一定要顶牢，术者用手固定，指令助手慢慢向前推，严防滑脱而穿破子宫；推四肢时，先要用产科绳拴住，绳的另端留在阴门之外，以便牵引胎儿。推回子宫后，用手将胎儿姿势扭正，在扭的过程中配合牵拉，把屈曲的部位拉直。然后，按强行拉出胎儿的方法，配合母体努责拉出胎儿。

该法主要用于胎势、胎位、胎向的异常造成的难产，适用于活胎儿或胎儿死亡不久，胎水流失少，产道完全扩张，可以用手术矫正并能拉出胎儿的病例。

（三）截胎术

截胎术是为了缩小胎儿体积而肢解或除去胎儿身体某部分的手术。大动物难产时，如果无法矫正胎儿或胎儿已经死亡，又不能或不宜施行剖腹取胎术，可在产道内将胎儿的某些部分截断，分别取出，或把胎儿的体积缩小后拉出。

1. 截头术

先用产科钩钩住眼眶，将胎头拉至产道，然后经耳前，眼眶后至下颌做一切口，在寰枕关节处切断项韧带，用产科钩钩住枕骨大孔，拉离颈部。同时，把连接头颈的皮肤、肌肉用刀切断。切掉头之后，将留下的 3 个皮瓣（两耳及下颌）结扎在一起，形成一个坚固的结，以便推进或拉出胎儿时用。此法无效时，可用线锯绕过颈部将其切断，或用产科铲将颈部铲断。

该法适用于胎头侧转，胎儿发育过大，产道狭窄及胎儿前肢姿势不正等。

2. 前肢截断术

术者用指刀或隐刃刀沿肩胛骨的后角，切开胎儿的皮肤和肌肉，用指刀或隐刃刀反复切割，即可将胎儿肩胛骨与胸廓的联系切断。然后用产科钩或产科绳将前肢扯断拉出。在肘关节或腕关节屈曲时，可用指刀或隐刃刀切断关节周围的皮肤、肌肉及韧带，然后用铲或凿铲断或用线锯锯断。

该法适用于前肢各关节屈曲无法矫正或肩围过大造成的难产。

3. 后肢截断术

首先，用产科绳把后肢拴住并拉紧，然后用钩状指刀或隐刃刀沿与荐骨平行的方向，切开胎儿荐部与股骨间的皮肤和肌肉，一直切到髋关节。其次，经坐骨结节外侧向后与会阴平行切割，如此反复切割，即将骨盆与大腿之间的软组织完全切断。最后，切断髋关节及其周围的韧带，再把后肢扯下。如果扯下有困难时可将股骨用产科凿凿断，或用线锯将其锯断，然后拉出后肢。

该法适用于倒生时，胎儿过大及后肢姿势不正等。

4. 胎儿内脏摘除术

在正生时，可先将一前肢连同肩胛骨一起切除，再切掉若干根肋骨，将手伸入胸腔或腹腔把内脏掏出来。倒生时，必须先截除一个后肢，然后将手伸入腹、胸腔掏出全部内脏。

该法适用于胎儿水肿或气肿而造成的难产。

5. 骨盆围缩小术

先将胎儿的头、前肢及内脏截除并取出，再将胸廓截除。借导绳把线锯从两后肢间、尾椎之前伸入，由胎儿腹下往外拉，沿脊柱及骨盆联合锯开胎儿后躯，最后将锯开的两部分分别拉出。

6. 胎儿半截术

施术时可用线锯或链锯绕过胎儿躯干，然后锯断并分别拉出。如果没有线锯、链锯时可用指刀或隐刃切开腹壁，摘除内脏，然后用产科凿或铲将脊柱铲断，再分别取出来。

该法适用于背部前置的横胎向及竖胎向不能整复时。

（四）剖腹取胎术

牛、羊、马的剖腹取胎术方法基本相同，现以牛和猪为例进行介绍。

1. 牛的剖腹取胎术

（1）手术部位。选择切口根据情况而定，一般原则是：胎儿在哪里摸得最清楚，就靠近哪里做切口，如两侧触诊的情况相似，可在中线或其左侧施术。牛剖宫产的切口有腹下切口和腹侧切口两种。

腹下切口：腹下切口可供选择的部位有 5 处：乳房前中线、中线与右乳静脉之间、中线与左乳静脉之间、乳房和右乳静脉右侧 5 ～ 8 cm处、乳房与左乳静脉左侧 5 ～ 8 cm处。腹下切口的优点是子宫角和胎儿沉于腹底，在侧卧保定的情况下，很容易把子宫壁的一部分拉出到切口之外，子宫内容物不容易流入腹腔。此外，肌肉损伤很少，出血很少。缺点是如果缝合不好，可能发生疝或裂开，也容易发生感染。

腹侧切口：在腹部髋结节与脐部之间的连线或稍上方。切口可选在左侧或右侧，一般多选择在左侧。整个切口宜稍低些，但必须与乳静脉之间有一定的距离。左腹胁部切口的优点是，瘤胃能够挡住小肠而不至于使其从切口脱出；如果在手术过程中发生瘤胃臌气，切开的左侧腹胁部可以减轻对呼吸的压迫，也可在此处为瘤胃放气。子宫发生破裂时，破裂口多靠近子宫角基部，此时宜施行腹侧切口，以方便缝合。胎儿干尸化时，如果人工引产不成功，则由于子宫壁紧缩，不易从腹下切口取出时也宜采用此切口。

（2）保定。取腹下切口时，使其左侧卧或右侧卧，分别绑住前、后腿，并将头压住。取腹侧切口时，必须站立保定。如果无法使牛站立，可使它伏卧于较高的地方，把左后肢拉向后下方，以便于将子宫壁拉向腹壁切口，同时也可扩大术部。

（3）术部准备及消毒。对母牛的尾根、外阴部、会阴及产道中露出的胎儿部分，首先应用温肥皂水清洗，然后用消毒液洗涤，并将尾根系于身体一侧。在切口周围铺上消毒巾，腹下部的地面铺以消毒过的塑料布。

（4）麻醉。可行硬膜外麻醉及切口局部浸润麻醉，或盐酸二甲苯胺噻唑肌内注射及切口局部浸润麻醉法，或用电针麻醉，但如果胎儿仍然活着则应尽量少用全身麻醉及深麻醉。

（5）术式。以腹中线与右乳静脉间的切口为例介绍。

切开腹壁：在腹中线与右乳静脉间，从乳房基部前缘开始，向前做一长 25 ～ 35 cm的纵行切口，切透皮肤、腹横筋膜和腹斜肌肌腱、腹直肌，用镊子把腹横肌腱膜和腹膜同时提起，切一个小口，然后在食指和中指引导下，将切口扩大。为了操作方便及防止腹腔脏器脱出，可在切开皮肤后使母牛仰卧，再完成其他部分的切开，也可在切开腹膜后由助手用大块纱布防止肠道及大网膜脱出。如果奶牛的乳房很大，为了避免切口过于靠前，难以暴露子宫，可先不把切口的长度切够，切开腹膜后再确定向前或向后延伸。乳腺和腹黄膜的联系很疏松，切口如需向后延长，可将乳房稍向后拉。如果切口已经够大，可将手术巾的两边用连续缝合法缝在切口两边的皮下组织上。

腹腔探查，拉出子宫：切开腹膜后，常可发现子宫及腹腔脏器上覆盖着大网膜，此时，可将双手伸入切口，紧贴下腹壁向下滑，以便绕过它们，或者将大网膜向前推，这样有助于防止小肠从切口脱出，也利于暴露子宫。手伸入腹腔后，可隔着子宫壁握住胎儿的身体某部分（正生时是两后腿跖部，倒生时是头和前腿的掌部），把子宫角大弯的一部分拉出切口之外，这样也就把小肠和大网膜挤开了。在子宫和切口之间塞上一大块纱布，以免肠管脱出及切开子宫后其中的液体流入腹腔。如果发生子宫捻转，则应先把子宫转正。如果胎儿为下位，背部靠近切口，向外拉子宫壁时无处可握，应尽可能先把胎儿转正为上位。如果在切开皮肤之后让牛仰卧，则此时应使其侧卧。有时子宫内胎儿太重，无法取出切口外，也可用大纱布充分填塞在切口和子宫之间，在腹内切开子宫再取胎儿。

切开子宫壁：沿着子宫角大弯，避开子叶，做一与腹壁切口等长的切口，切透子宫壁及胎膜。切口不可过小，以免拉出胎儿时被扯破而不易缝合。将子宫切口附近的胎膜剥离一部分，拉出切口之外，然后再切开，这样可以防止胎水流入腹腔，尤其在子宫内容物已受污染时更应如此。在胎儿活着或子宫发生捻转时，切口出血一般较多，必须边切边止血，不要一次就把长度切够。

拉出胎儿：胎儿正生时，经切口在后肢拴上绳子；倒生时在胎头拴上绳套，慢慢拉出胎儿，交助手处理。从后肢拉出胎儿时速度宜快，以防胎儿吸入胎水引起窒息。如果腹壁及子宫壁上的切口较小，可在拉出胎儿之前再行扩大，以免撕裂。拉出胎儿后，首先要清除其口、鼻内的黏液，擦干皮肤。如果发生窒息，先不要断脐带，可一边用手捋脐带，使胎盘上的血液流入胎儿体内，一边按压胎儿胸部，以诱导吸气，待呼吸出现后，拉出胎儿。必要时可给胎儿吸氧气。如果拉出胎儿困难，而且胎儿已经死亡，可先将部分躯体截除。

胎衣处理：拉出胎儿后如有可能，应把胎衣完全剥离取出，子宫颈闭锁时尤应如此，但不要硬剥。如果胎儿活着，则胎儿胎盘和母体胎盘一般都粘连紧密，剥离会引起出血，此时最好不要剥离，可以在子宫腔内注入10%氯化钠注射液，停留1～2 min，亦有利于胎衣的剥离。如果剥离很困难，可以不剥，在子宫中放入1～2 g四环素，术后注射催产素，使胎盘自行排出。但子宫切口两侧边缘附近的胎衣必须剥离完全，否则妨碍子宫缝合。将子宫内液体充分蘸干，均匀撒布四环素类抗生素2 g，或者使用其他抗生素或磺胺类药物。

缝合子宫：用丝线或肠线、圆针连续缝合子宫壁浆膜和肌肉层的切口。经冲洗后再用胃肠缝合法进行第二道内翻缝合（针不可穿透黏膜）。

送回子宫，进行腹腔探查：用加有青霉素的温生理盐水将暴露的子宫表面洗干净（冲洗液不能流入腹腔），蘸干并充分涂布抗生素软膏，然后放回腹腔，并用手作轻微的鱼尾状摆动，以促进子宫复位。缝合好子宫壁后，可使牛仰卧，放回子宫后将大网膜向后拉，使其覆盖在子宫上。

闭合腹腔：用粗丝线、圆针缝合腹膜，再对肌层实行两层结节缝合，最后缝合皮肤。

（6）术后护理。术后应注射催产素，以促进子宫收缩及复旧，并按一般腹腔手术常规进行术后护理。手术中如有胎水流入腹腔，应尽可能地冲洗并蘸干，再在腹腔中放入大剂量的抗生素。如果伤口愈合良好，可在术后 7 ～ 10 d拆线。

2. 猪的剖腹取胎术

现将猪与牛实施该术时的不同之处介绍如下，相同之处从略。

（1）手术部位。髋结节之下约 10 cm处，并在膝皱襞之前，向下沿腹内斜肌纤维方向做斜行切口；或在距腰椎横突下方 5 ～ 8 cm处，髋结节与最后肋骨中点连线上做垂直切口；或是在乳房基部的背侧 7.5 ～ 10 cm处做一与乳房平行的切口，从腹胁部的皮肤褶处之后、之下向前切开，切口长 15 ～ 25 cm。左、右腹侧均可。

（2）术前准备。取侧卧保定，并限制前后肢的活动。术部常规处理。行硬膜外麻醉，或用氯丙嗪等进行基础麻醉，并配合切口局部浸润麻醉即可。

（3）手术方法。依次切开皮肤、皮下组织和腹壁肌层，及时止血，然后小心切开腹膜。术者仔细检查腹腔，确定胎儿的数量及其在子宫中的位置，并隔着子宫壁将最靠近产道的胎儿向软产道捏挤，助手则试着将手伸入阴道，争取取出胎儿。如难产是该胎儿引起，且能从阴道中取出，不必再切开子宫，使用催产药促使胎儿排出。否则，就做子宫切开取出胎儿。

切开子宫时，在腹壁切口的下方垫一块消毒过的塑料布。术者隔着子宫壁握住胎儿的某一部分向切口拉，即能将子宫角大弯暴露出来，在其上做切口。由于猪的子宫角游离性较大，子宫上的切口应尽量靠近子宫体，以便从该切口取出两侧子宫的胎儿。取胎儿时，先取后端的，每取出一个，应在子宫外面推挤，使胎儿靠近切口以便取出。切口侧子宫内的胎儿取尽后，再以同样的方法将对侧子宫内胎儿挤至切口取出。如果操作困难，亦可在对侧子宫再做一切口，取出该侧子宫内的胎儿。如果取出胎儿后胎衣已经游离于子宫中，则可将其取出，否则应留在子宫内。取完胎儿后用温生理盐水冲洗子宫，并进一步检查子宫及产道内是否还留有胎儿。

子宫缝合、回送子宫及闭合腹腔的方法同牛剖腹取胎术。

（4）术后护理。术后可注射催产素，以促进子宫收缩，也可用抗生素治疗 3 ～ 5 d。术后 7 ～ 8 d拆线。

【注意事项】

（1）在对难产动物进行检查时，一定要考虑全面，检查细致包括病史调查、全身检查、产道检查及胎儿检查，并通过全面的分析和判断，拟订切实可行的助产方案。

（2）在对难产动物进行治疗之前，应把检查结果，预定的手术方案以及预后向动物主人说明，争取在手术过程中及术后取得动物主人的积极支持和密切配合。

四、产科器械的识别与使用

（一）拉出胎儿的器械

1. 产科绳

一般是由棉线或合成纤维加工制成，质地要求柔软结实，不宜用麻绳或棕绳，以防损伤产道。产科绳的粗细以直径 0.5 ～ 0.8 cm 为宜，长 2.5 ～ 3.0 m，绳的两端有耳扣，借助耳扣做成绳圈，以便捆缚胎儿，也可以用活结代替。使用时术者将绳扣套在小拇指与无名指间（图 3-5-1），慢慢带入产道，然后用拇指、中指、食指握住欲捆缚部位，将绳套移至被套部位拉紧，切勿将胎膜套上，以免拉出胎儿时损伤子宫或子叶。

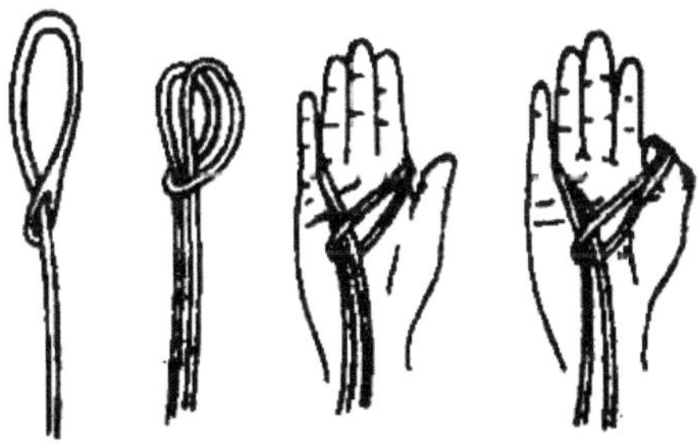

图 3-5-1　产科绳及使用方法

2. 绳导（导绳器）

在使用产科绳套住胎儿有困难时，可用金属制的绳导，将产科绳或线锯条带入产道，套住胎儿的某一部分。常用的有长柄绳导及环状绳导两种。

3. 产科钩

产科钩有单钩与复钩两种，而单钩又分为锐钩与钝钩。单钩用于钩住眼眶、下颌、耳及皮肤、腱等。复钩用于钩住眼眶、颈部、脊柱等部位。在用手或产科绳拉出胎儿有困难时，可配合使用产科钩。使用时术者应用手保护好，勿损伤子宫及产道。产科钩多用于死胎；钝钩一般不至于损伤子宫及胎儿，所以钝钩必要时也可用于活胎儿，但锐钩严禁用于活胎儿（图 3-5-2）。

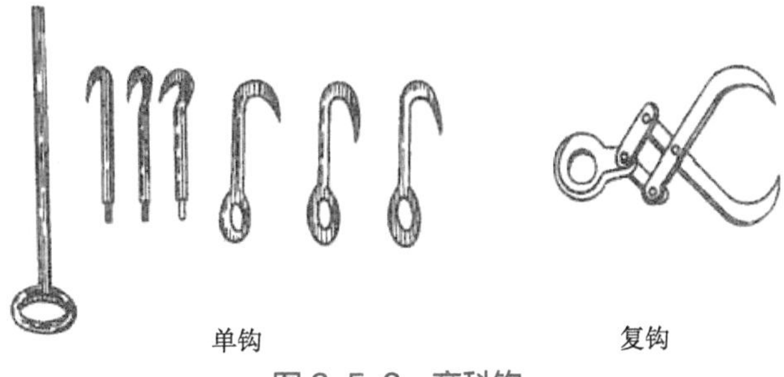

图 3-5-2　产科钩

4. 产科钳

分为有齿产科钳和无齿产科钳两种，有齿产科钳多用于大动物，钳住皮肤或其他部位，以便拉出胎儿。无齿产科钳常用于固定仔猪、羔羊、幼犬头部，以拉出胎儿（图 3–5–3）。

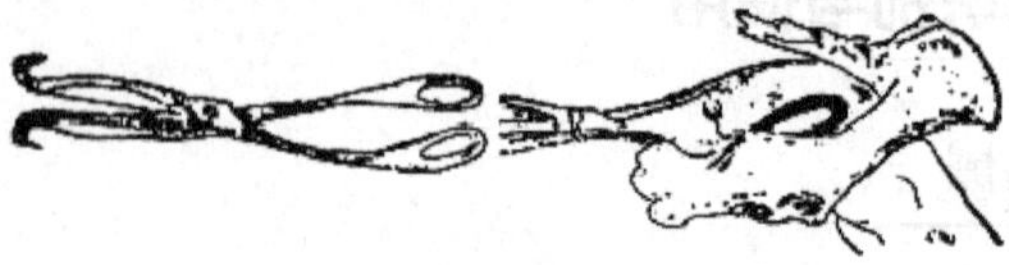

图 3–5–3　产科钳

（二）推胎儿的器械

常用的是产科梃，即直径 1 ～ 1.5 cm，长 1 m 的圆形铁杆，其前端分叉，呈半环形两叉，另一端为一环形把柄。用于推胎儿，将胎儿推入子宫便于整复，或矫正胎儿姿势时，边推边拉。推拉梃可将产科绳带入子宫，捆缚胎儿的头颈或四肢，进行推拉等矫正胎儿姿势（图 3–5–4）。

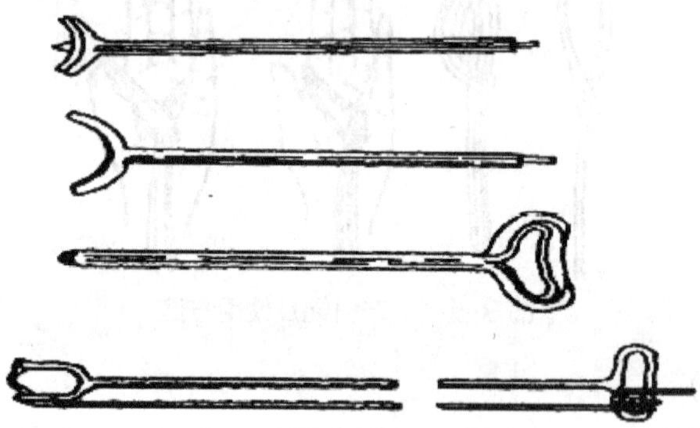

图 3–5–4　产科梃

（三）截胎器械

1. 隐刃刀

隐刃刀是刀刃出入于刀鞘的小刀，使用时将刀刃推出，不用时又可将刀刃退回刀鞘内，这种刀方便使用，不易损伤产道及术者，刀形各异，有直形、弯形或弓形等形状。刀柄后端有一小孔，用于穿入绳子系在术者手腕上，或由助手牵拉住，以免滑脱而掉入产道或子宫内。隐刃刀多用于切割胎儿皮肤、关节及摘除胎儿内脏（图 3–5–5）。

2. 指刀

指刀是一种小的短弯刀，分为有柄和无柄两种，刀背上有 1 ～ 2 个金属环，可以套在食指或中指上操作，当带入产道或拿出时，可用食指、中指和无名指保护刀刃，其用途和用法与隐刃刀相同。由于指刀小且刀刃呈不同程度的弯形或钩形，使用起来比较安全可靠（图 3–5–6）。

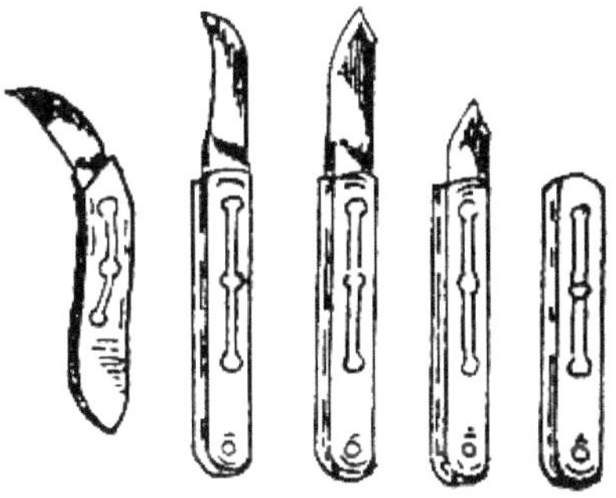

图 3-5-5　隐刃刀

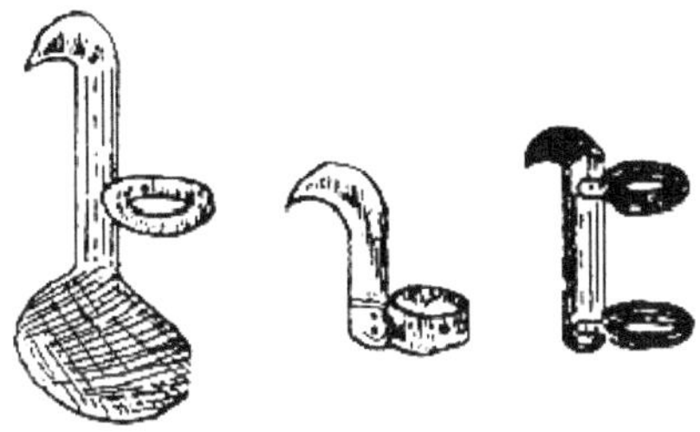

图 3-5-6　指刀

3. 产科刀

产科刀是一种短刀，有直形和钩状。因刀身小，用食指紧贴，容易保护，可自由带入拿出，刀柄也有小孔，可以系绳固定，用途同隐刃刀和指刀。

4. 产科凿（铲）

产科凿是一种长柄凿（铲），凿刃形状有直形、弧形和V形，主要用于铲断或凿断胎儿骨骼、关节及韧带。使用时术者用手保护送入到预截断的位置，指示助手敲击或推动凿柄，术者随时控制凿刃部分，有时也经皮肤切口伸入皮下，用于分离皮下组织（图 3-5-7）。

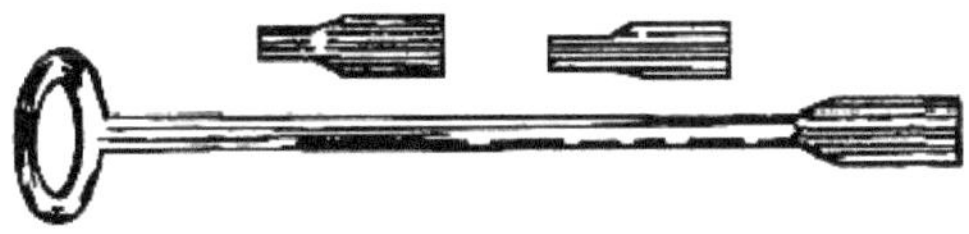

图 3-5-7　产科凿

5. 产科线锯

产科线锯是由两个固定在一起的金属管和一根线锯条构成，还有一条前端带一个小孔的通条。使用时事先将锯条穿入管内，然后带入子宫，将锯条套在要截断的部位，拉紧锯条使金属管固定于该部，也可以将锯条一端带入子宫，绕过预备截断的部位后，再穿入金属管拉紧固定，再由助手牵拉锯条，锯断欲切除部分（图 3-5-8）。

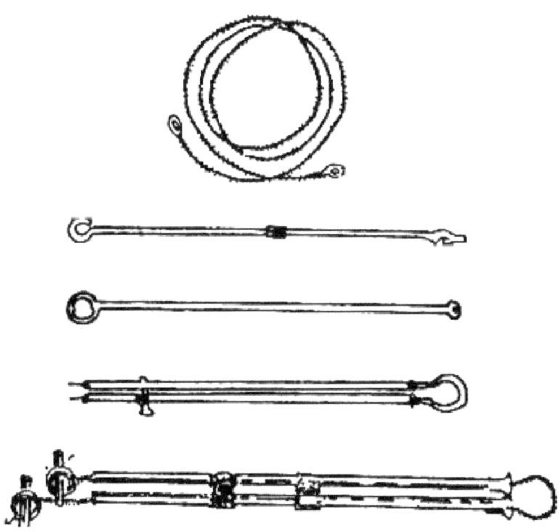

图 3-5-8　产科线锯

6. 胎儿绞断器

胎儿绞断器是目前较常用且效果好的大动物的截胎器具（图 3-5-9）。

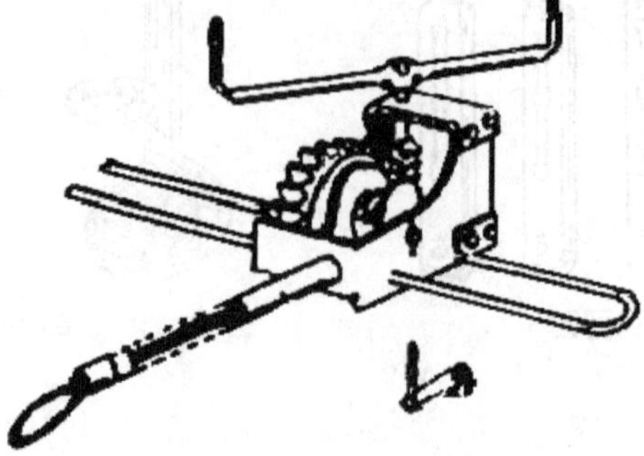

图 3-5-9 胎儿绞断器

材料准备

助产方法说明、消毒液、麻醉药、肥皂、温水等。

用具准备

产科器械、常用外科手术器械、面盆等。

任务筹划

任务流程如图 3-5-10 所示。

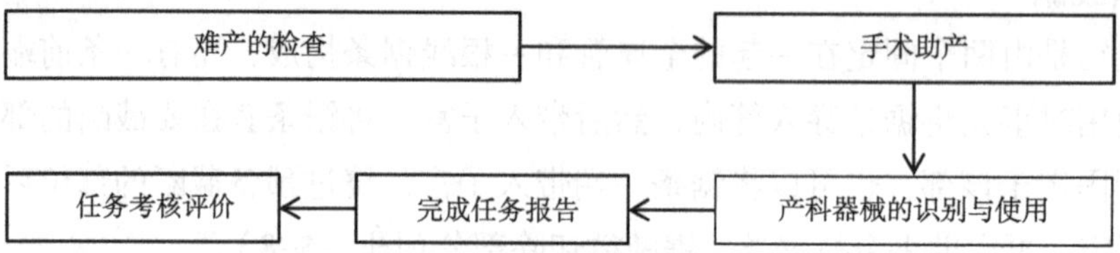

图 3-5-10 任务流程

任务实施

一、难产的检查

1. 病史调查

通过问诊、视诊、触诊、听诊等方法进行诊断。了解母畜是经产还是初产、妊娠是否足月还是已经超过了预产期；了解分娩开始的时间，努责的频率等；分娩前是否患过生殖道疾病；若是多胎动物，则要了解两胎生产之间的间隔时间等。

2. 全身检查

注意观察母体的情况，根据具体情况选择合适的助产方法。

3. 产道检查

产道检查中包含软产道的检查及硬产道的检查。软产道可检查产道是否狭窄、是否有异物、产道开张程度等，硬产道可检查是否发生骨折、产生变形等。

4. 胎儿检查

胎儿检查是难产检查中的重点，需要检查胎儿是否异常、胎儿的大小、胎儿进入产道的程度、胎儿死活等。

二、手术助产

1. 助产前的准备

（1）保定。大动物以站立保定为宜，小动物以仰卧保定为宜。

（2）麻醉。为了抑制努责的产生，大动物可施行硬膜外腔的麻醉，小动物可施行全身麻醉。

（3）消毒。对产房、产道、胎儿外露部分进行消毒。

（4）润滑产道。为了便于对胎儿进行操作，在助产之前应当对产道进行充分润滑，以避免在矫正胎儿时损伤产道。

2. 手术助产的方法

手术助产的方法主要有四种，胎儿牵引术、胎儿矫正术、截胎术、剖腹取胎术。根据不同的检查结果，应当采取适宜的助产方法。产力出现问题时，应当用胎儿牵引术；若胎儿姿势不正确，则采用胎儿矫正术；若胎儿已死亡，则采用截胎术；若胎儿已卡在产道内，无法矫正，则采用剖腹取胎术。

知识拓展：难产的检查与助产（二维码 3-5-1）。

二维码 3-5-1 知识拓展：难产的检查与助产

任务报告

对本任务相关知识进行学习，根据任务实施流程及操作步骤认真完成任务报告（表 3-5-1）。

表 3-5-1　难产的检查与助产

姓名：	班级：	学号：
1. 能够正确进行动物难产的检查，并指出在难产检查中的注意事项。		
2. 能够正确进行手术助产的治疗，并指出手术助产治疗中的注意事项。		
3. 能够正确识别产科器械及使用方法，并指出使用产科器械时的注意事项。		

任务评价

根据学生对难产的检查、手术助产的操作及产科器械的识别程度与使用的熟练程度，以及任务报告的完成情况进行考核评价（表 3-5-2）。

表 3-5-2　难产的检查与助产考核评价细则

姓名：		班级：		学号：		教师签字：
自评： □合格　□不合格 日期：		互评： □合格　□不合格 日期：		师评： □合格　□不合格 日期：		
序号	**考核项目**	**考核标准**	**考核方式**	**分值**	**评分要求**	**得分**
1	难产的检查	1. 能正确进行病史调查 2. 能正确进行全身检查 3. 能正确进行产道检查 4. 能正确进行胎儿检查	现场识别考核、问答考核	10 分	未完成 1 项扣 2 分，4 项均未完成扣 10 分	
2	手术助产	1. 能正确进行助产前的准备工作 2. 能正确进行胎儿牵引术 3. 能正确进行胎儿矫正术 4. 能正确进行截胎术 5. 能正确进行剖腹取胎术		10 分	未完成 1 项扣 2 分	
3	产科器械的识别与使用	1. 能正确对常用产科器械进行识别 2. 能正确使用常用产科器械		10 分	未完成 1 项扣 5 分	
4	任务报告	1. 完成认真，内容正确 2. 能正确进行难产的诊断与治疗	评阅考核	15 分	根据情况酌情扣分	
5	学习态度	1. 具有团队协作精神 2. 具备科学严谨的态度 3. 观察认真，发言积极 4. 遵纪守时，爱护公物	自评、互评和师评相结合	10 分	根据情况酌情扣分	

任务检测

请扫描二维码 3-5-2 进入在线测试，可反复多次答题，直到获得满意的结果。

二维码 3-5-2
项目三任务五检测

任务六 胎衣不下

任务导入

胎衣不下是在分娩后易发生的疾病。若该病长时间不去诊断与治疗，则会影响后续母畜的生产性能。因此，在兽医临床中若发现胎衣不下，应当及时诊断与治疗。请学生完成胎衣不下的诊断与治疗，并完成任务报告。

任务准备

知识准备

一、胎衣不下的概念

母体产出胎儿后，胎衣在正常的时间范围内未能自行排出就称为胎衣不下（也称为胎衣滞留）。各种动物产后排出胎衣的正常时间为：牛 12 h、羊 4 h、猪 1 h、马 1 ～ 1.5 h。各种动物均可发生胎衣不下，但牛发病率最高，高达 20% ～ 50%；马的发病率一般为 4%；猪和犬则很少发生单一的胎衣不下。胎衣不下容易引起子宫内膜炎，导致产后子宫复旧不全、发情延迟及不孕，给养牛业造成严重经济损失。

二、胎衣不下的病因分析

引起胎衣不下的原因较为复杂，胎衣不下与季节、营养状态、胎次、遗传因素等均有相关性，单一因素可引起胎衣不下、多种因素综合作用也可引起胎衣不下，但直接引起胎衣不下的主要原因是产后子宫收缩无力和胎盘炎症。

（一）产后子宫收缩无力

饲料单一，缺乏维生素、矿物质，过肥、过瘦、老龄均可导致产后子宫收缩无力；分娩时间过长、难产、流产，单胎动物怀双胎时可引起产后子宫收缩无力；缺乏运动也可引起子宫收缩无力。

（二）胎盘炎症

胎盘炎症可以导致胎盘结缔组织增生，使母体胎盘和胎儿胎盘发生粘连，从而导致胎衣不下。布鲁氏菌、衣原体以及其他一些细菌、病毒等都可引起子宫内膜炎症及胎盘发炎。

三、胎衣不下的预后

牛和绵羊胎衣不下一般预后良好，但易对繁殖性能造成影响。马胎衣不下预后慎重，如果治疗处理不及时，轻者导致不易妊娠，重者可引起败血症。犬胎衣不下时能引起急性子宫内膜炎，而且子宫和胎衣粘连的部分可发生组织坏死，引起腹膜炎，如不及时治疗易导致死亡。猪胎衣不下一般预后良好，但可引起子宫内膜炎，并影响对仔猪的哺乳。

四、胎衣不下的预防

产前7 d注射维生素AD注射液，或临产前对体弱或有胎衣不下病史的动物补糖、补钙，可起到预防作用。产后注射催产素对胎衣不下亦有一定预防作用。当分娩破水后，可接取羊水300～500 mL，在动物分娩后立即灌服，可促进子宫收缩，加速胎衣排出。

五、诊断要点

（一）局部症状

动物在产后表现拱背、努责，从阴道中排出污红色恶臭液体，卧下时排出的数量增加，其中，含有胎衣碎片，阴门外可见胎衣垂挂。根据胎衣在子宫内滞留的多少，可分为胎衣全部不下和胎衣部分不下。胎衣全部不下是指整个胎衣滞留于子宫内，外观仅有少量胎膜垂于阴门外，或看不见胎衣。胎衣部分不下是指胎衣大部分垂于阴门外，少部分与母体胎盘粘连而未排出；也有大部分脱落，仅有少部分滞留于子宫内者，这只有通过检查脱出的胎衣缺损才能发现。

（二）全身症状

随着胎衣不下时间延长，患病动物可发生急性子宫内膜炎，胎衣腐败产物被机体吸收后会出现体温升高、呼吸加快、食欲减退或废绝。牛、羊出现轻度瘤胃膨气。各种动物对胎衣不下的耐受性各有差异，牛和山羊对胎衣不下不是很敏感，全身反应出现较晚或较轻。马和犬很敏感，一般产后胎衣不下超过12 h就会出现全身症状，而且病程发展很快、临诊症状表现严重。猪的胎衣不下多为部分胎衣不下，发生胎衣不下时表现不安，喜欢喝水，恶露增多。

六、治疗

胎衣不下的治疗方法有很多，概括起来可分为药物疗法（又称为保守疗法）和手术剥离疗法两种。

（一）药物疗法

1. 子宫内投药

为了防止胎衣腐败、延缓腐败物溶解吸收，可向子宫内直接投注抗生素。对于牛或马可取土霉素 2 g或金霉素 1 g，溶于 250 mL生理盐水中，一次性灌注，隔天 1 次；羊和猪药量减半，犬、猫一次可注入相应药物 30 mL。也可用其他抗生素或选用市售的治疗子宫内膜炎的专用药物进行子宫内投药治疗。为了促进胎盘绒毛脱水收缩、促进母体胎盘和胎儿胎盘分离，还可向子宫中灌注 10%氯化钠溶液，牛 1 次用量为 1 000 ～ 1 500 mL，猪、羊等中小动物酌减。

2. 注射促进子宫收缩的药物

为了加强子宫收缩能力，促进母体胎盘和胎儿胎盘分离、促进胎衣排出，可在产后早期注射促进子宫收缩的药物进行治疗。例如，皮下或肌内注射催产素，牛 50 ～ 100 IU，猪、羊 5 ～ 20 IU，马 40 ～ 50 IU，犬、猫 5 ～ 30 IU，2 h后重复注射一次。除此之外，还可选用麦角新碱、浓盐水、氯前列烯醇等进行治疗。

3. 注射抗生素

肌内注射抗生素也是胎衣不下时防止子宫感染的一种常用措施。当出现全身症状时，也可将肌内注射改为静脉注射，并配合相应的支持疗法，对于马和小动物来说，这种治疗方法尤为有效。

（二）手术剥离疗法

主要适用于马和牛，以及体形较大的羊。手术剥离原则：易剥离者则剥，不易剥离者不要硬剥；剥离过程中严禁损伤子宫黏膜；对患急性子宫内膜炎和体温升高的患病动物，不要进行剥离；剥离完胎衣后要向子宫内灌注抗生素。

1. 剥离前的准备

保定动物。固定尾巴，对后躯及外露胎衣进行清洗消毒。术者要戴上长臂手套、穿长筒靴及橡皮围裙，做好自身保护。为了便于剥离可向子宫中灌注适量浓盐水，牛为 10%浓盐水 1 000 ～ 1 500 mL。

2. 剥离方法

（1）牛。将胎衣的外露部分捻转几圈，左手将其拉紧，右手伸入子宫，由浅及深、螺旋式深入，寻找胎盘进行剥离，剥离时不可强行撕扯，应该依其结构特点，用食指和拇指将母体和胎儿胎盘分离，剥离完一侧子宫角再剥离另一侧子宫角。

（2）马。在子宫颈内口，找到尿膜绒毛膜的破口边缘，把手伸入子宫黏膜与绒毛膜之间，轻轻用力向前移行，即可将胎衣从子宫黏膜上分离下来。也可拧紧外露的胎衣，然后另一只手伸入子宫，找到脐带根部，握住后轻轻扭动、拉动，就可使绒毛膜脱离腺窝。

（3）犬。当怀疑犬发生胎衣不下时，可将一手指伸入阴道中进行探查，找到脐带后轻轻向外牵拉；也可用纱布包住镊子在阴道中旋转，将胎衣缠住拉出。小型犬可用正立提起（抱起），按摩腹壁的方法促进胎衣排出，重复几次仍无法排出者，可进行剖腹手术进行治疗。

3. 术后处理

胎衣剥离后，因子宫内可能还存在胎盘碎片及腐败液体，必须用 0.1% 高锰酸钾、0.1% 新洁尔灭或其他刺激性小的消毒液冲洗，清除子宫中的感染源，冲洗后向子宫内投放抗生素（如土霉素片等），隔天 1 次，连用 2 ～ 3 次，防止子宫感染。

【注意事项】

（1）在对动物进行检查或治疗时，一定要保定好动物，以防发生意外。

（2）在胎衣不下病史问诊时，主要了解分娩的时间及经过；胎儿是否足月；胎衣排出多少；阴道分泌物的性状及数量；患病动物食欲及产乳量有无改变；是否做过布鲁氏菌病检疫（牛、羊），结果如何。

（3）剥离胎衣之后，都应在子宫内置入抗生素，必要时可隔 1 ～ 2 d 再用 2 ～ 3 次。

材料准备

抗生素、催产素、酒精棉、长臂手套、消毒液。

用具准备

注射器、患有胎衣不下的动物。

任务筹划

任务流程如图 3-6-1 所示。

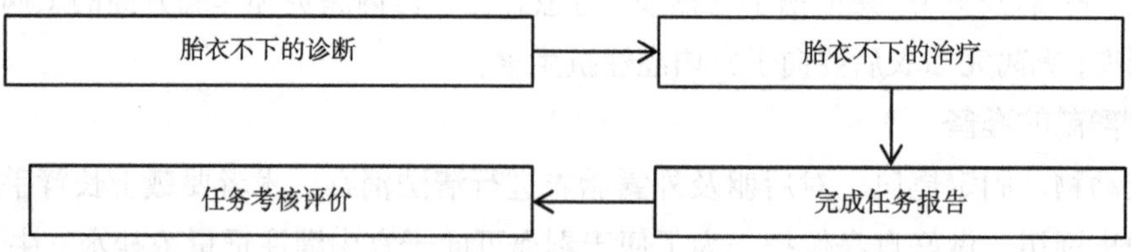

图 3-6-1　任务流程

任务实施

1. 胎衣不下的诊断

诊断时取决于两个方面：局部症状和全身症状。

（1）局部症状。动物有拱背、努责，从阴道中排出污红色恶臭液体，卧下时排出的更多，其中含有胎衣碎片，阴门外可见胎衣垂挂。

（2）全身症状。随着胎衣不下的时间增长，对动物的影响会越来越严重。动物可能会发生子宫内膜炎，胎衣腐败物被母体吸收后会影响动物的呼吸、脉搏及食欲，出现呼吸加快、脉搏增快及食欲减退或废绝。

2. 药物疗法

（1）子宫内投入抗生素，可防止腐败或延缓腐败物的吸收。

（2）注射促进子宫收缩的药物。在产后早期可肌内注射催产素，促进子宫壁收缩，促进胎儿的胎衣与母体子宫脱离。

3. 手术剥离疗法

（1）剥离胎衣前的准备。保定动物，固定尾巴，消毒后躯以及脱出的胎衣。术者穿戴长臂手套及围裙，按手术方法进行人员消毒。准备 10% 浓盐水 1 000 ～ 1 500 mL。

（2）剥离过程。各种动物剥离胎衣的方法各不相同，但总体来说剥离胎衣时动作一定要轻柔，易剥离者则剥离，不宜剥离者不强行剥离，避免对子宫造成损伤。

任务报告

对本任务相关知识进行学习，根据任务实施流程及操作步骤认真完成任务报告（表 3–6–1）。

表 3–6–1　胎衣不下

姓名：	班级：	学号：
1. 能够正确进行动物胎衣不下的检查，并指出在胎衣不下检查中的注意事项。		
2. 能够正确进行胎衣不下的药物治疗，并指出胎衣不下药物治疗中的注意事项。		
3. 能够正确进行手术剥离胎衣的操作，并指出手术剥离胎衣时的注意事项。		

任务评价

根据学生对胎衣不下的检查的操作及判断、胎衣不下的药物治疗的准确性及手术剥离胎衣的熟练程度，结合任务报告的完成情况进行考核评价（表 3–6–2）。

表 3-6-2　胎衣不下考核评价细则

<table>
<tr><td colspan="2">姓名：</td><td colspan="2">班级：</td><td colspan="2">学号：</td><td rowspan="2">教师签字：</td></tr>
<tr><td colspan="2">自评：
□合格　□不合格
日期：</td><td colspan="2">互评：
□合格　□不合格
日期：</td><td colspan="2">师评：
□合格　□不合格
日期：</td></tr>
<tr><th>序号</th><th>考核项目</th><th>考核标准</th><th>考核方式</th><th>分值</th><th>评分要求</th><th>得分</th></tr>
<tr><td>1</td><td>胎衣不下的诊断</td><td>1. 能正确进行局部症状的检查
2. 能正确进行全身症状的检查</td><td rowspan="3">现场识别考核、问答考核</td><td>10 分</td><td>未完成 1 项扣 5 分</td><td></td></tr>
<tr><td>2</td><td>胎衣不下的药物治疗</td><td>1. 能正确进行抗生素的使用
2. 能正确进行催产素的使用</td><td>10 分</td><td>未完成 1 项扣 5 分</td><td></td></tr>
<tr><td>3</td><td>手术剥离胎衣</td><td>1. 能正确进行手术剥离胎衣的准备
2. 能正确进行各种动物手术剥离胎衣的操作</td><td>10 分</td><td>未完成 1 项扣 5 分</td><td></td></tr>
<tr><td>4</td><td>任务报告</td><td>1. 完成认真，内容正确
2. 能正确进行胎衣不下的诊断与治疗</td><td>评阅考核</td><td>15 分</td><td>根据情况酌情扣分</td><td></td></tr>
<tr><td>5</td><td>学习态度</td><td>1. 具有团队协作精神
2. 具备科学严谨的态度
3. 观察认真，发言积极
4. 遵纪守时，爱护公物</td><td>自评、互评和师评相结合</td><td>10 分</td><td>根据情况酌情扣分</td><td></td></tr>
</table>

任务检测

请扫描二维码 3-6-1 进入在线测试，可反复多次答题，直到获得满意的结果。

二维码 3-6-1
项目三任务六检测

任务七　生产瘫痪

任务导入

生产瘫痪是在分娩后易发生的疾病。母畜在生产后由于大量营养物质转化为乳汁中的营养物质，由于低血钙而引发的一种营养代谢病。生产瘫痪对奶牛的危害最为突出，个别牧场此病的发病率高达 25% ～ 30%。奶牛生产瘫痪的发病率与其产乳量直接相关，高产奶牛多发，3 ～ 7 胎的奶牛多发，治愈的母牛下次分娩后可能再次发病，且多发生于产后 3 d 以内，少数发生于分娩过程中或产后数小时。请学生完成生产瘫痪的诊断与治疗并完成任务报告。

任务准备

知识准备

一、诊断要点

动物分娩后不久，出现特征的瘫痪姿势，知觉丧失，血钙降低（一般在 0.08 mg/mL 以下）。如果用钙剂疗法及乳房送风疗法有良好疗效，便可做出诊断。牛发生生产瘫痪时的症状可分为两类，即典型性生产瘫痪和非典型性（轻型）生产瘫痪。

（一）典型性生产瘫痪

发病迅速，从开始发病到出现典型症状，一般不超过 12 h。病初病牛通常表现为食欲减退，反刍、瘤胃蠕动及排粪、排尿停止，泌乳量降低。精神沉郁，不愿走动，后躯摇摆，后肢交替负重。行走时共济失调，易摔倒。有的病牛敏感性增高，表现短暂的不安，出现摇头、磨牙、伸舌、哞叫、惊慌、四肢肌肉震颤。皮温降低，鼻镜干燥，脉搏无明显变化。在经历数小时（多为 1 ～ 2 h）后，患病动物则瘫痪卧地，不能站立，虽然一直挣扎，但仍站不起来。随之很快转入精神抑制，出现意识抑制和知觉丧失的特征症状。病牛多昏睡，眼睑反射微弱或消失，瞳孔散大，对光线照射无反应，皮肤对疼痛刺激也无反应。肛门松弛，吞咽困难，心音减弱、呼吸变深，体温多降低（37.5 ～ 37.8℃）。头颈弯向一侧呈“犬卧状”（图 3-7-1），患病动物俯卧，四肢屈于躯干之下，头向后弯到胸部一侧，即使用力将头颈拉直，松手后仍会恢复原状。随着病情的进一步加重，则精神高度抑制，意识和感觉完全丧失，心音和呼吸极度微弱，而进入昏迷状态，体温可降至36℃以下，多数病例在昏迷中死亡，个别病例死亡前有痉挛和挣扎现象。

（二）非典型性生产瘫痪

有类似于典型性生产瘫痪的基本症状，后期动物反射及知觉下降、但不消失。产前及产后较长时间发生的多为非典型性生产瘫痪，病牛精神沉郁，卧地不起，个别牛挣扎着站起，体温一般正常。卧地时头颈姿势不自然，由头部到鬐甲部呈倒“S”状弯曲（图3-7-2）。

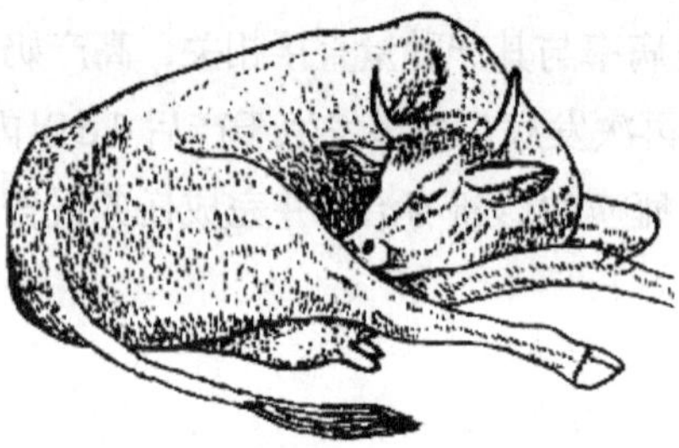

图 3-7-1　牛生产瘫痪时“犬卧状”姿势

图 3-7-2　牛生产瘫痪时头颈呈倒“S”状弯曲姿势

奶山羊的生产瘫痪多发生于产后1～3 d，泌乳早期容易发生本病。其症状基本与牛相似，但多数呈非典型症状。有时昏睡不起，心跳快而弱，呼吸增快，鼻腔内有黏性分泌物积聚，常发生便秘。

猪发病时，多在产后数小时开始，多发期为产后2～5 d。轻者站立困难，行走时后躯摇摆，乳量减少甚至无乳，有时病猪伏卧，拒绝哺乳。随病情加重，精神极度沉郁，食欲废绝，躺卧昏睡，一切反射减弱，便秘，体温正常或稍高。

犬产后低钙血症也称为泌乳期惊厥、产后子痫或产后癫痫，多发生于分娩后1～4周且产仔多的小型母犬。和牛相比，犬发病后前驱期（兴奋期）症状明显，而且持续时间较长，有些可长达2 d。病犬初期站立不稳、运动失调，兴奋、对外界刺激敏感，眼球震颤，结膜潮红。很快全身痉挛，体温升高达40 ℃以上，呼吸急促，心悸亢进，瞳孔散大，口吐白沫。如不及时治疗，病犬会反复抽搐乃至死亡。

二、治疗

奶牛的典型性生产瘫痪病例，由于发病迅速，如不及时治疗50%～60%病牛多于发病后12～48 h死亡，个别牛在发病后几小时内死亡。若及时治疗则90%可痊愈或好转，少数复发。奶牛的非典型性病例，大部分经治疗后预后良好，少数严重者若继发其他疾病时预后不良。犬发生本病后，如能及时正确治疗，大部分预后良好。

（一）钙剂疗法

静脉注射钙制剂是治疗本病的基本方法，一次静脉注射后半数病例症状会得到明显改善。最常用的钙剂是硼葡萄糖酸钙溶液（在葡萄糖酸钙溶液中加入 4% 硼酸，以提高葡萄糖酸钙的溶解度和稳定性）、10% 葡萄糖酸钙注射液或 5% ～ 10% 氯化钙注射液等，同时，配合使用维生素 D_2 胶性钙注射液，效果更好。治疗牛生产瘫痪时，用 20% ～ 25% 硼葡萄糖酸钙 500 mL，一半进行静脉注射，一半分点进行皮下注射。或用 10% 葡萄糖酸钙注射液按每千克体重 20 mg 纯钙的剂量注射。或将 5% 氯化钙注射液 500 ～ 1 000 mL，5% 葡萄糖生理盐水注射液 1 500 ～ 2 000 mL 混合后一次静脉注射，为了防止复发，可在第一次治疗 6 h 后，用半剂量的钙剂再静脉注射一次。治疗羊（猪）生产瘫痪时，可静脉注射 10% 葡萄糖酸钙注射液 50 ～ 100 mL。犬患该病时可静脉注射 10% 葡萄糖酸钙注射液 10 ～ 30 mL，混于 200 mL 5% 葡萄糖注射液中缓慢静脉注射（速度为 1 ～ 3 mL/min）。另可配合注射维生素 D_2 胶性钙注射液进行治疗。

（二）乳房送风疗法

其目的是使乳房膨胀，乳房内压增高，限制泌乳，减少钙、磷从乳中排出。乳房送风疗法适用于奶牛和奶山羊的生产瘫痪治疗。乳房送风器（图 3-7-3）的操作步骤如下：将病牛侧卧，挤净乳房中的积乳，并将乳头消毒，然后将消毒过而且在尖端涂有少许润滑剂的乳导管插入乳头管内，注入少量抗生素（青霉素 10 万 U 及链霉素 0.25 g，溶解于 20 ～ 40 mL 生理盐水中）。连接乳房送风器，分别将 4 个乳区打满空气，用绷带系住乳头，防止气体逸出。向乳房中打气时，逐一进行，打入的气体量不足，影响疗效；打入的气体过多，易引起乳腺腺泡损伤。打入的气体量以乳房皮肤紧张、乳区界限明显，轻敲乳房呈现鼓音为宜。系乳头的绷带应该在 1 h 左右解除。

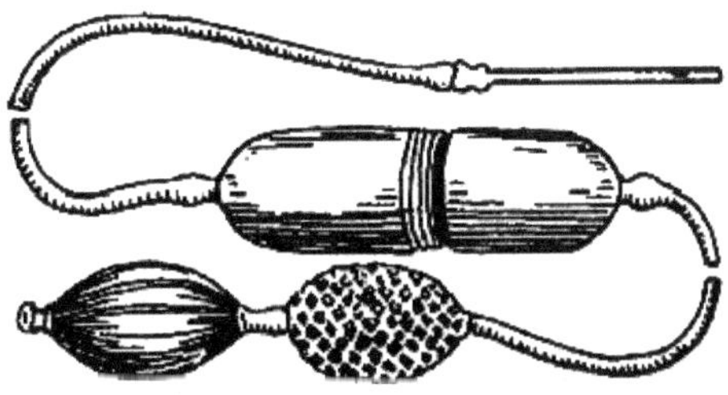

图 3-7-3　乳房送风器

（三）利用肾上腺皮质激素及其他药物治疗

用地塞米松（20 mg/ 次）对钙剂医治成效不佳的病牛治愈率很高。若是用地塞米松配合钙剂医治，治愈率很高。也可利用 25 mg 氢化可的松加入 2 000 mL 葡萄糖盐水中静注，1 d2 次，用药 1 ～ 2 d。牛要有专人护理，为避免褥疮和自躯体重压迫位于下面的后肢而引发神经麻痹，牛床上多垫干草，每隔 4 ～ 5 h 翻转一次牛。病牛神志不清、咽部麻痹期间禁止投服，以避免引发异物性肺炎。病牛试图站立或站立起来后，要扶持其一段时间，避免站立不稳而摔倒引发骨折或肌腱拉伤。

【注意事项】

（1）在对动物进行检查或治疗时，一定要保定好动物，以防发生意外。

（2）乳房送风疗法治疗生产瘫痪时，为预防感染，打入空气之前，可将适量的抗生素注入各个乳区内。

材料准备

钙制剂。

用具准备

患有生产瘫痪的动物、乳房送风器。

任务筹划

任务流程如图 3-7-4 所示。

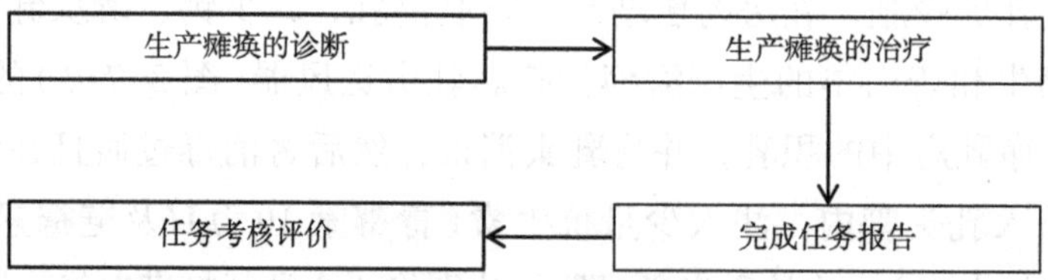

图 3-7-4　任务流程

任务实施

一、生产瘫痪的诊断

动物分娩后不久，出现特征的瘫痪姿势，知觉丧失，血钙降低（一般在 0.08 mg/mL 以下）。如果用钙剂疗法及乳房送风疗法有良好疗效，便可做出诊断。牛发生生产瘫痪时的症状可分为两类，即典型性生产瘫痪和非典型性（轻型）生产瘫痪。

1. 典型性生产瘫痪

发病迅速，病初食欲消退或废绝，有的表现短暂性兴奋，四肢无力。反刍、瘤胃蠕动、排粪及排尿停止、轻度臌气、泌乳量降低。精神沉郁，耳下垂，目光茫然。如能站立，后肢交替负重，后躯稍摇摆，似乎站不稳，而且肌肉战栗，不肯走动。不久显现瘫痪病症，先从后肢开始，病牛挣扎而不能起立，呈一种特殊的卧地姿势，四肢屈曲于躯干之下，开始头置于地上，但很快就将一侧前后肢伸向侧方，头向一侧弯曲至胸部，并置于该侧前肢基部之上，呈“犬卧状”。

2. 非典型性生产瘫痪

除瘫痪病症外，主要特点是头颈姿势不自然，由头部至鬐甲呈轻度的“S”状弯曲。病牛精神极度沉郁，但不昏睡，食欲废绝。各类反射减弱，但不完全消失。病牛有时能勉强站立，但站立不稳，且行动困难，步态摇摆。体温正常或不低于 37℃。

二、钙剂疗法

静脉注射钙制剂能够很好地治疗该病。最好的药物是硼葡萄糖酸钙注射液，10% 葡萄糖酸钙注射液或 5% ～ 10% 氯化钙注射液等，同时，配合使用维生素 D_2 胶性钙注射液，效果更好。注射钙制剂要缓慢，特别是氯化钙刺激性大，更要缓慢，氯化钙最大日剂量不超过 30 g。

三、乳房送风疗法

使用乳房送风器将空气送进乳房中，使用前应将送风器的金属筒消毒并在其中放置干燥、消毒棉花，以便过滤空气，避免感染。没有乳房送风器时，也可利用大号持续注射器或一般打气筒，但过滤空气和避免感染较困难。送风时，使牛侧卧，先挤尽乳房中的积乳，并消毒乳头和乳头管口，然后把消毒的乳房送风器导管涂上灭菌的润滑剂，缓慢插入乳头管内。用手有节拍地把空气持续打入乳房内。四个乳区均应打满空气，打入空气量以乳房皮肤紧张、乳腺基部的边缘清楚而且变厚，同时轻敲乳房呈现鼓响音时为宜。

知识拓展：生产瘫痪（二维码 3-7-1）。

二维码 3-7-1
知识拓展：生产瘫痪

任务报告

对本任务相关知识进行学习，根据任务实施流程及操作步骤认真完成任务报告（表 3-7-1）。

表 3-7-1　生产瘫痪

姓名：	班级：	学号：
1. 能够正确进行动物生产瘫痪的检查，并指出在生产瘫痪的检查中的注意事项。		
2. 能够正确进行生产瘫痪的钙剂疗法，并指出生产瘫痪钙剂治疗中的注意事项。		
3. 能够正确进行乳房送风疗法的操作，并指出乳房送风疗法的注意事项。		

任务评价

根据学生对生产瘫痪的检查的操作及判断、生产瘫痪的药物治疗的准确性及乳房送风疗法的熟练程度及任务报告的完成情况进行考核评价（表 3-7-2）。

表 3-7-2　生产瘫痪考核评价细则

<table>
<tr><td colspan="2">姓名：</td><td colspan="2">班级：</td><td colspan="2">学号：</td><td rowspan="2">教师签字：</td></tr>
<tr><td colspan="2">自评：
□合格　□不合格
日期：</td><td colspan="2">互评：
□合格　□不合格
日期：</td><td colspan="2">师评：
□合格　□不合格
日期：</td></tr>
<tr><th>序号</th><th>考核项目</th><th>考核标准</th><th>考核方式</th><th>分值</th><th>评分要求</th><th>得分</th></tr>
<tr><td>1</td><td>生产瘫痪的诊断</td><td>1. 能正确进行典型性生产瘫痪的检查
2. 能正确进行非典型性生产瘫痪的检查</td><td rowspan="3">现场识别考核、问答考核</td><td>10 分</td><td>未完成 1 项扣 5 分</td><td></td></tr>
<tr><td>2</td><td>生产瘫痪的钙剂疗法</td><td>能正确进行钙制剂的治疗</td><td>10 分</td><td>未完成扣 10 分</td><td></td></tr>
<tr><td>3</td><td>乳房送风疗法</td><td>1. 能正确进行乳房送风疗法的准备
2. 能正确进行乳房送风疗法的操作</td><td>10 分</td><td>未完成 1 项扣 5 分</td><td></td></tr>
<tr><td>4</td><td>任务报告</td><td>1. 完成认真，内容正确
2. 能正确进行生产瘫痪的诊断与治疗</td><td>评阅考核</td><td>15 分</td><td>根据情况酌情扣分</td><td></td></tr>
<tr><td>5</td><td>学习态度</td><td>1. 具有团队协作精神
2. 具备科学严谨的态度
3. 观察认真，发言积极
4. 遵纪守时，爱护公物</td><td>自评、互评和师评相结合</td><td>10 分</td><td>根据情况酌情扣分</td><td></td></tr>
</table>

任务检测

请扫描二维码 3-7-2 进入在线测试，可反复多次答题，直到获得满意的结果。

二维码 3-7-2
项目三任务七检测

任务八

阴道脱出

任务导入

兽医临床上常见的阴道疾病有阴门炎、阴道炎、阴道脱出及产道损伤等。当阴门及阴道发生损伤时，防卫功能受到破坏或机体抵抗力降低，细菌侵入，即引起阴门炎或阴道炎。阴道脱出为阴道壁的一部分或全部突出于阴门外，多发生于妊娠末期，产后亦有发生。正确诊断与处理阴道疾病也是临床兽医的基本技能。请学生完成阴道脱出的诊断与治疗，并完成任务报告。

任务准备

知识准备

一、阴道脱出的概念

阴道脱出是阴道壁一部分形成皱襞，突出于阴门外，或者整个阴道翻转脱垂于阴门之外。一般见于年龄较大的母畜，有时也发生于产后。该病多发生于牛，其次是羊、猪，绵羊常发生于干乳期和产羔后，主要发生于妊娠最后 2 周左右，水牛偶见于发情期，短头品种犬发情时也常有发生。

二、阴道脱出的病因分析

阴道脱出病因较复杂，主要由于固定阴道的组织弛缓，腹内压增高及强烈努责而引起。经产老龄、衰弱孕畜，饲养不良及运动不足，常引起全身组织紧张性降低，固定阴道的组织松弛而发病。胎儿大、胎水多、双胎妊娠、瘤胃臌胀、便秘、下痢、产前截瘫、严重骨软症、卧地不起或奶牛长期拴于前高后低的厩舍内，以及产后努责过强等，都能使腹压增高，压迫松软的阴道壁，使其一部分（部分脱出）或全部（完全脱出）突出于阴门之外。猪长期饲喂霉变饲料，由于类雌激素和毒素作用而引起阴道韧带松弛。里急后重，致使阴道脱出。牛、山羊、犬在发情前后出现阴道脱出与遗传及雌激素过多有关。

另外，在母犬与公犬配种结束前强行分开公母犬，母犬也易发生阴道脱出。

三、阴道脱出的预防

加强妊娠母畜饲养管理，加强运动，提高全身组织的紧张性，及时治疗便秘、下痢、瘤胃臌胀等疾病。

四、阴道脱出的预后

阴道脱出的预后视发生的时期、脱出的程度及时间、致病原因是否除去而定。部分脱出，预后良好。完全脱出时，发生在产前者，距分娩越近，预后越好，不会妨碍胎儿排出，分娩后多能自行恢复。如距分娩尚早，预后则必须十分谨慎，因为整复后不易固定，反复脱出，容易发生阴道炎、子宫颈炎，炎症可能破坏黏液塞，侵入子宫，引起胎儿死亡及流产，产后可能屡配不孕。猪阴道脱出，如不除去原因，可继发直肠脱出，预后也必须谨慎。

五、诊断要点

根据阴道脱出的程度不同，分为阴道部分脱出和阴道完全脱出。

（一）阴道部分脱出

多见于牛，主要发生在产前。病初仅当患病动物卧下时，可见前庭及阴道下壁（有时为上壁），形成拳头大、粉红色瘤样物，露出于阴门外或夹在阴门之中。母牛起立后，脱出部分自行缩回。如病因未除，脱出的阴道壁可逐渐增大，以致患病动物起立后脱出部分缩回时间较长，黏膜红肿、干燥。甚至有部分奶牛在每次妊娠时都会发生，也称为习惯性阴道脱出。

（二）阴道完全脱出

可见阴门中突出一个球形的囊状物，表面光滑，呈粉红色。患病动物起立后，脱出的阴道壁不能缩回，可以看到子宫颈口及妊娠的黏液栓；下壁前端有尿道口，排尿不顺利。孕畜产前，膀胱或胎儿前置部分常进入脱出的阴道囊内，有时可以触摸到。产后，有时可以看到子宫颈阴道部肥厚的横皱襞。

阴道脱出部分由于长期不能缩回，黏膜发生淤血、水肿，变为紫红色，表面干裂，流出血样液体。因长时间与地面摩擦及粪土污染，脱出的阴道黏膜上常附有粪土、草屑等污物，甚至发生破裂、发炎、坏死及糜烂，严重时可继发全身感染。

六、治疗

（一）治疗原则

加强护理，降低腹压，手术整复固定，防止继发疾病。

（二）治疗措施

1. 保守疗法

对阴道部分脱出，站立后能自行缩回的动物，可改善饲养管理，补充饲喂富含矿物质及维生素的饲料，适当运动，加强体质，并使其长时间保持前低后高的姿势站立，一般使其后躯比前躯高出 10 ～ 15 cm（牛）较适宜。防止卧地过久，以减轻腹内压。内服补中益气汤。对便秘、腹泻等原发病应及时治疗。病牛还可肌内注射 250 mg 黄体酮，连续使用 7 d，能够缓解症状，避免病情进一步恶化，具有一定的防治效果，如有需要可采取手术和全身治疗的方法。

2. 阴道完全脱出

脱出严重不能自行缩回者，必须通过手术整复和固定，防止复发。

（1）保定。站立保定时，要使动物保持前低后高姿势，不能站立的应将后躯垫高侧卧保定。小动物可提起后肢进行倒提保定。

（2）麻醉。动物出现强烈努责时，先在荐尾间隙或第 1、2 尾椎间隙行轻度硬膜外腔麻醉，也可行后海穴注射；中小动物可作全身麻醉；猪可用氯丙嗪镇静。

（3）脱出部分的处理。用温 1% 高锰酸钾溶液或 1% 新洁尔灭溶液等，彻底清洗消毒脱出部分，除去坏死组织，伤口大的要适当缝合，并涂以碘甘油或抗生素软膏。若黏膜水肿严重，可先用毛巾或纱布浸以 2% 明矾溶液进行冷敷，并适当压迫 15 ～ 30 min；亦可针刺水肿黏膜，挤压排液，再涂以 3% 明矾溶液，使水肿减轻。对有大伤口的部位进行缝合，并涂 2% 龙胆紫、碘甘油或抗生素软膏。

（4）整复。用消毒纱布托起脱出部分，趁母畜努责消失时，用手掌将脱出部分向阴门内推进，待全部送入阴门后，再用拳头将阴道顶回原位，并轻揉使其充分复位。最后在阴道腔内注入消毒药液，或在阴门两旁注入抗生素，以便消炎，减轻努责；热敷阴门也有抑制努责的作用。如果努责十分强烈，可在阴道内注入 2% 盐酸利多卡因，或采用荐尾硬膜外腔麻醉，或注射肌肉松弛剂等。

（5）固定。整复后为防止再次脱出，可采用阴门缝合固定。用粗缝线在距阴门 3 ～ 4 cm 处进针进行两个间断褥式缝合、圆枕缝合、纽扣状缝合或内翻缝合（图 3-8-1）。阴门下 1/3 不缝合避免影响排尿。缝合局部定期消毒，以防感染，拆线不宜过早，如患病动物不再努责，即可拆除缝线。如患病动物出现分娩预兆应立即拆除缝线。

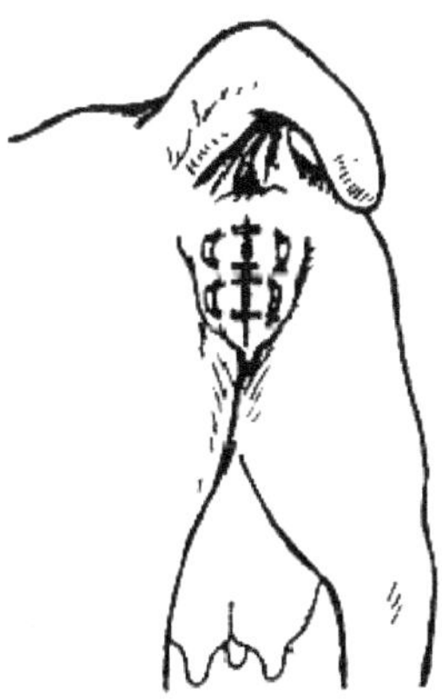

图 3-8-1　阴门缝合固定

材料准备

长臂手套、局部消毒药品、生理盐水，患有相应疾病的动物（牛或羊、猪、犬、猫）。

用具准备

阴道冲洗器、注射器、开腔器。

任务筹划

任务流程如图 3-8-2 所示。

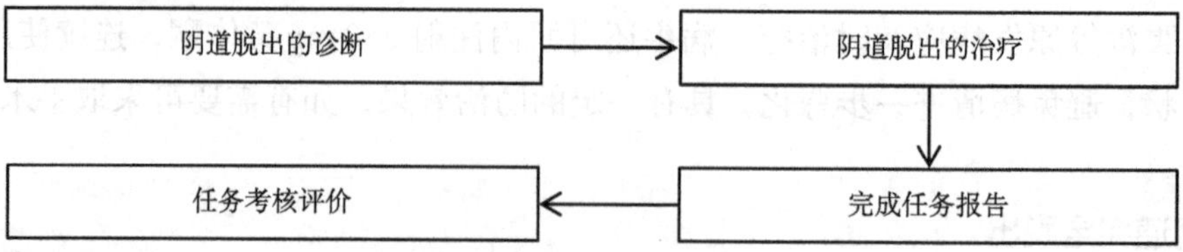

图 3-8-2 任务流程

任务实施

1. 阴道部分脱出

病牛卧下时，见到形如大鹅蛋到皮球大小的红色或暗红色半球状的阴道壁突出于阴门之外，站立时缓慢回缩。

2. 阴道完全脱出

多由部分脱出进展而来，可见形如排球至篮球大小的球形物脱出于阴门之外，其结尾有子宫颈外口，脱出的阴道初显粉红色，以后因淤血等变成暗紫色肉冻状，表面常有污染的粪草，进而出血、干裂、结痂和形成糜烂或坏死等。个别病例随病程增加，努责加重，同时致使直肠脱出。

3. 手术整复和固定

对于即便站立也不能自行缩回或脱出严峻、阴道损伤者，必须加以整复和固定，方式如下。

（1）保定。牛站立保定，前低后高，将尾巴拴在自身颈部左侧。

（2）麻醉。用 2% 普鲁卡因 10 mL 进行荐尾麻醉。

（3）清洗消毒脱出部分。用 1% 高锰酸钾溶液或 1% 新洁尔灭溶液完全清洗脱出部分，除去异物和坏死组织，并涂以抗生素软膏。

（4）整复。用消毒纱布托起脱出部分，趁母畜不努责时，用拳头将脱出阴道全数推入，并将阴道壁推直为止。如阴道和直肠均脱出，先整复直肠，再整复阴道。

（5）固定。用 10 ～ 12 号缝线，距阴门 3 ～ 4 cm 处行内翻缝合，阴门裂的下 1/3 处不缝，以便排尿。出现临盆预兆时拆除缝线。

（6）内服补中益气汤。组方：党参 50 g、白术 50 g、黄芪 40 g、升麻 40 g、柴胡 40 g、当归 50 g、陈皮 40 g、甘草 20 g、黄柏 60 g、石榴皮 60 g、栀子 50 g，共研末，开水冲调，候温灌服，连用 3 剂。

任务报告

对本任务相关知识进行学习，根据任务实施流程及操作步骤认真完成任务报告（表 3-8-1）。

表 3-8-1　阴道脱出

姓名：	班级：	学号：
1. 能够正确进行动物阴道脱出的检查，并指出在阴道脱出检查中的注意事项。		
2. 能够正确进行阴道脱出的保守治疗，并指出阴道脱出保守治疗中的注意事项。		
3. 能够正确进行手术整复和固定的操作，并指出手术整复和固定时的注意事项。		

任务评价

根据学生对阴道脱出的检查的操作及判断、阴道脱出的保守治疗的准确性及手术整复和固定的熟练程度评判及任务报告的完成情况进行考核评价（表 3-8-2）。

表 3-8-2　阴道脱出考核评价细则

姓名：		班级：		学号：		教师签字：
自评： □合格　□不合格 日期：		互评： □合格　□不合格 日期：		师评： □合格　□不合格 日期：		
序号	**考核项目**	**考核标准**	**考核方式**	**分值**	**评分要求**	**得分**
1	阴道脱出的诊断	1. 能正确进行一般症状的检查 2. 能正确进行阴道部分脱出的检查 3. 能正确进行阴道完全脱出的检查	现场识别考核、问答考核	10 分	未完成 1 项扣 3 分，3 项均未完成扣 10 分	
2	阴道脱出的保守治疗	1. 能正确进行饲养管理改善的操作 2. 能正确进行保守治疗的操作		10 分	未完成 1 项扣 5 分	
3	手术整复和固定	1. 能正确进行手术整复阴道前的准备 2. 能正确进行各种动物手术整复和固定的操作		10 分	未完成 1 项扣 5 分	
4	任务报告	1. 完成认真，内容正确 2. 能正确进行阴道脱出的诊断与治疗	评阅考核	15 分	根据情况酌情扣分	

续表

序号	考核项目	考核标准	考核方式	分值	评分要求	得分
5	学习态度	1. 具有团队协作精神 2. 具备科学严谨的态度 3. 观察认真，发言积极 4. 遵纪守时，爱护公物	自评、互评和师评相结合	10 分	根据情况酌情扣分	

任务检测

请扫描二维码 3-8-1 进入在线测试，可反复多次答题，直到获得满意的结果。

二维码 3-8-1
项目三任务八检测

任务九 子宫内翻及脱出

任务导入

在兽医临床上常见的子宫疾病主要有子宫内膜炎、子宫脱出及子宫扭转等，奶牛最常见。轻者影响母畜的繁殖功能，重者危及生命。正确诊断和治疗子宫疾病也是兽医的必备技能。请学生完成子宫内翻及脱出的诊断与治疗，并完成任务报告。

任务准备

知识准备

一、子宫内翻及脱出的概念

子宫角前端翻入子宫腔或阴道内，称为子宫内翻。子宫的部分或全部翻出于阴门之外，称为子宫脱出。二者为程度不同的同一个病理过程。子宫脱出多见于产程的第三期，有时则在产后数小时之内发生，产后超过 1 d发病的患病动物极为少见。子宫内翻临床表现不明显，早期仅见母牛努责，通过阴道检查、阴道镜检查和直肠检查一般可以诊断；子宫脱出的临床症状十分明显，根据脱出的子宫即可诊断。常见于奶牛，羊、猪也可发生，马、犬和猫较少见。

二、子宫内翻及脱出的病因分析

子宫内翻及脱出的病因目前不完全清楚，主要和产后强烈努责、外力牵引以及子宫弛缓有关。

（一）产后强烈努责

子宫脱出主要发生在胎儿排出后不久、部分胎儿胎盘已从母体胎盘分离。此时只有腹肌收缩的力量能使沉重的子宫进入骨盆腔，进而脱出。因此，母畜在分娩第三期由于存在某些能刺激母畜发生强烈努责的因素，如产道及阴门的损伤、胎衣不下等，使母畜继续强烈努责，腹压增高，导致子宫内翻及脱出。

（二）外力牵引

在分娩第三期，部分胎儿胎盘与母体胎盘分离后，脱落的部分悬垂于阴门之外，会牵引子宫使之内翻，特别是当脱出的胎衣内存有胎水或尿液时，会增加胎衣对子宫的拉力。此外，难产时，产道干燥，子宫紧包胎儿，如果未经很好处理（如注入润滑剂）即强行拉出胎儿，子宫常随胎儿翻出。

（三）子宫弛缓

可延迟子宫颈闭合时间和子宫角体积缩小速度，更易受腹壁肌收缩和胎衣牵引的影响。兽医临床工作中常发现，许多子宫脱出病例都同时伴有低钙血症，低血钙则是造成子宫弛缓的主要因素。造成子宫弛缓的因素还有很多，如母畜衰老、经产、营养不良（单纯喂以麸皮，钙盐缺乏等）、运动不足，胎儿过大等。

三、子宫内翻及脱出的预防

（1）妊娠母畜要进行合理的饲养管理，增强体质，适当使役。

（2）合理正确地助产，牵拉胎儿时不要用力过急、过猛，防止子宫脱出；分娩后及时进行产道检查，看是否发生产道损伤和子宫内翻现象；及时处理产道损伤，注意观察母畜产后是否出现强烈努责，防止发生子宫脱出。

（3）不能用系重物的方法治疗胎衣不下，牵拉胎衣时也不能用力过大，以免将子宫拉成子宫内翻及子宫脱出。

四、诊断要点

多发生于分娩后几个小时内，也有少数在产后 2 ～ 3 d内发生。部分脱出子宫停留在阴道内，从外表不易被发现。

（一）子宫内翻

子宫轻度内翻，能在子宫复旧过程中自行复原，常无外部症状，从外表不易发现。母畜产后表现不安、努责、举尾等类似腹痛的症状。如母畜产后仍有明显努责时，应及时进行检查。阴道检查可发现子宫角套叠于子宫、子宫颈或阴道内，为圆形柔软瘤状物。直肠检查时可发现，肿大的子宫角似肠套叠，子宫阔韧带紧张。

（二）子宫完全脱出

子宫完全脱出症状明显，可见长圆形囊状物突出于阴门外，往往下垂至跗关节上方，表面常附着尚未脱落的胎膜，且多被粪土污染和摩擦出血，进而结痂、干裂、糜烂等。牛、羊脱出的子宫表面有许多暗红色或紫红色散在母体胎盘，呈圆形或半圆形的海绵状。马脱出的子宫表面光滑，上有细绒毛。猪脱出的子宫，似两条肠管。

子宫脱出与阴道脱出的区别，应根据两者的发病时期、脱出物的解剖位置、病情的严重程度三方面加以鉴别。子宫脱出发生在产后期，而阴道脱出发生在妊娠期间。子宫脱出是子宫黏膜面翻出阴门外呈带状，可以看到母体胎盘外露，有时上面还有胎衣；而阴道脱出病情较轻缓，有时可拖延数天，严重者可造成母畜流产。

五、治疗

（一）子宫内翻

必须立即整复。方法：术者手臂消毒、涂液体石蜡后，伸入阴道及子宫内，轻轻地向前推压内翻部分，必要时并拢手指伸入套叠部的凹陷部，左右摇动向前推进，即可使其复原。

（二）子宫脱出

对子宫脱出的病例，必须及早实施手术整复。子宫脱出的时间越长，整复越困难，所受外界刺激越严重，康复后不孕率也越高。根据情况可进行整复法或切除术。

整复脱出的子宫之前必须检查子宫腔中有无肠管和膀胱，如果有，应将肠管先压回腹腔并将膀胱中尿液导出，再行整复。整复时助手要密切配合，手掌握住子宫，并注意防止已送入的部分再脱出。现以牛为例，将子宫脱出的整复方法阐述如下。

1. 保定

发生子宫脱出的患病动物，常不愿或不能站立，这时可将其后躯尽可能垫高；如站立进行整复，必须使其后肢站于高处。在保定前，应先排空直肠内的粪便，防止整复时排便，污染子宫，并装尾绷带。

2. 清洗

清洗时，首先将子宫放在用消毒液浸洗过的塑料布上。用温消毒液将子宫及外阴和尾根区域充分清洗干净，除去其上黏附的污物及坏死组织。黏膜上的小创伤，可涂以抑菌防腐药，大的创伤则要进行缝合。如胎衣尚未脱落，可试行剥离，如剥离困难又易引起母体组织损伤时，可不剥离，整复子宫后按胎衣不下处理。

3. 麻醉

防止母畜努责，可进行荐尾硬膜外腔麻醉。但麻醉不宜过深，以免使患病动物后肢不能站立而卧下，妨碍整复。

4. 整复

将病牛站立保定或侧卧保定于手术台上，由两助手用布将子宫兜起提高，使其与阴门等高，并将子宫摆正，然后整复。

整复时应先从靠近阴门的部分开始。操作方法是将手指并拢，用手掌或者用拳头压迫靠近阴门的子宫壁（切忌用手抓子宫壁），将其向阴道内推送。推进去一部分以后，由助手在阴门外紧紧顶压固定，术者将手抽出来，再以同法将剩余部分逐步向阴门内推送，直至脱出的子宫全部送入阴道内。整复也可以从下部开始，即将拳头伸入子宫角尖端的凹陷中，将其顶住，慢慢推回阴门之内。上述两种方法，都必须在患病动物不努责时进行。而且在努责时要把送回的部分紧紧顶压住，防止再次脱出来。

脱出的子宫全部被推入阴门之后，为保证子宫全部复位，可向子宫内灌注 9～10 L 温水，然后导出。在查证子宫角确已恢复正常位置，并无套叠后，向子宫内放入抗生素或其他防腐抑菌药物，并注射促进子宫收缩药物，以免再次脱出。

对犬、猫和猪的子宫脱出病例，必要时可行剖腹术，通过腹腔整复子宫。

（三）预防复发及护理

整复后为防止复发，应皮下或肌内注射 50～100 IU 催产素。如采用静脉注射，子宫壁在注射后 30～60 s 即开始收缩。整复后，为防止患病动物努责，也可进行荐尾硬膜外腔麻醉，但不宜缝合阴门，以免刺激患病动物发生持续努责，而且缝合后虽能防止子宫脱出，但不能阻止子宫内翻。

术后护理按常规进行。如有内出血，必须给予止血剂并输液。对患病动物要有专人负责观察，如发现母畜努责强烈，必须检查是否有子宫内翻，如有子宫内翻则应立即加以整复。

如确定子宫脱出时间已久，无法送回，或者有严重的损伤及坏死，整复后有引起全身感染、导致死亡的危险，可将脱出的子宫切除，以挽救母畜的生命。

材料准备

长臂手套、局部消毒药品、生理盐水。

用具准备

子宫冲洗器、注射器、开腔器、患子宫内翻和脱出的动物。

任务筹划

任务流程如图 3-9-1 所示。

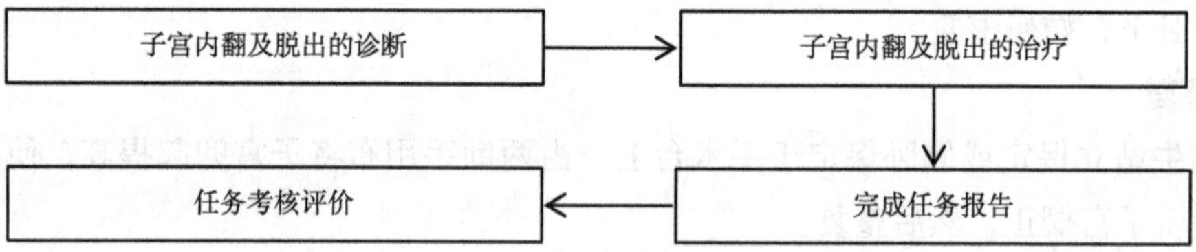

图 3-9-1 任务流程

任务实施

1. 子宫内翻及脱出的诊断

子宫内翻及脱出有两种症状，分别为子宫内翻和子宫完全脱出。子宫内翻与子宫完全脱出比较，前者症状较轻，预后良好。

子宫轻度内翻可在动物体内自行进行整复，一般无外部症状，若母畜产后仍然有较严重的努责出现，则应认真检查，诊断。

若出现子宫完全脱出，则症状明显，可见长圆形囊状物突出于阴门外，往往下垂至跗关节上方，表面常附着尚未脱落的胎膜，且多被粪土污染和摩擦出血，进而结痂、干裂、糜烂等。

2. 子宫内翻及脱出的治疗

术者手臂消毒、涂液体石蜡后，伸入阴道及子宫内，轻轻地向前推压内翻部分，必要时并拢手指伸入套叠部的凹陷部，左右摇动向前推进，即可使其复原。

3. 子宫完全脱出的手术整复方法

（1）保定。牛站立保定，前低后高，将尾巴拴在自身颈部左侧。

（2）麻醉。用 2% 普鲁卡因 10 mL 进行荐尾麻醉。

（3）清洗消毒脱出部分。用 1% 高锰酸钾溶液或 1% 新洁尔灭溶液完全清洗脱出部分，除去异物和坏死组织，并涂以抗生素软膏。

> 知识拓展：子宫内翻及脱出（3-9-1）。
>
> 二维码 3-9-1 知识拓展：子宫内翻及脱出

（4）整复。用消毒纱布托起脱出部分，趁母畜不努责时，用拳头将脱出子宫全数推入，并将阴道壁推直为止。如阴道和直肠均脱出，先整复直肠，再整复阴道。

（5）固定。用 10 ～ 12 号缝线，距阴门 3 ～ 4 cm 处行内翻缝合，阴门裂的下 1/3 处不缝，以便排尿。出现临盆预兆时拆除缝线。

任务报告

对本任务相关知识进行学习，根据任务实施流程及操作步骤认真完成任务报告（表 3-9-1）。

表 3-9-1　子宫内翻及脱出

姓名：	班级：	学号：
1. 能够正确进行动物子宫内翻的检查，并指出在子宫内翻检查中的注意事项。		
2. 能够正确进行动物子宫脱出的检查，并指出在子宫完全脱出检查中的注意事项。		
3. 能够正确进行子宫内翻的手术整复和固定的操作，并指出手术整复和固定时的注意事项。		
4. 能够正确进行子宫完全脱出的手术整复和固定的操作，并指出手术整复和固定时的注意事项。		

任务评价

根据学生对子宫内翻及脱出的检查的操作及判断、子宫内翻和子宫完全脱出的手术整复和固定的熟练程度及任务报告的完成情况进行考核评价（表 3-9-2）。

表 3-9-2　子宫内翻及脱出考核评价细则

姓名：		班级：		学号：		教师签字：
自评： ☐合格　☐不合格 日期：		互评： ☐合格　☐不合格 日期：		师评： ☐合格　☐不合格 日期：		
序号	**考核项目**	**考核标准**	**考核方式**	**分值**	**评分要求**	**得分**
1	子宫内翻及脱出的诊断	1. 能正确进行一般症状的检查 2. 能正确进行子宫内翻的检查 3. 能正确进行子宫完全脱出的检查	现场识别考核、问答考核	10 分	未完成 1 项扣 3 分，3 项均未完成扣 10 分	

续表

序号	考核项目	考核标准	考核方式	分值	评分要求	得分
2	子宫内翻的手术整复与固定	1. 能正确进行手术整复子宫内翻前的准备 2. 能正确进行各种动物子宫内翻手术整复与固定的操作	现场识别考核、问答考核	10 分	未完成 1 项扣 5 分	
3	子宫完全脱出手术整复与固定	1. 能正确进行手术整复子宫完全脱出前的准备 2. 能正确进行各种动物子宫完全脱出手术整复与固定的操作		10 分	未完成 1 项扣 5 分	
4	任务报告	1. 完成认真，内容正确 2. 能正确进行子宫内翻及脱出的诊断与治疗	评阅考核	15 分	根据情况酌情扣分	
5	学习态度	1. 具有团队协作精神 2. 具备科学严谨的态度 3. 观察认真，发言积极 4. 遵纪守时，爱护公物	自评、互评和师评相结合	10 分	根据情况酌情扣分	

任务检测

请扫描二维码 3-9-2 进入在线测试，可反复多次答题，直到获得满意的结果。

二维码 3-9-2
项目三任务九检测

任务十 子宫扭转

任务导入

子宫扭转常见于奶牛，轻者可能影响动物的生产性能，重者可能会导致动物死亡。因此，在兽医临床实践中要能够对子宫扭转进行准确的诊断和治疗。请学生完成子宫扭转的诊断与治疗，并完成任务报告。

任务准备

知识准备

一、子宫扭转的概念

子宫扭转指整个子宫、一侧子宫角或子宫角的一部分围绕其纵轴发生的扭转。子宫扭转的扭转处多为子宫颈及其前后，涉及阴道前端的称为颈后扭转，位于子宫颈前的称为颈前扭转。伴有子宫颈及前部阴道的扭转，多数扭转 90° ～ 180°，以右方扭转的多见。此病在各种动物均有发生，奶牛多发，且多见于分娩时，尤以经产奶牛多发。羊、马和驴也时有发生，猪则少见。子宫扭转也是母畜难产的病因之一。

二、子宫扭转的病因分析

引起子宫扭转的原因主要有以下 3 点。

（1）凡能使母畜绕身体纵轴发生急剧转动的任何动作，都可成为子宫扭转的直接原因。妊娠末期奶牛的起卧特点及母牛子宫解剖结构的特殊性，使奶牛发生子宫扭转的可能性比其他动物大得多；胎儿过大、胎水过少、子宫在网膜外；大多数学者认为，分娩第 1 阶段晚期或第 2 阶段早期，胎儿活动逐渐增多，增加了子宫的不稳定性。

（2）孕畜饲养管理不当、运动不足也是主要的诱因。长期的运动不足，可使子宫阔韧带弛缓，腹壁肌肉松弛，从而诱发子宫扭转。如孕畜滑倒、奔跑、下陡坡及爬跨时，都可能导致本病的发生。

（3）妊娠末期胎水数量减少，分娩前胎动过强也是一个原因；分娩时胎儿体位的转动带动子宫一起发生旋转也可引起子宫扭转。

三、诊断要点

该病诊断要点依妊娠阶段、畜种及扭转部位和程度的不同而异。该病根据临床症状，通过直肠检查及阴道检查较易确诊。

（一）外部视诊表现

产前发生子宫扭转的母畜，如果扭转不超过 90°，不表现任何症状；超过 180°时，孕畜因子宫阔韧带伸长而有明显的不安和阵发性腹痛表现。

临产时发生子宫扭转的孕畜可出现正常的分娩预兆，在分娩开口期之后由于子宫肌层的收缩出现腹痛，并可能发生努责，子宫颈开放，但因软产道狭窄或拧闭，胎儿难以进入产道，同时，胎膜亦不能露出于阴门之外，腹痛及不安的现象比正常分娩时要严重。

（二）阴道及直肠检查

子宫扭转时，阴道和直肠检查常引起母畜强烈不安，产前发生扭转的阴道壁干涩。

1. 子宫颈前扭转

阴道检查：在临产时发生的扭转，只要不超过360°，子宫颈口总是稍微开张，并歪向一侧；达360°时，子宫颈管即闭锁，也不歪向一侧。视诊可见子宫颈腔部呈紫红色，子宫颈塞红染。产前发生的扭转，阴道变化不明显。

直肠检查：在耻骨前缘可摸到子宫体上的扭转处如一堆软而实的物体。阔韧带从两旁向此扭转处交叉。一侧韧带达到此处的前上方，另一侧韧带则达到其后下方。阔韧带及子宫动脉的紧张程度可以帮助判断子宫扭转的严重程度。有时发现粪中带血。

2. 子宫颈后扭转

阴道检查，无论在产前或临产时发生的扭转，都表现为阴道壁紧张，阴道腔越向前越狭窄，阴道壁的前端可见或大或小的螺旋状皱襞。

除上述症状外，有些扭转轻的病例可以发现同侧阴唇向阴门外陷入。如果扭转严重，一侧阴唇可肿胀歪斜。一般是阴唇的肿胀与子宫扭转的方向相反，如右侧子宫扭转到180°时，左侧阴唇表现肿大，在妊娠后期的母畜，由于阴门松弛、水肿，这种表现更为明显。

猪的子宫扭转仅限于一侧或一部分子宫角，除非扭转涉及子宫体，否则，诊断较为困难。

四、治疗

临产时发生的扭转，首先应把子宫转正，然后拉出胎儿，产前发生的扭转，主要应将子宫转正。矫正子宫的方法通常有四种：通过产道或直肠矫正胎儿及子宫、翻转母体、剖腹矫正或剖腹取胎。后三种方法主要用于扭转程度较大而产道极度狭窄，手难以进入产道抓住胎儿或子宫颈尚未开放的产前扭转。

（一）产道矫正

扭转程度小于90°时，用手握或绳系胎儿先露部位向扭转相反方向缓缓牵引，慢慢矫正子宫并拉出胎儿。当扭转程度大于90°且小于360°时，子宫颈因扭转开张程度小而偏于一侧。术者手从子宫颈口剥开胎膜，对倒生的用产科绳分别系住胎儿两后蹄，正生者分别用产科绳系住两前肢，另用绳套住胎儿下颌，并在助手的配合下，逆着子宫扭转方向，用力缓缓向外牵引。手可摸到胎儿眼眶时，用产科钩钩住眼眶，待胎儿嘴唇露出子宫颈口，用绳子将两前肢及产科钩捆住。插入短棒在助手牵引时用力与子宫扭转相反方向缓慢扭动，随着胎儿的转动，扭转的子宫被矫正，胎儿娩出。

羊子宫扭转时，对体形较大的可从产道矫正，助手可将母羊的后腿提起，使腹腔内的器官前移，然后手伸入产道抓住胎腿向上向扭转的对侧翻转胎儿。

如果产道干燥，必须先润滑产道。如果胎膜尚未破裂，可先将胎膜撕破，放出胎水，以减轻子宫的重量和大小，但会降低胎儿的活动性。

（二）直肠矫正

如果子宫向右侧扭转，可将手伸至右侧子宫下侧方，向上向左侧翻转，同时一个助手用肩部或背部顶在右侧腹下向上抬，另一助手在左侧心窝部由上向下施加压力。如果扭转程度较小，可望得到矫正。向左扭转时，操作方向相反。

（三）翻转母体

这是一种间接矫正子宫的简单方法，可用于马、牛、羊。其方法是迅速向子宫扭转方向翻转母畜的身体，此时由于子宫的位置相对不变，可使其位置恢复正常。

材料准备

长臂手套、局部消毒药品、生理盐水。

用具准备

阴道冲洗器、注射器、开腔器、患有相应疾病的动物（牛或羊、猪、犬、猫）。

任务筹划

任务流程如图 3-10-1 所示。

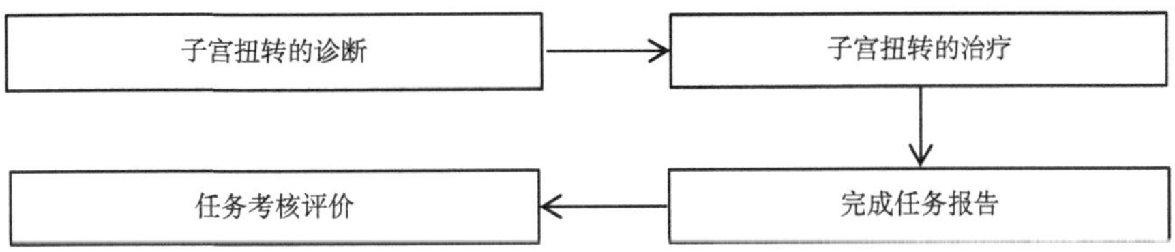

图 3-10-1　任务流程

任务实施

一、子宫扭转的诊断

当母牛怀孕期满、临盆预兆显现明显、阵缩及努责正常、不见胎膜和胎儿的前置部分外露时，应当立即进行检查。诊断子宫扭转的主要方式有以下 3 点。

1. 阴门视诊

当牛为站立姿势的情形下，认真观看能够发觉阴门裂双侧的皱襞不一致，一侧皱缩明显并稍内陷，个别严重者内陷可达 1 cm 以上。

2. 产道检查

术者手消毒并涂以润滑剂，伸入阴道时可见阴道腔呈漏斗状，越往前伸越感狭小，且显现较明显紧张向前伸延的螺旋状皱襞。扭转不超过 90° 时，全手能够通过阴道和子宫颈进入子宫角触及胎儿；扭转超过 90° 或达到 180° 时，只能通过 2 ～ 3 个指头；扭转达到 360° 时手完全不能通过。通过阴道诊断子宫扭转时，手应较轻且缓慢地伸入，并认真体会，感受螺旋皱襞转向何方，即皱襞向左时子宫为左方扭转，反之为右方扭转。

3. 直肠检查

手伸入直肠越过耻骨前沿时，发现有一交叉的束状物别离斜向腹腔，而且随扭转程度加深，束状物越粗越紧张。扭转 180° 以上时，感知直肠某段呈一紧张的环状，几乎不能容手通过。在临床实际中，诊断是不是表现子宫扭转有一定难度。采用阴道检查和直肠检查，确诊的准确性较高。

二、子宫扭转的治疗

该法只适用于能够通过子宫颈的病例，要领是翻转迅速，子宫和胎儿不动，只让病畜躯体转动而使扭转的子宫恢复。翻转前先确定子宫向哪一侧扭转，然后将病畜侧卧保定，而且使扭转侧的腹壁卧地，即子宫向左扭转，病畜为左侧卧保定，反之为右侧卧保定。将病畜的两前肢和两后肢别离缚在一起，取一根合适的木棒用绳牢固地拴在前后肢上，术者手伸入产道握住胎儿某一肢端并固定，两个助手站在病畜背侧一方猛拉系住前后肢的绳索，另一助手固定病畜头部并随之翻转。如此，以病畜背脊为轴迅速翻转即可使扭转的子宫转正。若是翻转有效，可感到阴道壁松弛，产道宽敞，有时一次翻转无效或成效欠佳，还可再次翻转，如果翻转以后阴道或子宫体显得更为紧张，说明判定子宫扭转的方向有误，能够使病畜卧于对侧，然后再行翻转。

任务报告

对本任务相关知识进行学习，根据任务实施流程及操作步骤认真完成任务报告（表 3-10-1）。

表 3-10-1　子宫扭转

姓名：	班级：	学号：
1. 能够正确进行动物子宫扭转的检查，并指出在子宫扭转检查中的注意事项。		
2. 能够正确进行子宫扭转的治疗，并指出子宫扭转治疗中的注意事项。		

任务评价

根据学生对子宫扭转的检查的操作及判断、子宫扭转的治疗的准确性及手术操作熟练程度，以及任务报告的完成情况进行考核评价（表 3-10-2）。

表 3-10-2　子宫扭转考核评价细则

<table>
<tr><td colspan="2">姓名：</td><td colspan="2">班级：</td><td colspan="2">学号：</td><td rowspan="2">教师签字：</td></tr>
<tr><td colspan="2">自评：
□合格　□不合格
日期：</td><td colspan="2">互评：
□合格　□不合格
日期：</td><td colspan="2">师评：
□合格　□不合格
日期：</td></tr>
<tr><th>序号</th><th>考核项目</th><th>考核标准</th><th>考核方式</th><th>分值</th><th>评分要求</th><th>得分</th></tr>
<tr><td>1</td><td>子宫扭转的诊断</td><td>1. 能正确进行一般症状的检查
2. 能正确进行外部视诊的检查
3. 能正确进行阴道及直肠的检查</td><td rowspan="2">现场识别考核、问答考核</td><td>10 分</td><td>未完成 1 项扣 3 分，3 项均未完成扣 10 分</td><td></td></tr>
<tr><td>2</td><td>子宫扭转的治疗</td><td>1. 能正确进行产道矫正的操作
2. 能正确进行直肠矫正的操作
3. 能正确进行翻转母体的操作
4. 能正确进行剖腹矫正或剖腹取胎的操作</td><td>10 分</td><td>未完成 1 项扣 2 分，4 项均未完成扣 10 分</td><td></td></tr>
<tr><td>3</td><td>任务报告</td><td>1. 完成认真，内容正确
2. 能正确进行子宫扭转的诊断与治疗</td><td>评阅考核</td><td>15 分</td><td>根据情况酌情扣分</td><td></td></tr>
<tr><td>4</td><td>学习态度</td><td>1. 具有团队协作精神
2. 具备科学严谨的态度
3. 观察认真，发言积极
4. 遵纪守时，爱护公物</td><td>自评、互评和师评相结合</td><td>10 分</td><td>根据情况酌情扣分</td><td></td></tr>
</table>

任务检测

请扫描二维码 3-10-1 进入在线测试，可反复多次答题，直到获得满意的结果。

二维码 3-10-1
项目三任务十检测

参考文献

刁显辉，孟详人，何海娟，等，2011. 羊超声波早期妊娠诊断技术的研究[J]. 黑龙江农业科学(5)：55–56.

李彩虹，2015. 动物外科学[M]. 西安：西安交通大学出版社.

林德贵，2011. 兽医外科手术[M]. 5 版. 北京：中国农业出版社.

吕凤英，2016. 母牛妊娠诊断法[J]. 黑龙江动物繁殖，24(1)：36–37.

吕俊波，2016. 奶牛阴道脱出的原因、症状及治疗方法[J]. 现代畜牧科技(5)：136.

彭津津，雍康，张传师，2016. 奶牛子宫内膜炎诊疗研究进展[J]. 黑龙江畜牧兽医(2)：73–75.

彭远梅，2010. 浅谈母畜子宫内翻和脱出的治疗[J]. 山东畜牧兽医，31(12)：94–95.

王孝武，王旭荣，杨志强，等，2014. 奶牛子宫内膜炎研究进展[J]. 动物医学进展，35(7)：98–102.

吴敏秋，沈永恕，2016. 兽医临床诊疗技术[M]. 4 版. 北京：中国农业出版社.

吴敏秋，2023. 动物外科与产科[M]. 2 版. 北京：中国农业出版社.

魏红芳，权凯，聂芙蓉，等，2014. 羊妊娠诊断的研究进展[J]. 黑龙江动物繁殖，22(5)：3–5.

闫宝琪，董书伟，王东升，等，2016. 奶牛隐性子宫内膜炎诊断技术研究进展[J]. 中国畜牧兽医，43(3)：683–688.

张乃生，李毓义，2011. 动物普通病学[M]. 2 版. 北京：中国农业出版社.

赵树臣，王玉洁，2010. 奶牛产科疾病防治技术[M]. 哈尔滨：哈尔滨工程大学出版社.

赵兴绪，2014. 兽医产科学[M]. 9 版. 北京：中国农业出版社.

郑毛亮，李广，陶大勇，等，2011. 用血清酸滴定法对 3 个品种绵羊进行早期妊娠诊断的研究[J]. 安徽农业科学，39(8)：4708–4709.

左海洋，陈晓丽，蔡勇，等，2014. 奶牛早期妊娠诊断技术研究进展[J]. 畜牧兽医学报，45(10)：1584–1591.